"十二五"职业教育国家规划教材
经全国职业教育教材审定委员会审定
普通高等教育"十一五"国家级规划教材
高等专科教育自动化类专业系列教材

交流调速系统与变频器应用

第2版

主　编　田效伍
副主编　李晓慧　代若愚
参　编　郭海针　马俊龙　张智先
主　审　龙志文

机械工业出版社

本书为“十二五”职业教育国家规划教材，经全国职业教育教材审定委员会审定。

伴随着电力电子技术、微电子技术及现代控制理论的发展，交流调速技术越来越成熟，变频调速已成为交流调速的主流，通用变频器已广泛应用到工业自动化的各个领域。本书共分12章，主要内容有：绪论、异步电动机调压调速系统、绕线转子异步电动机串级调速系统、无换向器电动机调速系统、异步电动机变频调速系统、通用变频器的基本原理、异步电动机变频调速控制方式、通用变频器的操作与控制、变频器的联网运行、变频器应用实例、常用变频器及实验指导书。

本书本着“实用、够用”的原则，尽量简化理论推导、突出变频器的工程应用，力求反映变频器的最新技术及应用成果。

本书可作为高职高专院校自动化类专业的教材，也可供工程技术人员参考。

为方便教学，本书配有电子课件、习题解答及模拟试卷等，凡选用本书作为授课教材的学校，均可来电索取。咨询电话：010-88379375；E-mail：cmpgaozhi@sina.com。

图书在版编目(CIP)数据

交流调速系统与变频器应用/田效伍主编．—2版．—北京：机械工业出版社，2016.2（2026.1重印）

“十二五”职业教育国家规划教材　经全国职业教育教材审定委员会审定　普通高等教育“十一五”国家级规划教材　高等专科教育自动化类专业系列教材

ISBN 978-7-111-52657-5

Ⅰ.①交…　Ⅱ.①田…　Ⅲ.①交流电机-调速-高等职业教育-教材②变频器-高等职业教育-教材　Ⅳ.①TM340.12②TN773

中国版本图书馆CIP数据核字（2016）第006576号

机械工业出版社（北京市百万庄大街22号　邮政编码100037）

策划编辑：于　宁　王宗锋　责任编辑：于　宁　王宗锋　王　琪　韩　静

版式设计：霍永明　责任校对：樊钟英

封面设计：鞠　杨　责任印制：邓　博

涿州市般润文化传播有限公司印刷

2026年1月第2版第10次印刷

184mm×260mm · 15印张 · 370千字

标准书号：ISBN 978-7-111-52657-5

定价：45.00元

电话服务　　网络服务

客服电话：010-88361066　　机　工　官　网：www.cmpbook.com

010-88379833　　机　工　官　博：weibo.com/cmp1952

010-68326294　　金　书　网：www.golden-book.com

机工教育服务网：www.cmpedu.com

前言

“交流调速系统”是高等院校自动化类专业的主干课程。随着电力电子技术、微电子技术及现代控制理论的发展，变频调速的理论和技术越来越成熟，变频调速已成为交流调速的主要方式，通用变频器已广泛应用到各行各业的各种设备上，成为当今节电、改善工艺流程、提高生产过程自动化水平、推动技术进步的重要手段之一。目前很多院校已将变频器应用技术作为交流调速系统课程的重要内容讲授。本书综合了交流调速系统与变频器应用技术两部分内容。依据高等职业教育培养高素质技能型专门人才的要求，在注重基础理论的同时，突出针对性、实用性和先进性，力图做到由简到繁、深入浅出、主次分明，尽可能体现高等职业教育的特点。

本书前半部分介绍交流调速系统的基础理论，较为详细地介绍了异步电动机调压调速系统、绕线转子异步电动机串级调速系统、无换向器电动机调速系统以及异步电动机变频调速系统；后半部分详细介绍了通用变频器的结构、原理和应用技术。在变频器的实际应用中，基于网络化的变频器控制应用越来越多。变频器的网络化控制与通过变频器的外部端子进行控制相比，可提高系统的控制精度，减少系统的布线，因此多数变频器都配有网络通信接口，一般标配 RS485 通信口。本书介绍了通过 RS485 通信采用 MODBUS 协议和三菱变频器协议对变频器进行控制的原理和方法，并介绍了适用于西门子变频器的 USS 协议的结构和 USS 指令的使用方法。在教学过程中，可以根据不同专业对教学内容进行适当删减，参考教学时数为60~80 学时。

本书共分 12 章，主要内容有：绪论、异步电动机调压调速系统、绕线转子异步电动机串级调速系统、无换向器电动机调速系统、异步电动机变频调速系统、通用变频器的基本原理、异步电动机变频调速控制方式、通用变频器的操作与控制、变频器的联网运行、变频器应用实例、常用变频器及实验指导书。

为满足部分高职院校的教学需要，本书修订时增加了三菱变频器的教学内容，并设计了相应的实验项目。使用本书的高职院校可根据课时安排，在台达变频器和三菱变频器中选讲一种，课时充足时可按台达变频器→三菱变频器→西门子变频器的顺序讲授，以使学生由易到难地学习变频器的操作和使用。

本书由田效伍任主编，李晓慧、代若愚任副主编。河南工学院的田效伍编写了第1章、第6章和第8章，云南浩鑫铝箔有限公司的代若愚编写了第2章和第3章，河南工学院的李晓慧编写了第4章和第7章，河南工学院的郭海针编写了第5章和第9章，河南工学院的马俊龙编写了第10章和第11章，河南工学院的张智先编写了第12章和附录。全书由田效伍负责统稿。

本书承蒙昆明冶金高等专科学校龙志文教授审阅，他对本书的教学内容设置提出了许多宝贵的意见，在此对龙志文教授表示由衷的感谢。本书部分章节的编写参考了相关文献，在此谨对参考文献的作者表示衷心的感谢！

由于编者水平有限，书中难免有错误和不妥之处，敬请读者批评指正。

编　者

目录

第1章 绪　　论

1

1.1　交流调速系统的发展

传动控制系统是通过对电动机的控制，将电能转换成机械能，并且控制工作机械按给定的运动规律运行的装置。用直流电动机作为原动机的传动方式称为**直流传动**，用交流电动机作为原动机的传动方式称为**交流传动**。电气传动系统中，对电动机的控制包括电动机的起动、制动、正反转和调速等控制，主要完成对电动机的速度控制的电气传动系统称为**电气调速系统**，电气调速系统分为直流调速系统和交流调速系统。

自从1834年直流电动机出现以后，直流调速系统在工业生产中得到了广泛的应用。直流调速系统的主要优点在于其调速范围广、静差小、稳定性好以及具有良好的动态性能。晶闸管变流装置的应用使直流调速系统发展到一个很高的水平。在20世纪的大部分时间里，高性能调速系统一般都采用直流调速系统，而约占电气传动总容量80%的不变速传动则采用交流电动机。

由于直流电动机本身在结构上存在换向器和电刷，使直流调速系统具有以下几个缺点：

1）直流电动机结构复杂、成本高、故障多，且维修困难。

2）使用场合受到限制，易燃、易爆、易腐蚀等恶劣环境不适用。

3）直流电动机换向器的换向能力限制了单机容量及最高转速。

直流电动机本身结构的缺陷使得直流调速系统的发展受到了限制。

交流电动机诞生于1885年，在相当长的一段时间内，交流电动机主要应用在不变速传动领域。直到20世纪60～70年代，随着电力电子器件和控制技术的飞速发展，特别是大规模集成电路和计算机控制技术的出现，高性能交流调速系统应运而生，加上交流电动机本身的优越特性，为交流调速系统提供了广泛的应用前景。目前，交流调速系统已具备了较宽的调速范围、较高的稳态精度、较快的动态响应、较高的工作效率以及可以四象限运行等优异性能，其静、动态特性均可以与直流调速系统相媲美，交流调速系统已经成为调速系统的主要发展方向。

目前交流调速系统的应用领域主要有以下四个方面：

1）以节能为目的，改恒速为调速的交流调速系统。如水泵、风机、压缩机等类负载，由交流电动机拖动，这类装置用电量占工业用电量的50%以上，用调速来改变风量或流量，节能效果可观，且风机、泵类负载对调速性能的要求并不高，容易实现。

2）高性能交流调速系统和伺服系统。随着矢量控制、直接转矩控制、解耦控制等交流调速技术的飞速发展，交流调速系统的性能有了极大提高，形成了一系列可以和直流调速系统相媲美的高性能交流调速系统和交流伺服系统。

3）特大容量、极高转速的交流调速系统。直流电动机受换向器的限制，其最高电压只能达1000V左右最高转速只能达3000r/min左右。而交流电动机则不受此限制，因此特大容量的电气传动设备，如厚板轧机、矿井卷扬机、巨型电动船舶等，以及极高转速的传动，如高速磨头、离心机等，都宜采用交流调速。

4）取代热机、液压、气动控制的交流调速系统以及取代直流调速的交流调速系统。

1.2　交流调速系统的分类

交流电动机主要分为异步电动机和同步电动机两大类。交流异步电动机的调速方式种类繁多，通常按以下三种方式进行分类。

1. 按电动机参变量分类

交流异步电动机的**转速公式**为

$$n = \frac{60f_1}{p}(1 - s) \tag{1-1}$$

式中，n为转速；f_1为定子供电频率；p为电动机的极对数；s为转差率。

根据控制的电动机参变量不同，交流调速系统可分为：

- 变极调速
- 变转差率调速
  - 调压调速
  - 转子串电阻调速
  - 串级调速
  - 电磁转差离合器调速
- 变频调速
  - 交-直-交变频调速
  - 交-交变频调速

2. 按电动机类型分类

根据交流异步电动机的类型不同，交流调速系统可分为：

- 笼型异步电动机调速
  - 变频调速
  - 调压调速
  - 电磁转差离合器调速
  - 变极调速
- 绕线转子异步电动机调速
  - 串级调速
  - 转子串电阻调速

3. 按对电动机转差功率P_s的处理方式分类

根据交流异步电动机的基本原理知，定子传递给转子的电磁功率P_{em}可分为两部分：一部分是拖动负载的有效功率$P_M = (1-s)P_{em}$；另一部分是转差功率$P_s = sP_{em}$。根据电动机转差功率的去向来分，交流调速系统可分为三大类：

1）P_s消耗型调速系统：P_s全部转换成热能消耗在转子回路中。调压调速、电磁转差离合器调速、绕线转子异步电动机转子串电阻调速属于这一类。

2）P_s回馈型调速系统：除转子铜损外，大部分P_s通过变电流装置转换为有用功率。串级调速属于这一类。

3）P_s不变型调速系统：P_s只有转子铜损，且无论转速高低，P_s基本不变。变频调速、变极调速属于这一类。

在交流异步电动机调速系统中，各种调速方法各有其用途，目前应用最普遍的是笼型异步电动机变压变频调速。同步电动机没有转差功率，故其调速属于转差功率不变(恒等于0)型的，只能靠变压变频调速。开关磁阻电动机是一种特殊形式的同步电动机，有其独特的比较简单的调速方法。

1.3 变频器的应用和发展

在异步电动机的诸多调速方法中，变频调速的性能最好，它调速范围大、稳定性好、可靠性高、运行效率高、功率因数高、节电效果显著。对交流电动机进行变频调速，需要有一套变频电源，过去大多采用旋转变频发电机组作为电源，但这些设备庞大、可靠性差。随着晶闸管及各种大功率电力电子器件（如 GTR、GTO 晶闸管、MOSFET、IGBT 等）的问世，各种静止变频电源获得了迅速发展，它们具有重量轻、体积小、维护方便、惯性小和效率高等优点，但由其组成的变频电路较复杂，造价较高。而功率集成电路的出现，使得变频器的价格随之降低，性价比的提高为变频器在工业中的推广应用扫除了障碍。

目前，变频调速已成为交流调速的主要方式，变频器已广泛应用到各行各业中的各种设备上，成为当今节电、改造传统工业、改善工艺流程、提高生产过程自动化水平、提高产品质量、改善环境、推动技术进步的主要手段之一。通过变频器和交流电动机相结合，实现对生产机械的传动控制称为**变频器传动**。变频器传动具有综合性的技术优势，应用到不同的场合，可以体现出不同的功能。变频器应用在风机、水泵中，可以提高控制性能，大幅度节电；应用在各种生产机械中，如工程机械、纺织机械、塑料机械、造纸机械、食品机械等，可以提高机械性能、提高生产效率和产品质量。

工业中使用的变频器依其使用场合不同，可分为通用变频器和专用变频器，应用最多的是通用变频器。**通用变频器**是指可以应用于通用交流电动机调速控制的变频器，特点是具有通用性，并具有智能化特征。

随着电力电子技术、微电子技术、计算机技术、网络技术、现代控制理论的迅速发展，变频器技术也日新月异。以普通晶闸管构成的方波型逆变器被全控型高频率开关组成的 PWM 逆变器取代后，SPWM 逆变器及其专用芯片得到普遍应用。磁通跟踪型 PWM 逆变器以其控制简单、数字化方便而呈现出取代传统 SPWM 逆变器的趋势。20 世纪 70 年代初提出的矢量控制理论以及 20 世纪 80 年代中期提出的直接转矩控制理论在变频器上的应用，使交流调速获得了与直流调速同样优良的静、动态性能，开创了交流调速与直流调速相竞争的时代。新技术的应用使变频器的体积越来越小，功能则越来越强。变频器的控制已从以前的单机控制发展到基于现场总线的网络化控制。未来，通用变频器会继续朝着提高控制性能、减小装置体积、模块化、网络化、智能化的方向发展。

习 题

1-1 直流调速系统有哪些缺点？

1-2 交流调速系统的应用领域主要有哪几方面？

1-3 交流调速系统按电动机参变量可分为哪几种类型？

1-4 变频调速系统有哪些优点？

1-5 简述通用变频器的发展方向。

第 2 章 异步电动机调压调速系统

所谓**调压调速**，就是通过改变异步电动机定子电压来改变其机械特性的函数关系，从而达到在一定输出转矩下改变电动机转速的目的。通过改变异步电动机定子电压来实现异步电动机转速可调的控制系统称为**调压调速系统**。本章主要介绍异步电动机调压调速系统的原理和实现方法。电磁转差离合器调速系统虽不属于调压调速系统，但其与调压调速系统同属于变转差率调速，且其调速性能与调压调速系统相似，故一并放在本章中介绍。

2.1 异步电动机调压调速原理和方法

2.1.1 异步电动机调压调速原理

由电机学知，在下列假定条件下：忽略空间和时间谐波、忽略磁路饱和、忽略铁损，异步电动机电路可等效为图 2-1 所示的稳态等效电路。

图中，r_1、r_2'为定子每相电阻及折算到定子侧的转子每相电阻；x_1、x_2'为定子每相漏电抗及折算到定子侧的转子每相漏电抗；x_m 为励磁电抗；$U_1(f_1)$为定子相电压及频率；s 为转差率。

从异步电动机的稳态等效电路可得到异步电动机的机械特性参数表达式为

$$T_e = \frac{3pU_1^2 r_2'/s}{\omega_1\left[\left(r_1 + r_2'/s\right)^2 + \left(x_1 + x_2'\right)^2\right]} \tag{2-1}$$

式 (2-1) 表明：当 n 或 s 一定时，电磁转矩 $T_e \propto U_1^2$，对于不同的定子电压，可以得到一组不同的人为机械特性曲线，如图 2-2 所示。其特点体现在以下两方面。

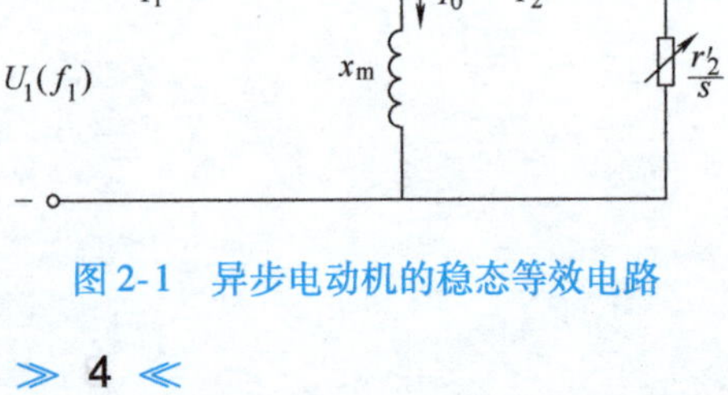

图 2-1 异步电动机的稳态等效电路

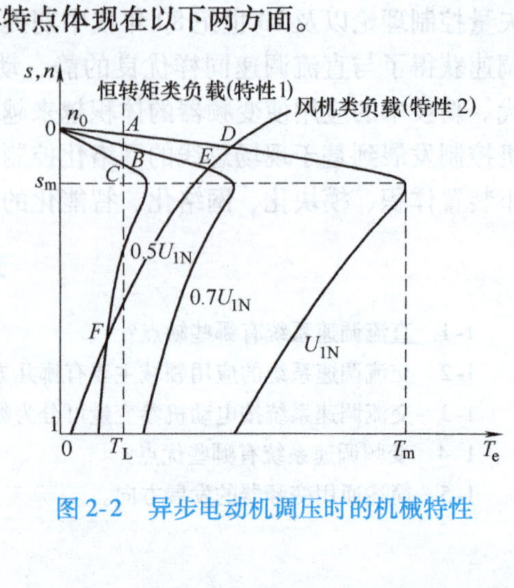

图 2-2 异步电动机调压时的机械特性

1. 机械特性随定子电压的降低而变软

（1）空载点不变　因为空载时 $T_e=0$，$n_1=\dfrac{60f_1}{p}$，它们不随定子电压的降低而改变，所以空载点(T_e,n_1)不变。

（2）临界点左移　根据电机学理论知：

$$s_m\approx\frac{r_2'}{x_1+x_2'},\ T_m\approx\frac{3pU_1^2}{2\omega_1(x_1+x_2')} \tag{2-2}$$

可见，随着定子电压的降低，T_m 与定子电压的二次方成正比地降低，而 s_m 与 U_1 无关，保持不变。所以临界点(s_m,T_m)左移。

（3）起动点左移　异步电动机在起动时，有

$$s=1,\ T_{st}=\frac{3pU_1^2r_2'}{\omega_1[(r_1+r_2')^2+(x_1+x_2')^2]} \tag{2-3}$$

起动转矩 T_{st}与定子电压的二次方成正比，随着定子电压的减小而降低，s 则固定不变，所以，起动点(T_{st},s)左移。

2. 调速范围较小

由图2-2可见，当负载 T_L 为恒转矩类负载(特性1)时，普通笼型异步电动机工作点稳定在A、B、C点，改变定子电压能实现调速，且机械特性也较硬，但转差率s的变化范围限制在$0\sim s_m$，调速范围有限，无法实现低速运行。而对风机类负载(特性2)，由于$T_L\propto kn^2$(k为比例系数)，稳定运行区不受s_m限制，相应的调速范围较大，其改变电压时的工作点为D、E、F点。

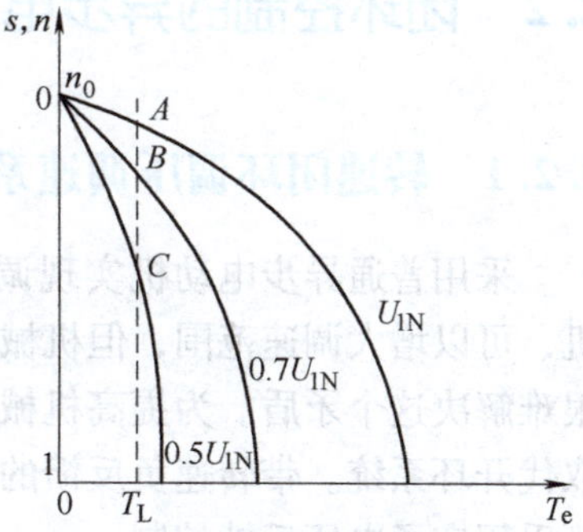

图2-3　高转子电阻电动机调压时的机械特性

为扩大恒转矩类负载的调速范围，由图2-2可知，应设法增大s_m。而由式(2-2)知，增大s_m可通过增大转子电阻的方法来解决，即采用具有较高转子电阻的电动机。图2-3为高转子电阻电动机调压时的人为机械特性。显然，其调速范围扩大了，且堵转时也不致烧坏电动机，这种电动机又称为**交流力矩电动机**，但机械特性变得很软，负载变化时的静差率很大，低速时过载能力较低，难以满足生产机械的要求。因此，调压调速要获得较好的调速性能，应引入速度负反馈构成闭环系统。

2.1.2　异步电动机调压调速方法

交流调压调速是一种比较简便的调速方法。供电电源大都直接取自工频三相380V交流电网，为了获得可调电压，必须在电源与电动机之间设置一个交流调压器。

20世纪50年代以前，交流电压控制主要是利用饱和电抗器或自耦调压器(小容量时)串在定子三相电路中来实现调压，其原理图如图2-4a、b所示。自耦调压器T_r的调压原理很好理解。饱和电抗器L是带有直流励磁绕组的交流电抗器，改变直流励磁电流可以控制铁心的饱和程度，从而改变交流电抗值。铁心饱和时，交流电抗很小，因而电动机定子所得电压高；铁心不饱和时，交流电抗变大，因而定子电压降低，实现降压调速。

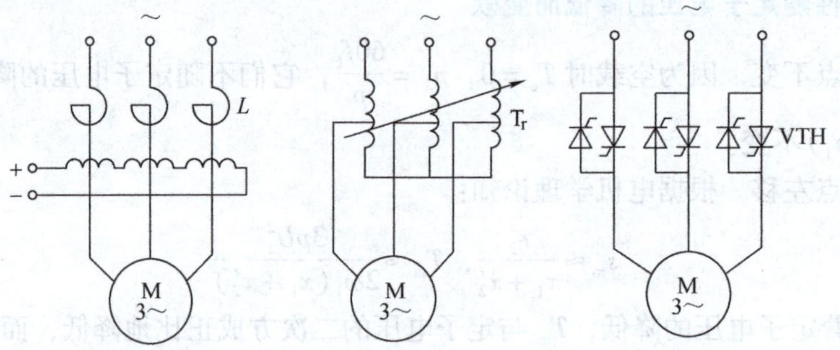

a) 定子侧串饱和电抗器调压　b) 定子侧串自耦调压器调压　c) 晶闸管调压

图 2-4　异步电动机调压调速原理图

自从晶闸管出现后，由于它体积小、重量轻、惯性小且控制方便，几乎不消耗铜、铁材料，所以笨重的电磁装置就被晶闸管组成的交流调压器所取代。如图 2-4c 所示，由三个反并联的晶闸管或三个双向晶闸管组成交流调压器来调节电动机定子电压。

晶闸管的控制方式及其调压原理在“电力电子技术”课程中已经讲述，这里不再赘述。

2.2　闭环控制的异步电动机调压调速系统

2.2.1　转速闭环调压调速系统的组成

采用普通异步电动机实现调压调速时，调速范围很窄；若采用高转子电阻的力矩电动机，可以增大调速范围，但机械特性变软，负载变化时的静差率很大(见图 2-3)，开环控制很难解决这个矛盾。为提高机械特性硬度、扩大调速范围、减小静差率，必须采用闭环系统取代开环系统。带转速负反馈的闭环调压调速系统原理图如图 2-5 所示，在要求不高时，也可采用定子电压反馈控制。

该系统由转速调节器、晶闸管调压装置、测速反馈装置和异步电动机等组成。改变给定电压 U_n^* 的大小，就可改变电动机的转速 n。当由于某种因素使电动机的转速发生变化时，系统可自动调节电动机的转速而维持速度稳定。理论上，只要有偏差存在，反馈闭环控制系统就会自动纠正偏差，使电动机的转速跟随给定值变化。

2.2.2　系统的静特性分析

闭环调速系统的静特性表示闭环系统电动机转速与负载电流(或转矩)的稳态关系，它在形式上与开环机械特性相似，但本质上却有很大不同，因此称为“静特性”。

根据图 2-5 所示的原理图，可以画出调速系统的静态结构框图，如图 2-6 所示。

由系统的结构框图可写出各环节的输出量与输入量的关系如下：

$$\begin{cases} U_s = K_n(U_n^* - U_n) \\ U_1 = K_s U_s \\ U_n = \alpha n \end{cases} \tag{2-4}$$

式中，K_n 为转速调节器的静态放大倍数；K_s 为触发调压部分的放大倍数；α 为测速反馈系数。

由式(2-4)可得

$$U_1 = K_n K_s(U_n^* - \alpha n) = K_n K_s[U_n^* - \alpha n_1(1-s)] \tag{2-5}$$

式中，n_1 为异步电动机的同步转速。

已知异步电动机机械特性的实用表达式为

$$T_e = \frac{2T_m}{\frac{s_m}{s}+\frac{s}{s_m}} \tag{2-6}$$

当电动机在额定负载以下运行时，转差率 s 很小，则$\frac{s}{s_m} \ll \frac{s_m}{s}$，故式(2-6)可近似写成

$$T_e \approx \frac{2T_m}{s_m}s \tag{2-7}$$

在忽略定子电阻 r_1 的条件下，可得电动机的最大转矩为

$$T_m \approx \frac{3pU_1^2}{2\omega_1(x_1+x_2')} = \frac{3pU_1^2}{2\omega_1 x_K} \tag{2-8}$$

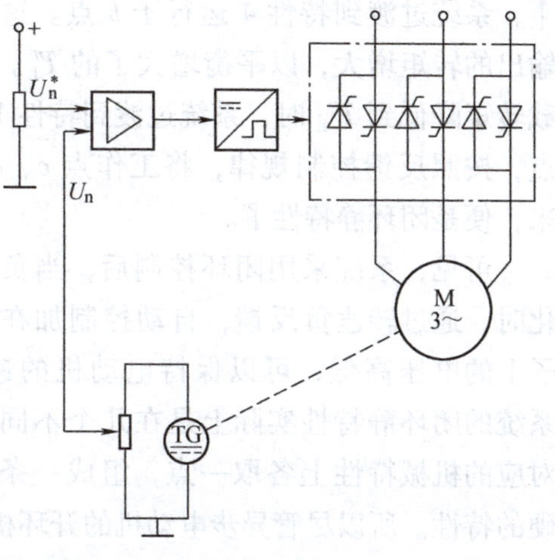

图 2-5　带转速负反馈的闭环调压调速系统原理图

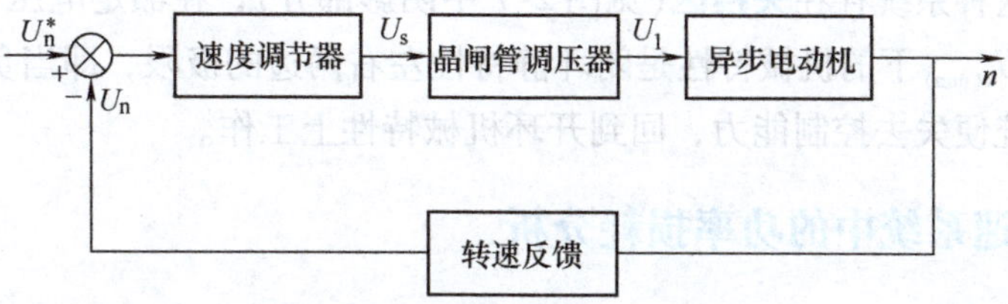

图 2-6　系统的静态结构图

式中，x_K 为异步电动机的短路电抗；ω_1 为电动机定子电压的角频率；p 为极对数。

将式(2-5)、式(2-8)代入式(2-7)，得

$$T_e \approx 2\frac{3pU_1^2}{2\omega_1 x_K}\frac{s}{s_m} = \frac{3pK_n^2K_s^2}{\omega_1 x_K s_m}[U_n^* - \alpha n_1(1-s)]^2 s$$

$$= K[U_n^* - \alpha n_1(1-s)]^2 s \tag{2-9}$$

式中，$K = \frac{3pK_n^2K_s^2}{\omega_1 x_K s_m}$。

如电动机参数和系统各环节放大系数已知，则根据式(2-9)可求得在不同给定电压 U_n^* 时调压调速系统的静特性，如图 2-7 所示。

图 2-7 中，特性 1、2、3、4、5 为开环机械特性，工作点 c、a、b 组成闭环静特性。对比图中两种特性线可知，引入转速负反馈显然使系统静特性硬度大大提高了。而影响调速准确度的主要因素是放大系数 α、K_n、K_s，它们的选择和直流调速系统是类似的。

下面结合图 2-7 从物理概念上分析静特性的形成过程。

设开始时给定电压为 U_n^*，负载转矩为 T_L 时，系统工作在特性 2 的 a 点上，如图 2-7 所

示。如负载转矩增加为 T'_L，则 $n\downarrow\rightarrow U_n\downarrow\rightarrow U_1\uparrow$，系统过渡到特性 4 运行于 b 点。这时电动机输出的转矩增大，以平衡增大了的 T'_L。同理，负载转矩降低到 T''_L 时，系统过渡到特性 1 运行于 c 点，按照反馈控制规律，将工作点 c、a、b 连起来，便是闭环静特性了。

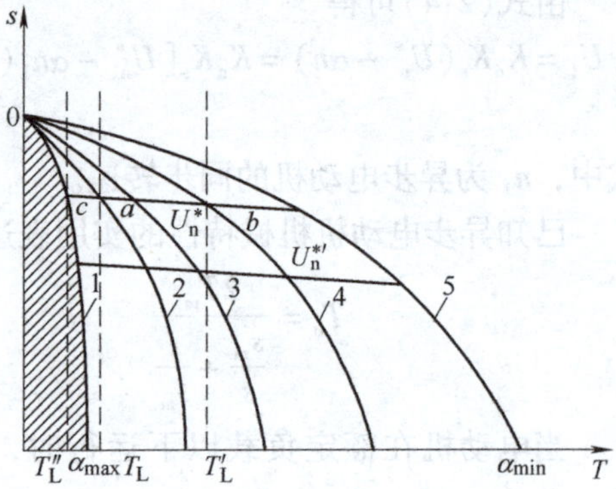

图 2-7 调压调速系统的静特性

可见，系统采用闭环控制后，当负载发生变化时，通过转速负反馈，自动控制加在电动机定子上的电压高低，可以保持电动机的速度不变。系统的闭环静特性实际上是在几个不同的电压所对应的机械特性上各取一点，组成一条新的、较硬的特性。所以尽管异步电动机的开环机械特性和直流电动机的开环机械特性差别很大，但在不同开环机械特性上各取一相应的工作点，连接起来便得到闭环静特性，这种获得闭环静特性的分析方法是完全一致的。如果在图 2-5 所示的系统中，转速调节器采用 PI 调节器，也可以使系统实现无静差调速。若改变 U_n^*，则静特性平行地上下移动，可以达到调速的目的。

需要指出，这种系统存在失控区（见图 2-7 中阴影部分），在额定电压 U_{1N} 下的机械特性和最小输出电压 $U_{1(min)}$ 下的机械特性是闭环静特性左右两边的极限，即当负载变化达到两侧极限时，闭环系统便失去控制能力，回到开环机械特性上工作。

2.2.3 调压调速系统中的功率损耗分析

1. 转差损耗系数

由异步电动机的运行原理可知，当电动机定子接入三相交流电源后，定子绕组中建立的旋转磁场使转子绕组中感应出电流，两者相互作用产生的电磁转矩 T_e 使转子加速，直到稳定于低于同步转速 n_1 的某一转速 n。由于旋转磁场和转子承受同样的转矩，但具有不同的转速，因此传到转子上的电磁功率 P_{em} 与转子轴上产生的全机械功率 P_M 之间存在功率差 P_s，且

$$P_s=P_{em}-P_M=\frac{1}{9550}T_e n_1-\frac{1}{9550}T_e n=\frac{1}{9550}T_e(n_1-n)$$

$$=sP_{em}=\frac{s}{1-s}P_M \tag{2-10}$$

式中，P_s 称为转差功率，它通过转子导体发热而消耗掉，即 $P_s=P_{Cu2}$。

转差功率近似为

$$P_s=sP_{em}=\frac{s}{1-s}P_M=\frac{1}{9550}\,\frac{s}{1-s}T_L n \tag{2-11}$$

式中，T_L 为负载转矩。

按不同的负载特点来考虑转差损耗情况，负载特性可用下式表示：

$$T_L=Cn^{\alpha} \tag{2-12}$$

式中，C 为常数；α 为转矩曲线的形状系数，$\alpha=0$ 表示为恒转矩负载，$\alpha=1$ 表示为转矩与转速成比例的负载，$\alpha=2$ 表示为转矩与转速二次方成比例的负载（如风机负载特性），$\alpha=-1$表示为恒功率负载。

将式(2-12)代入式(2-11)可得

$$P_s=\frac{1}{9550}\frac{s}{1-s}Cn^{\alpha+1}=K_P n_1^{\alpha+1}s(1-s)^{\alpha} \tag{2-13}$$

式中，K_P 为比例常数，$K_P=\frac{C}{9550}$。

电动机输出全机械功率 P_M 为

$$P_M=\frac{1}{9550}T_L n=K_P n^{\alpha+1} \tag{2-14}$$

由式(2-13)和式(2-14)可知：当 $s=0$ 时，转差损耗为零，这时可得电动机最大全机械功率为

$$P_{Mmax}=K_P n_1^{\alpha+1} \tag{2-15}$$

将式(2-13)除以式(2-15)得

$$\frac{P_s}{P_{Mmax}}=s(1-s)^{\alpha} \tag{2-16}$$

P_s/P_{Mmax} 称为电动机的**转差损耗系数**，它表示转差损耗对调速拖动装置的最大输出机械功率的比值。该比值越大，能耗越大，运行越不经济。根据式(2-16)可以画出不同 α 时的转差损耗系数曲线，如图2-8所示。

由图2-8可以看出，电动机转差损耗系数是随 s 变化的。除 $\alpha=-1$ 对应的曲线外，对式(2-16)求导，可求出产生最大转差损耗系数时的转差率为

$$s=\frac{1}{1+\alpha} \tag{2-17}$$

则相应的转差损耗系数为

$$\frac{P_s}{P_{Mmax}}=\frac{\alpha^{\alpha}}{(1+\alpha)^{\alpha+1}} \tag{2-18}$$

对式(2-17)和式(2-18)，赋予 α 不同数值，所得结果见表2-1。由表可见，最大转差损耗系数是随 α 的增大而减小的，所以调压调速适用于风机泵类负载，而对于恒转矩类负载则不宜长期低速运行。

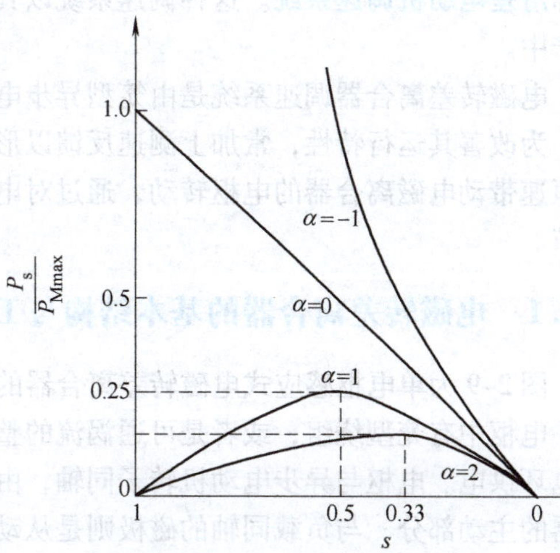

图2-8　不同 α 时转差损耗系数曲线

表2-1　不同 α 时的最大转差损耗系数

α	0	1	2
s	1	0.5	0.33
$\frac{P_s}{P_{Mmax}}$	1	0.25	0.148

2. 高次谐波对电动机的影响

晶闸管调压电路采用相位控制，输出电压、输出电流都是非正弦的，有高次谐波，这会影响电动机出力，其原因为：

1）高次谐波使电动机损耗加大。

2）高次谐波使电动机总感抗加大，降低了 $\cos\varphi$，从而影响了输出转矩。

3）高次谐波电流会产生 6 倍于基波频率的脉动转矩，严重影响电动机正常工作。

因此，在使用晶闸管调压调速装置时，考虑到谐波影响，选用电动机时容量应适当增大。例如：三相Y联结，增加 8%（在 $s=0.33$ 时）；三相Y_0联结，增加 14%，（在 $s=0.33$ 时）；三相不对称Y联结，增加 38.2%（在 $s=0.33$ 时）；Y-△联结，增加 43.4%（在 $s=0.33$ 时）。

综上所述，调压调速系统的主要优点是电路简单、价格便宜、使用维修较方便；主要缺点是转差功率损耗大、效率低。对于调速准确度要求不高（一般为 3%）、调速范围在 10:1 以内的设备，可以选用调压调速，如低速电梯、起重机械和风机类机械等。

除了调速系统外，异步电动机的调压控制在软起动器和轻载减压节能运行中也得到了广泛应用。

2.3 电磁转差离合器调速系统

在交流调速系统中，有一种控制性能与调压调速系统相似的电磁转差离合器调速系统，俗称滑差电动机调速系统。这种调速系统以其装置简单、运行可靠等优点，广泛应用于工业生产中。

电磁转差离合器调速系统是由笼型异步电动机、电磁转差离合器以及控制装置组合而成的。为改善其运行特性，常加上测速反馈以形成反馈控制系统。笼型异步电动机作为原动机以恒速带动电磁离合器的电枢转动，通过对电磁离合器励磁电流的控制实现对其磁极的转速调节。

2.3.1 电磁转差离合器的基本结构与工作原理

图 2-9 为单电枢感应式电磁转差离合器的结构示意图。

电枢中有笼型绕组，或者是可通涡流的整块铸钢，磁极上有励磁绕组，由直流电源通过集电环供电。电枢与异步电动机转子同轴，由电动机带动它以转速 n 旋转，成为电磁转差离合器的主动部分，与负载同轴的磁极则是从动部分。当励磁绕组不通电时，从动部分不动，相当于离合器“分离”。励磁绕组通以直流励磁电流时，在铁心中建立起磁场，电枢和磁场之间便有了磁的联系，相当于离合器“结合”。这时，在电枢中感应出电动势并产生电流，按右手定则，对着 N 极的导条中电流流出纸面，对着 S 极的导条中电流流进纸面，如图 2-10所示。载流导体在磁场中受力 F，其方向按左手定则确定，力 F 作用在电枢上，使原动机受到逆时针方向的阻转矩，相对来说，磁极则受到与它大小相等、方向相反的电磁转矩 T，促使磁极随着电枢按顺时针方向旋转，其转速为 n'，这样负载也就随着原动机以转速 n' 旋转。但 n' 一定要低于原动机的转速 n，因为如果 $n'=n$，磁极与电枢之间没有相对运动，转矩 T 也就没有了，磁极的转速将无法维持。正因为如此，电枢与磁极之间必然存在“转差”，这就是“电磁转差离合器”这一名称的由来。

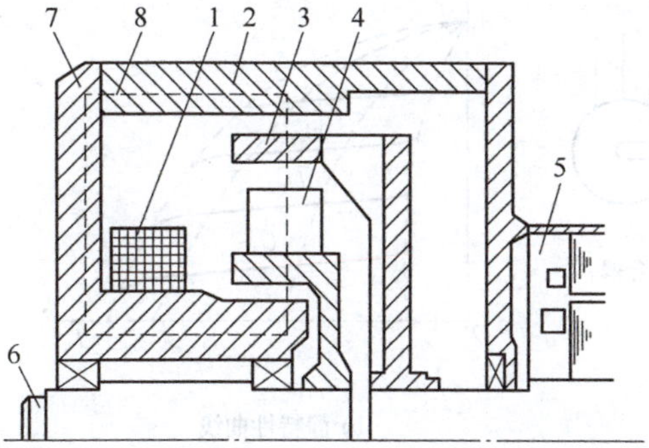

图 2-9　单电枢感应式电磁转差离合器结构示意图

1—直流励磁绕组　2—机座
3—电枢　4—磁极　5—异步电动机
6—从动轴　7—磁导体　8—磁力线

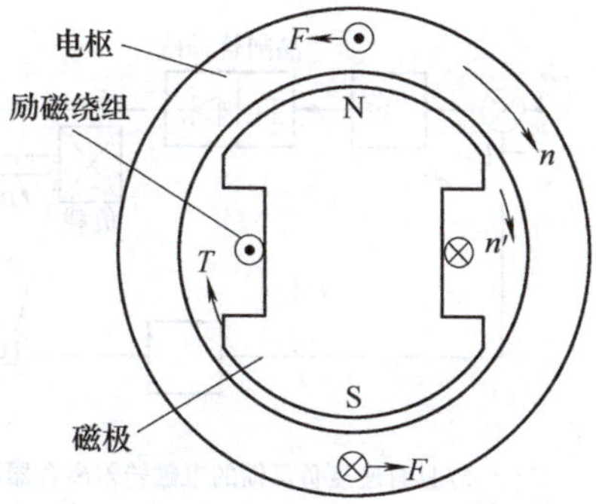

图 2-10　电磁转差离合器电磁转矩的产生

2.3.2　电磁转差离合器调速系统的组成及机械特性

在不加反馈控制时，调速系统的机械特性就是电磁转差离合器的机械特性。由于电磁转差离合器的工作原理与异步电动机相似，所以它们两者的调速特性也相似。

图 2-11 为电磁转差离合器的机械特性。这是励磁电流不同时的一簇机械特性，也可用经验公式来表示，即

$$n = n_1 - K\frac{T_e}{I_L^4} \tag{2-19}$$

式中，n_1 为原动机转速；T_e 为电磁转差离合器轴上的输出转矩；I_L 为电磁转差离合器的励磁电流；K 为与电磁转差离合器结构有关的参数。

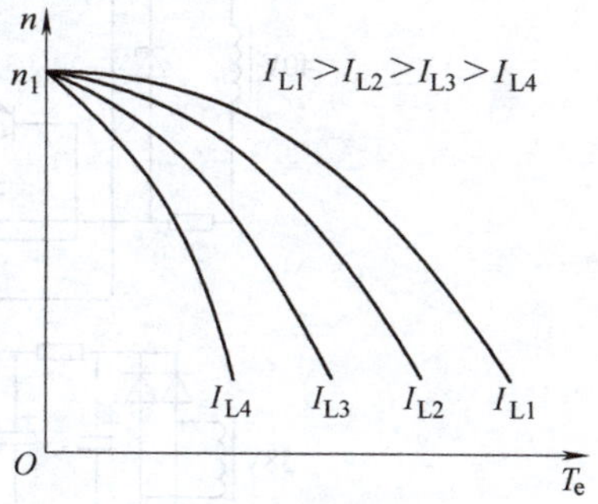

图 2-11　电磁转差离合器的机械特性

从图 2-11 知，电磁转差离合器的机械特性很软，所以调速性能很差。与调压调速系统一样，在工业上使用时都应加转速反馈控制，从而可获得 10∶1 的调速范围。具有速度负反馈的电磁转差离合器调速系统的组成与相应的静特性如图 2-12 所示。

由于这种调速系统控制简单、价格低廉，因此可广泛应用于一般的工业设备中。但由于它在低速运行时损耗较大，效率较低(高速时效率仅为 80% ~85%)，所以特别适用于要求有一定的调速范围又经常运行在高速的装置中。

2.3.3　电磁转差离合器调速系统实例

目前我国已有电磁转差离合器系列产品，图 2-13 为 ZLT1 型单手操作简易式电磁转差离合器控制装置的电气原理图。它由给定比较环节、单结晶体管移相触发电路、晶闸管整流电路等组成。由于这种装置已是成套产品，下面分析时仍采用原产品的电气符号来分析原理。

晶闸管整流电路采用单相半波整流，带续流二极管输出给转差离合器的励磁绕组。并用压敏电阻 RV 与 R_1C_1 阻容元件作过电压保护。给定电压由电源变压器二次侧 38V 经整流滤

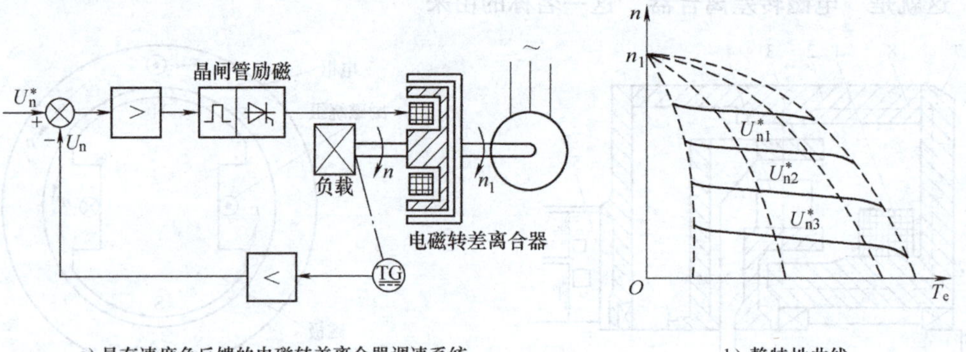

a) 具有速度负反馈的电磁转差离合器调速系统　　b) 静特性曲线

图 2-12　具有速度负反馈的电磁转差离合器调速系统的组成与相应的静特性

波后从电位器 RP_2 上获得，与电位器 RP_3 上的转速信号比较后送到移相触发电路。本装置的触发电路为单结晶体管移相触发电路。电路中还有电压微分反馈电路，该电路由 R_7、RP_1、C_6、C_7 等元件组成，以改善系统的动态稳定性。

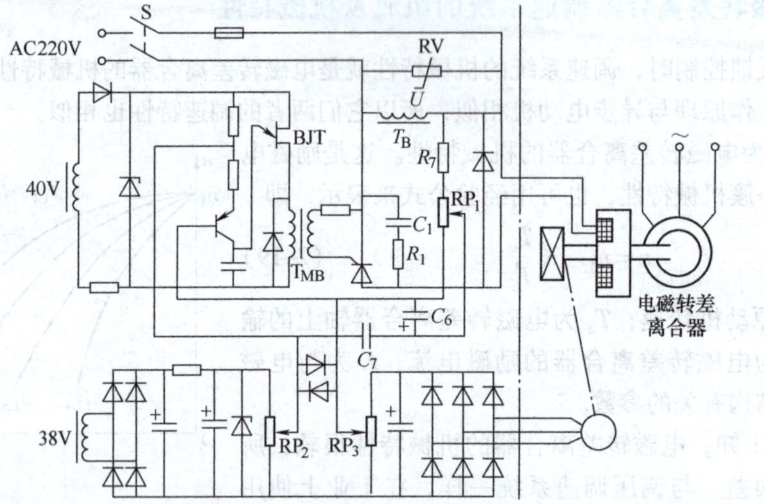

图 2-13　ZLT1 型单手操作简易式电磁转差离合器控制装置的电气原理图

习　题

2-1　交流异步电动机有哪些调压调速方法，各自的特点如何？

2-2　电磁转差离合器调速系统输出轴的转速能否与原动机的转速相等？为什么？如果要改变输出轴的旋转方向，如何实现？

2-3　简述交流调压调速系统的优缺点和适用场合。

2-4　调定子电压调速时异步电动机具有怎样的机械特性？如何拓宽调速范围？

第3章 绕线转子异步电动机串级调速系统

对于绕线转子异步电动机，可以通过在转子回路中串入附加电阻来改变转差率，从而实现调速，这种方法称为转子串电阻调速。转子串电阻调速实现方法简单，但是这种调速方式效率较低、机械特性较软，且只能实现有级调速，使其使用受到了限制。串级调速克服了转子串电阻调速的缺点，它具有效率高、无级平滑调速、机械特性较硬等许多优点，因此在工业中得到了较好的应用。本章介绍绕线转子异步电动机串级调速系统的原理和实现方法。

3.1 串级调速系统的工作原理及基本类型

3.1.1 绕线转子异步电动机串级调速原理

为了使转差功率不白白消耗在转子回路的电阻上，而是将其利用起来，人们提出了一种改变转差率的调速方法，即串级调速。

如图3-1所示，在转子回路中串入与转子电动势 $s\dot{E}_{20}$ 同频率的附加电动势 $\dot{E}_f$，通过改变附加电动势的幅值大小和相位，同样也可以改变转差率，实现调速。这样，电动机在低速运行时，转子中的转差功率只有一小部分在转子绕组上消耗掉，而转差功率的大部分则被串入的附加电动势所吸收。再利用产生附加电动势的装置，设法把所吸收的这部分转差功率回馈到电网（或再送到电动机轴上输出），就能使电动机在低速运行时仍具有较高的效率。这种在绕线转子异步电动机转子回路中串入附加电动势的高效率调速方法，就是串级调速。

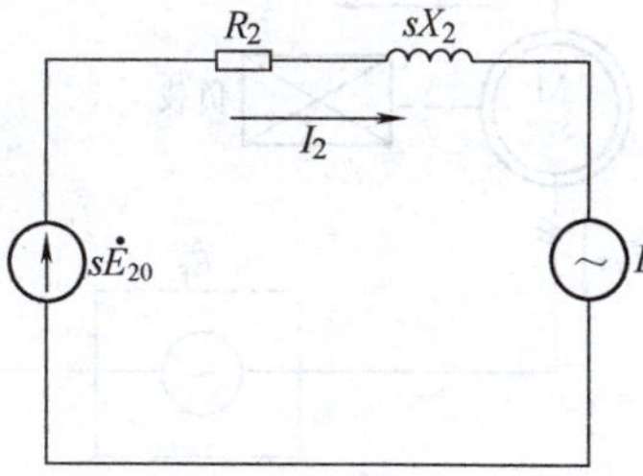

图3-1 转子串 $\dot{E}_f$ 的串级调速原理图

显然，串级调速属于转差功率回馈型调速方法。串级调速完全克服了串电阻调速的缺点，它具有效率高、平滑调节、调速时机械特性较硬等优点，目前已经得到广泛应用。

下面分析串级调速的原理。假定异步电动机在自然机械特性上稳定运行，电源电压和负载转矩均不变。转子电动势为 $\dot{E}_{2s}=s\,\dot{E}_{20}$，转子电流 I_2 的值为

$$I_2=\frac{sE_{20}}{\sqrt{{R_2}^2+(sX_2)^2}} \tag{3-1}$$

式中，E_{20} 为 $s=1$ 时转子绕组相电动势；X_2 为 $s=1$ 时转子绕组的相漏电抗。

当在转子中串入与 $\dot{E}_{20}$ 同频率、反相的附加电动势 $\dot{E}_f$ 时，转子合成电动势减小为 $sE_{20}-E_f$，转子合成电动势的减小必然引起转子电流 I_2 减小为 I_2'，相应地，使电动机转矩 $T_e=$

$C_m\Phi_m I_2'\cos\varphi_2$ 也减小。电动机转矩小于负载转矩，迫使电动机降速，转差率 s 增大。当 s 增大到某值 s' 时，使 $s'E_{20}-E_f$ 与 sE_{20} 大小相等，I_2 回升到原值，电动机转矩与负载转矩重新达到平衡，电动机稳定运行在低于原值的某一转速上。这就是向低于同步转速方向调速的原理。

当串入与 $s\dot{E}_{20}$ 同频率、相位相同的 $\dot{E}_f$ 时，转子合成电动势增大为 $sE_{20}+E_f$，I_2 和 T_e 都相应增大，使电动机升速，s 减小。当 s 减小到 s'，使 $s'E_{20}+E_f=sE_{20}$ 时，电动机转矩与负载转矩重新达到平衡，电动机稳定运行在高于原值的某一转速上。若串入的 $\dot{E}_f$ 值足够大，就会使 $s'<0$，电动机稳定运行在高于同步转速的某一转速上。这就是向高于同步转速方向调速的原理。

3.1.2　串级调速的基本运行状态

如上所述，在绕线转子异步电动机转子侧引入一个可控的附加电动势并改变其数值，就可以实现对电动机转速的调节，原理如图 3-1 所示。这个调节过程必然在转子侧形成功率的传送，可以把转子侧的转差功率传输到与之相连的交流电网或外电路中，也可以从外面吸收功率到电动机转子中来。从功率传送的角度看，可以认为是用控制异步电动机转子中转差功率的大小与流向来实现对电动机转速的调节，因此，串级调速的各种基本运行状态，可以通过功率的传递关系来加以说明。

串级调速主要有四种基本运行状态，不同运行状态下的功率传递关系如图 3-2 所示。为

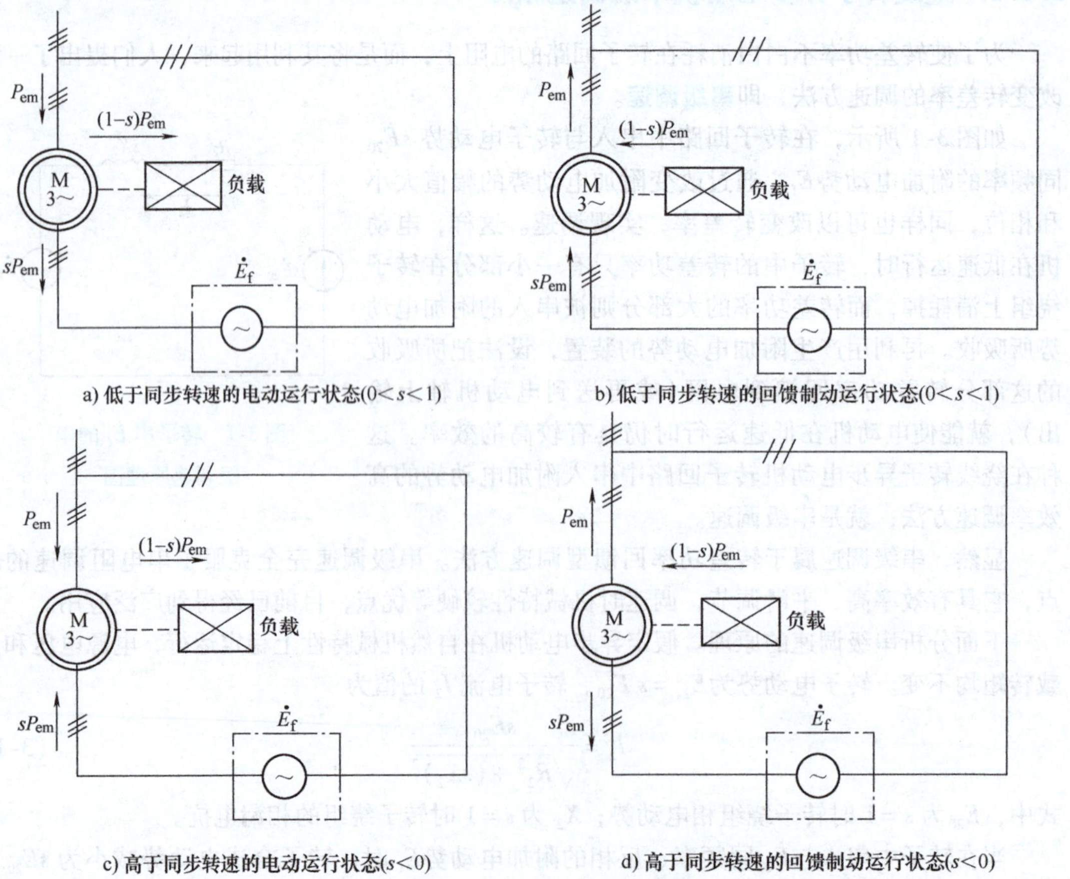

a) 低于同步转速的电动运行状态(0<s<1)　b) 低于同步转速的回馈制动运行状态(0<s<1)

c) 高于同步转速的电动运行状态(s<0)　d) 高于同步转速的回馈制动运行状态(s<0)

图 3-2　串级调速四种运行状态下的功率传递关系

了简单起见，不计系统中电动机内部的各种损耗，只讨论电磁功率 P_{em}、全机械功率 P_M 和转差功率 P_s。

1. 低于同步转速的电动运行状态

电动机在低于同步转速的电动状态下运行时，$0<s<1$，$T_e>0$，则

$$P_{em}=T_e\omega_1>0$$
$$P_M=(1-s)P_{em}>0$$
$$P_s=sP_{em}>0$$

说明电网向电动机定子输入的电磁功率 P_{em} 一部分变为机械功率 P_M 从电动机轴输出；另一部分变为转差功率 P_s 通过产生 $\dot{E}_f$ 的装置回馈给电网。

2. 低于同步转速的回馈制动运行状态

电动机在低于同步转速的回馈制动状态下运行时，$0<s<1$，$T_e<0$，则

$$P_{em}=T_e\omega_1<0$$
$$P_M=(1-s)P_{em}<0$$
$$P_s=sP_{em}<0$$

说明电动机从轴上向转子上输入的机械功率 P_M 与从电网通过产生 $\dot{E}_f$ 装置输入的转差功率 P_s 之和，都变为电磁功率 P_{em}，并通过电动机定子回馈给电网。

3. 高于同步转速的电动运行状态

电动机在高于同步转速的电动状态下运行时，$s<0$，$T_e>0$。则

$$P_{em}=T_e\omega_1>0$$
$$P_M=(1-s)P_{em}>0$$
$$P_s=sP_{em}<0$$

说明从电网向电动机定子输入电磁功率 P_{em}，同时从电网通过产生 $\dot{E}_f$ 的装置向电动机转子输入转差功率 P_s。电动机将定子和转子同时吸收的电功率变为机械功率 P_M 从轴上输出。

4. 高于同步转速的回馈制动运行状态

电动机在高于同步速的回馈制动状态下运行时，$s<0$，$T_e<0$。则

$$P_{em}=T_e\omega_1<0$$
$$P_M=(1-s)P_{em}<0$$
$$P_s=sP_{em}>0$$

说明电动机从轴上吸收机械功率 P_M，一部分变为电磁功率 P_{em}，通过定子回馈给电网；另一部分变为转差功率 P_s，通过产生 $\dot{E}_f$ 的装置回馈给电网。

3.1.3 串级调速系统的基本类型

串级调速的核心是产生附加电动势 $\dot{E}_f$ 的装置，而根据附加电动势的性质可将串级调速系统分为超同步串级调速系统和低同步串级调速系统。

超同步串级调速系统的特点是在转子回路中串入频率可变的交流附加电动势 $\dot{E}_f$，在保持 $\dot{E}_f$ 与 $\dot{E}_{2s}$ 同频率的条件下，通过改变 $\dot{E}_f$ 的幅值大小和相位，能全部实现上述各种基本运行状态。因此，该系统需要一个频率和幅值可调的变流器，但采用频率和幅值可调的变流器时系统装置复杂、费用高。如果在低同步串级调速系统中将转子整流器用可控整流桥代替，通过控制两组桥的工作状态来控制转差功率的流向，也能实现上述各种基本运行状态。因此，超

同步串级调速系统按变流器类型的不同，又可分为转子交-交变流方式的超同步串级调速系统和转子交-直-交变流方式的超同步串级调速系统。

低同步串级调速系统的特点是用不可控整流器将转子电动势 $s\dot{E}_{20}$ 整流为直流电动势，与转子整流回路中串入的直流附加电动势 E_f 进行合成，通过改变 E_f 值的大小，只能实现低于同步转速的电动运行和高于同步转速的回馈制动运行。由于转子整流器是不可控的，故转差功率 P_s 只能单方向从转子流出，无法实现转差功率 P_s 流入转子，故不能实现高于同步转速的电动运行和低于同步转速的回馈制动运行。

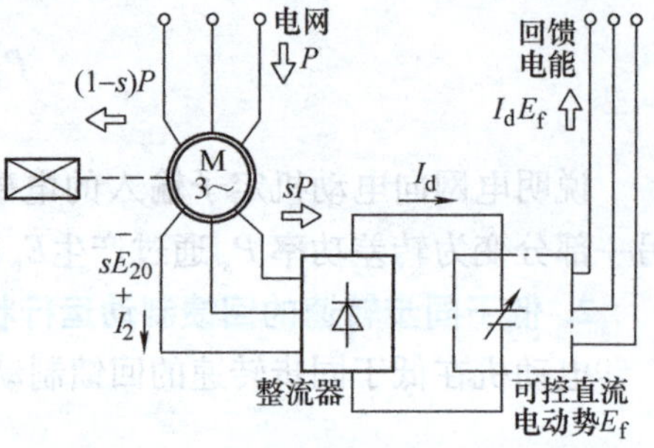

图 3-3 采用直流附加电动势 E_f 的串级调速框图

目前，国内外广泛应用的低同步串级调速系统是转子回路串入直流附加电动势 E_f 的方案，以避免随着 n 的不同，改变 E_f 频率。如图 3-3 所示，在转子绕组端接入一个不可控的整流器，将转子感应电动势 sE_{20} 整流为直流电压，串级调速用的附加电动势 E_f 也为直流电压，两者叠加来实现调速。由于转子电路采用了不可控整流电路，所以转差功率只能从转子流向产生 E_f 的装置，再回馈到电网。

根据异步电动机转子回路中直流附加电动势 E_f 获得方法的不同，可将低同步串级调速系统分为以下三种基本类型。

1. 电动机串级调速

电动机串级调速原理电路如图 3-4a 所示。E_f 就是直流电动机旋转时的反电动势，改变直流电动机的励磁电流大小，即可改变 E_f 的大小。而直流电动机拖动交流同步电动机 MS 作发电机运行，从而将转差功率回馈入电网。

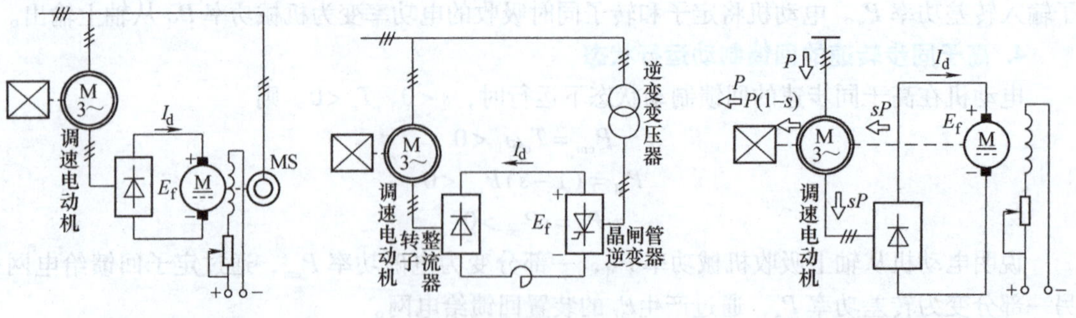

a) 电动机串级调速原理电路 b) 晶闸管串级调速原理电路 c) 机械串级调速原理电路

图 3-4 低同步串级调速系统

2. 晶闸管串级调速

晶闸管串级调速原理电路如图 3-4b 所示。用晶闸管全控整流电路获得 E_f，全控整流电路长期工作在有源逆变状态，即逆变角 $\beta \leqslant 90°$，改变 β 的大小即可改变 E_f 的大小。由于全控整流电路工作在有源逆变状态，所以能将转差功率通过变压器回馈到电网。**随着大功率晶闸管变流技术的飞速发展，晶闸管串级调速系统显示出极大优越性，已成为低同步串级调速系统的典型方案。**

3. 机械串级调速

机械串级调速原理电路如图 3-4c 所示，该系统用他励直流电动机旋转时的反电动势作

为附加电动势 E_f，改变直流电动机励磁电流的大小，即可改变 E_f 的大小，从而实现调速。

如果忽略调速系统中的所有的电气与机械损耗，可以认为系统中的转差功率全部经转子整流器送给直流电动机，由于直流电动机与调速电动机同轴硬性连接，使直流电动机吸收的转差功率转变为轴上的机械功率仍送给负载。这相当于在负载轴上增加了一个拖动转矩，从而很好地利用了转差功率。负载上得到的机械功率总和为 $(1-s)P_{em}+sP_{em}=P_{em}=$ 常数，故具有恒功率调速的特性，能在低速时产生较大转矩，适用于低速需大负载转矩的场合。但因为转速较低时，直流电动机不能产生足够的 E_f，所以这种串级调速系统调速范围不大，通常在2∶1以内。

在低同步串级调速系统中，晶闸管串级调速系统由于具有效率高、技术成熟、成本低等优点，所以应用广泛，这也是本章主要讨论的内容。低同步串级调速系统的调速范围越大，所需直流电动机容量也越大，所以，只适用于大容量、调速范围小的恒功率生产机械。

与低同步串级调速系统相比，超同步串级调速系统不但效率高，而且能四象限运行，调速装置容量小，此外还可解决功率因数低等问题。但它的主电路和控制电路复杂，调速装置成本高，所以，超同步串级调速系统适用于需要四象限运行、大容量的生产机械。

3.2　绕线转子异步电动机串级调速时的机械特性

3.2.1　绕线转子异步电动机转子整流电路的电压与电流

1. 绕线转子异步电动机转子整流电路的特点

绕线转子异步电动机串级调速的电气原理图如图3-5所示。异步电动机转子整流电路的工作与具有整流变压器的整流电路的工作极为相似，异步电动机的转子绕组是转子整流器的供电电源，相当于一般整流变压器的二次绕组，因此可以引用电力电子整流电路分析中已有的一些结论，但是要看到它们两者之间存在着差异，主要是：

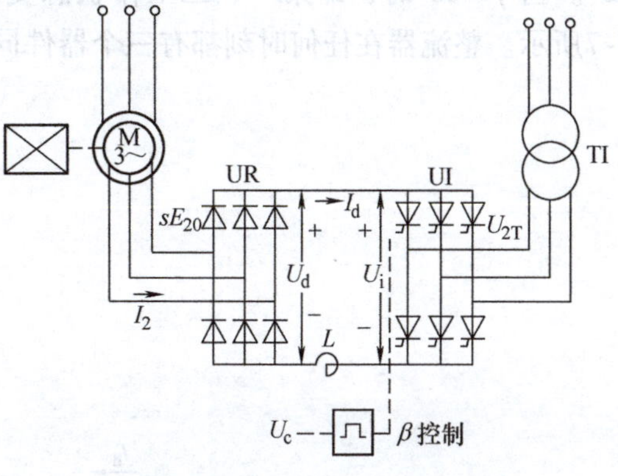

图3-5　绕线转子异步电动机串级调速电气原理图

1）由于异步电动机转子绕组感应电动势 E_{2s} 的幅值与频率都与电动机转速有关，所以当它作为整流变压器时，它的输出频率与幅值都是转差率 s 的函数。

2）异步电动机折算到转子侧的漏电抗值也是转差率 s 的函数。

3）由于异步电动机折算到转子侧的漏电抗值比整流变压器的要大，所以在异步电动机供电的转子整流电路中出现的换相重叠现象比一般整流变压器供电的整流电路严重，从而在负载较大时引起转子整流电路中整流器件的强迫延迟导通现象，改变了整流电路的工作性质。

在分析转子整流电路的工作时必须注意上述因素。

2. 转子整流器

为了简化分析，假设：整流器件有理想的整流特性，管压降及反向漏电流均可忽略；转子直流回路中平波电抗器的电感为无限大；忽略电动机励磁电抗的影响。

由于电动机存在漏电抗，使换流过程中电流不能突变，会产生换流重叠，转子整流器换流重叠角 γ 的一般公式为

$$\cos\gamma = 1 - \frac{2X_{D0}}{\sqrt{6}E_{20}}I_d \tag{3-2}$$

式中，I_d 为整流电流平均值；E_{20}为 $s=1$ 时转子相电动势有效值；X_{D0}为折算到转子侧的每相漏电抗（$s=1$ 时）。

可见，E_{20}和 X_{D0}确定时，I_d 越大，γ 越大，当 $I_d = \frac{\sqrt{6}E_{20}}{4X_{D0}}$时，$\gamma=60°$。此时，$I_d$ 再增大，起始换流点会从自然换流点向后延迟一段时间，这段时间用强迫延迟换流角 α_p 表示。

这样，我们称 $\gamma \leqslant 60°$，即在自然换流点换流的工作状态为转子整流器的第一工作状态；称 γ 保持60°不变，$0 < \alpha_p \leqslant 30°$的工作状态为转子整流器的第二状态；称 $\gamma=60°$，$\alpha_p=30°$以后 I_d 再增大的工作状态为第三工作状态，它属于故障状态，在此不对它进行讨论。下面仅分析串级调速系统正常运行时的第一、二工作状态。

（1）转子整流器的第一工作状态　当 $\gamma < 60°$时，在不换流期间，共阴极组和共阳极组各有一个器件导通；转子整流器中有两个器件导通；在换流期间，换流组有两个器件导通，不换流组有一个器件导通，整流器共有三个器件同时导通。转子整流器的整流电压、电流波形如图3-6b所示，起始换流点在自然换流点，换流期间的整流输出电压为正在换流的两相电压瞬时值之和的一半与另一相电压瞬时值的包络线。

转子整流器处于第一工作状态时，γ 随着 I_d 的增加而增大，换流重叠角可增大到 $\gamma=60°$。当 $\gamma=60°$时，即第一、二工作状态交界处，整流器输出的整流电压、电流波形如图3-7所示。整流器在任何时刻都有三个器件同时导通，始终处于换流状态，但起始换流点仍

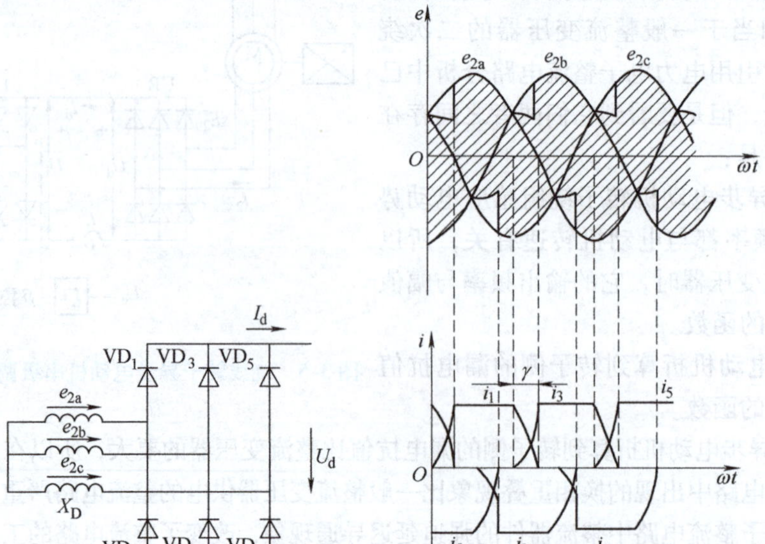

a) 转子整流器　　b) 电压电流波形

图3-6　转子整流器及其电压、电流波形

在自然换流点。

（2）转子整流器的第二工作状态　当 $\gamma=60°$时，直流电流 $I_{d1-2}=\frac{\sqrt{6}E_{20}}{4X_{D0}}$是第一、二工作状态的分界点电流。$I_d$ 再增大，换流重叠角将保持 $\gamma=60°$不变，起始换流点将从自然换流点向后延迟一个角度 α_p，这称为“强迫延迟换流”现象。当 I_d 从分界点电流增大时，α_p 可从0°增加到30°，整流器输出的整流电压、电流波形如图3-8所示。

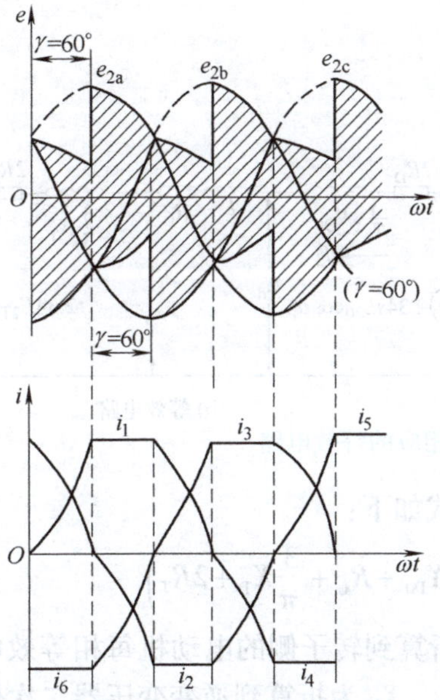

图3-7　第一、二工作状态交界处整流器输出的整流电压、电流波形（$\gamma=60°$）

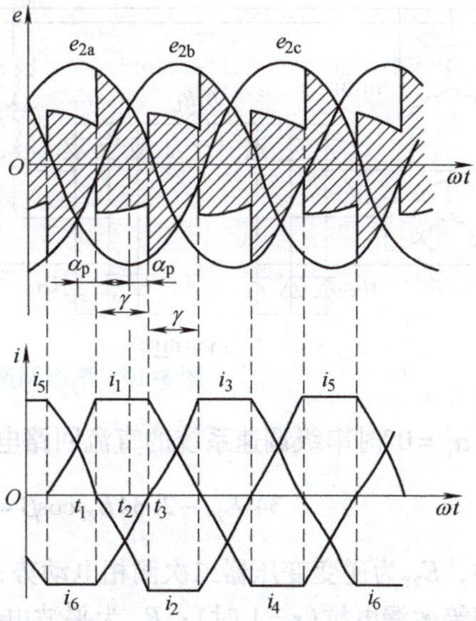

图3-8　第二工作状态下整流器电压、电流波形（$\gamma=60°,\alpha_p\leqslant30°$）

下面从电路上解释第二工作状态时产生 α_p 的原因。假定 VD_1 导通，VD_6、VD_2 正在换流（$t_1\sim t_3$ 期间），分析 VD_1 向 VD_3 换流的过程。此时，VD_3 的阳极电位等于B、C两相电位之和的一半，其值为 $-0.5e_{2a}$；而 VD_3 的阴极电位与A相电位相等。因此，VD_3 阳极与阴极间的电压为 $-1.5e_{2a}$。可见，在 VD_6、VD_2 换流期间，VD_3 一直承受反电压，不可能导通。只有等 VD_6、VD_2换流结束（t_3 时刻），VD_3 的阳极电位由 $-0.5e_{2a}$跃变为 e_{2b}，VD_3 才能导通，开始 VD_1 与 VD_3 间的换流。这就是整流器件的强迫延迟换流现象，区间 $t_2\sim t_3$ 是强迫延迟导通时间，对应的电角度称为强迫延迟导通角 α_p，需要指出的是，强迫延迟换流只说明在 I_d 超过某一值时，整流器件滞后自然换流点 α_p 角换流，但从总体上看，6个器件在360°内轮流工作，每一对器件的换流过程最多只能是60°，也就是说，I_d 再大，只能加大 α_p 角，使换流的开始与结束时刻都延后，而 $\gamma=60°$始终不变。

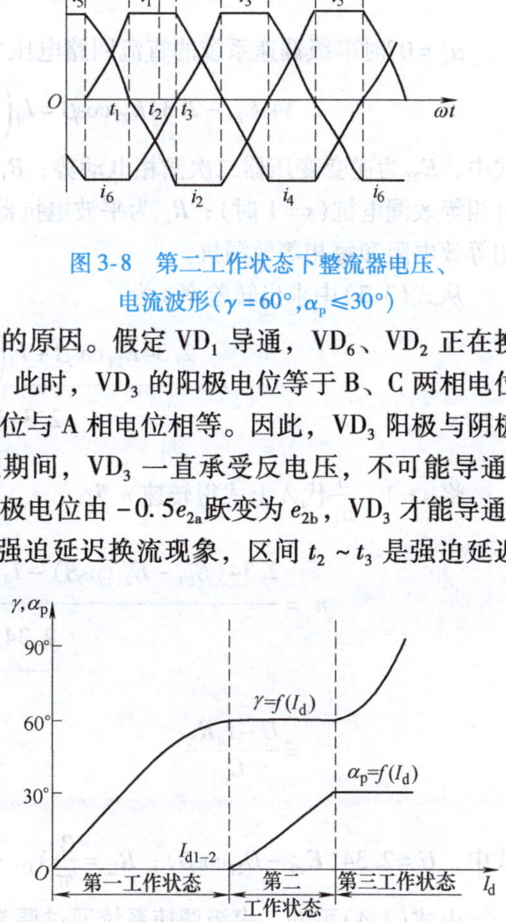

图3-9　转子整流电路的 $\gamma=f(I_d)$、$\alpha_p=f(I_d)$

综上所述，随着负载的不同，转子整流电路可能有三种工作状态。图3-9表示了在不同

工作状态下 I_d 与 γ 及 α_p 间的函数关系。

3.2.2 串级调速系统的调速特性

根据图 3-10 所示的串级调速系统主电路（整流器和逆变器都为三相桥式电路）及相应的等效电路，考虑到电动机转子与逆变变压器的电阻和换相重叠电压降后，可以列出系统的稳态电路方程式，在此基础上，推导出通过改变逆变角 β 调速时的特性 $n=f(I_d)$，然后对它进行分析。

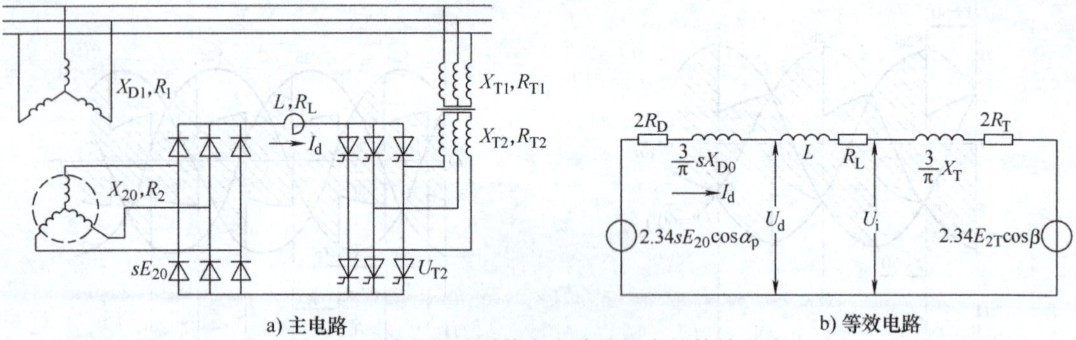

图 3-10 串级调速系统主电路及相应的等效电路

$\alpha_p=0°$时串级调速系统的直流回路电压平衡方程式如下：

$$2.34sE_{20}-2.34E_{2T}\cos\beta=I_d\left(2R_D+\frac{3}{\pi}sX_{D0}+R_L+\frac{3}{\pi}X_T+2R_T\right) \tag{3-3}$$

式中，E_{2T}为逆变变压器二次侧相电动势；R_D、X_{D0}为折算到转子侧的电动机每相等效电阻和每相等效漏电抗（$s=1$ 时）；R_L 为平波电抗器电阻；R_T、X_T 为折算到逆变变压器二次侧的每相等效电阻和每相等效漏抗。

从式（3-3）中求出转差率 s 为

$$s=\frac{2.34E_{2T}\cos\beta+I_d\left(\frac{3}{\pi}X_T+2R_T+2R_D+R_L\right)}{2.34E_{20}-\frac{3}{\pi}X_{D0}I_d}$$

将 $s=1-\frac{n}{n_1}$代入上式得转速 n 为

$$n=\frac{2.34(E_{20}-E_{2T}\cos\beta)-I_d\left(\frac{3}{\pi}X_{D0}+\frac{3}{\pi}X_T+2R_T+2R_D+R_L\right)}{\dfrac{2.34E_{20}-\frac{3}{\pi}X_{D0}I_d}{n_1}}$$

$$=\frac{U-I_dR_{\Sigma}}{C_e} \tag{3-4}$$

式中，$U=2.34(E_{20}-E_{2T}\cos\beta)$；$R_{\Sigma}=\frac{3}{\pi}X_{D0}+\frac{3}{\pi}X_T+2R_T+2R_D+R_L$；$C_e=\dfrac{2.34E_{20}-\frac{3}{\pi}X_{D0}I_d}{n_1}$。

由式（3-4）可知，串级调速系统通过调节逆变角 β 进行调速时，其特性 $n=f(I_d)$ 相当于他励直流电动机调压调速时的调速特性。但是，由于串级调速系统转子直流回路等效电阻

R_Σ 比直流电动机电枢回路总电阻大，故串级调速系统的调速特性 $n=f(I_d)$ 相对更软些。

上述结论是在串级调速系统转子整流器为第一工作状态时得到的，转子整流器处于第二工作状态时仍可用相同的方法获得调速特性，只不过特性更软。

3.2.3　串级调速系统的机械特性与最大转矩

在串级调速工作时，异步电动机转子回路虽不需串入调速用电阻，但由于在转子回路中接入了两组整流装置、平波电抗器、逆变变压器等（这些部件统称为**串级调速装置**），再考虑线路电阻后，实际上相当于在转子回路中接入了一定数值的等效电阻和电抗。它们的影响在电动机任何转速下都存在，即使当 $\beta=90°$，电动机在以最高转速运行时也是一样。由于转子回路电阻的影响，使异步电动机在串级调速运行时的机械特性要比电动机的固有机械特性软，使电动机在额定负载时难以达到其额定转速。一般异步电动机在固有机械特性上的额定转差率为 0.03～0.05，而在串级调速运行时却为 0.10 左右（$\beta=90°$时）。另外，由于转子回路电抗的影响，而且转子回路接入整流器后由转子绕组漏电抗所引起的换相重叠角使转子电流产生畸变，电动机在串级调速时所能产生的最大转矩将比电动机固有特性的最大转矩有明显降低，以后将证明约减少了 17.3%。

由于转子整流器有第一和第二两种工作状态，相应地，串级调速系统机械特性也有第一和第二两个工作区。

1. 机械特性第一工作区及最大转矩

由 3.1 节可知，异步电动机的电磁转矩为

$$T_e=\frac{P_{em}}{\omega_1}=\frac{sP_{em}}{s\omega_1}=\frac{P_s}{s\omega_1} \tag{3-5}$$

另外，在不考虑转子电阻损耗及转子整流器件的损耗时，转子整流器的输出功率就等于转差功率，即

$$P_s=\left(sE_{d0}-\frac{3}{\pi}sX_{D0}I_d\right)I_d \tag{3-6}$$

式中，E_{d0}为 $s=1$ 时的转子空载整流电动势，$E_{d0}=2.34E_{20}$。

将式(3-6)代入式(3-5)，消去 s，可得

$$T_e=\frac{\left(E_{d0}-\frac{3}{\pi}X_{D0}I_d\right)I_d}{\omega_1} \tag{3-7}$$

利用式(3-7)和式(3-3)可以求得串级调速系统机械特性第一工作区的表达式：

$$T_e=\frac{E_{d0}^2\left(\frac{3}{\pi}s_0X_{D0}+\frac{3}{\pi}X_T+2R_T+2R_D+R_L\right)}{\omega_1\left(\frac{3}{\pi}sX_{D0}+\frac{3}{\pi}X_T+2R_T+2R_D+R_L\right)^2}(s-s_0) \tag{3-8}$$

式中，s_0 为理想空载转差率，$s_0=\dfrac{E_{2T}}{E_{20}}\cos\beta$。

将第一、二工作区分界点电流 $I_{d1-2}=\dfrac{\sqrt{6}E_{20}}{4X_{D0}}$代入式(3-7)，可得第一、二工作区分界点的转矩：

$$T_{e1-2}=\frac{27E_{20}^{2}}{8\pi\omega_{1}X_{D}} \tag{3-9}$$

忽略定子电阻时，异步电动机自然接线时的最大转矩为

$$T_{m}=\frac{3E_{20}^{2}}{2\omega_{1}X_{D0}} \tag{3-10}$$

将式(3-9)与式(3-10)相比，可得

$$\frac{T_{e1-2}}{T_{m}}=0.716 \tag{3-11}$$

由式(3-11)知，$T_{e1-2}=0.716T_{m}$。由于一般异步电动机的最大转矩 $T_{m}\geqslant 2T_{n}$（T_{n} 为异步电动机额定转矩），故 $T_{e1-2}\geqslant 1.432T_{n}$，即串级调速系统在额定转矩下运行时，一般处于机械特性第一工作区。

2. 机械特性第二工作区及最大转矩

从上面的分析可知，串级调速系统的机械特性第一工作区占整个机械特性的大部分，因此，对第二工作区的机械特性表达式，不作详细推导，而是直接给出推导结果为

$$T_{e}=\frac{9\sqrt{3}E_{20}^{2}}{4\pi\omega_{1}X_{D0}}\sin(60°+2\alpha_{p}) \tag{3-12}$$

由式(3-12)可以看出，当强迫延迟换流角 $\alpha_{p}=15°$时，可得串级调速系统机械特性第二工作区内的最大转矩为

$$T_{e2m}=\frac{9\sqrt{3}E_{20}^{2}}{4\pi\omega_{1}X_{D0}} \tag{3-13}$$

将式(3-13)与式(3-10)相比，可得

$$\frac{T_{e2m}}{T_{m}}=0.826 \tag{3-14}$$

式(3-14)说明，采用串级调速后，异步电动机的过载能力降低17%左右。在选择串级调速系统异步电动机容量时，应特别考虑这个因素。图3-11所示为晶闸管串级调速系统的机械特性。

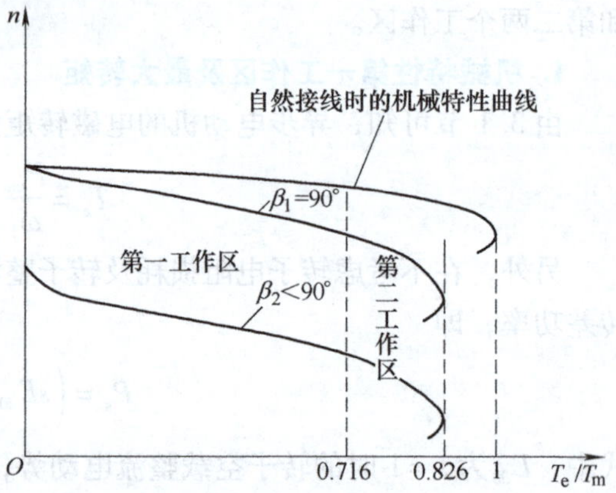

图3-11　晶闸管串级调速系统机械特性曲线

3.3　串级调速系统的效率和功率因数

由于串级调速系统的效率和功率因数与节能效果密切相关，因此下面进行具体讨论。

3.3.1　串级调速系统的总效率

串级调速系统的总效率是指电动机轴输出功率与串级调速系统从电网输入的总有功功率之比。图3-12是反映串级调速系统各部分有功功率之间关系的单线原理图。

由图3-12可见，由电网向整个系统提供的有功功率 P_{w} 及晶闸管逆变器返回到电网的回馈功率 P_{T}，构成了定子输入功率 P_{1}，即 $P_{1}=P_{w}+P_{T}$，从 P_{1} 中减去定子损耗 ΔP_{1}（包括定子

的铜损和铁损），剩下部分再经旋转磁场传送到电动机的转子，即为电磁功率 P_{em}。P_{em} 中的一部分转变为转差功率 P_s，另一部分变成机械功率 P_M。转差功率减去转子损耗 ΔP_2 和转子整流器、晶闸管逆变器的损耗 ΔP_s，剩下部分即为回馈电网的功率 P_T，即 $P_T=sP_{em}-\Delta P_2-\Delta P_s$。所以 $P_w=P_1-P_T=(P_{em}+\Delta P_1)-P_T=(1-s)P_{em}+\Delta P_1+\Delta P_2+\Delta P_s$。电动机轴输出功率 P_2 则要从机械功率 P_M 中减去机械损耗 ΔP_m 获得，即

$$P_2=(1-s)P_{em}-\Delta P_m$$

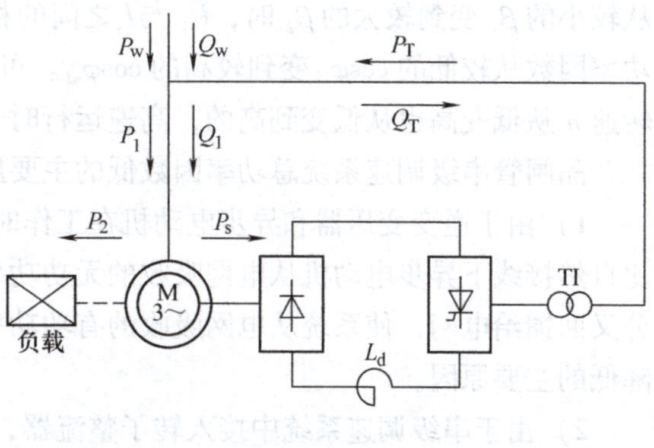

图 3-12 串级调速系统功率关系单线原理图

于是，串级调速系统的总效率为

$$\eta=\frac{P_2}{P_w}=\frac{(1-s)P_{em}-\Delta P_m}{(1-s)P_{em}+\Delta P_1+\Delta P_2+\Delta P_s}\times 100\% \tag{3-15}$$

由于大部分转差功率被送回电网，使串级调速系统从电网输入的总有功功率并不多，故串级调速系统的效率很高。系统容量越大，电动机越接近满载，各项损耗相对越小，系统总效率也越高。满载时，大容量系统的效率可达 90% 以上，中小容量系统的效率也可在 80% 以上。

3.3.2 串级调速系统的总功率因数

异步电动机的功率因数为 0.8~0.9，而串级调速系统若不采取措施，其总功率因数却很低，即使高速时也只有 0.6 左右，低速时总功率因数更低，这是晶闸管串级调速系统的主要缺点。下面给出确定串级调速系统功率因数的方法，并分析系统总功率因数低的原因。

众所周知，功率因数为正弦波电压与正弦波电流之间相位差的余弦。对于串级调速系统，从电网吸收的电压为正弦波，但由于转子回路接有整流器和有源逆变器，使转子电流和逆变变压器二次电流波形发生畸变，致使从电网吸收的电流为非正弦波。若取各电流的基波分量，则可画出串级调速系统的近似相量图，如图 3-13 所示。根据近似相量图可以确定串级调速系统的总功率因数，也可以看出总功率因数随转速变化而变化的规律。

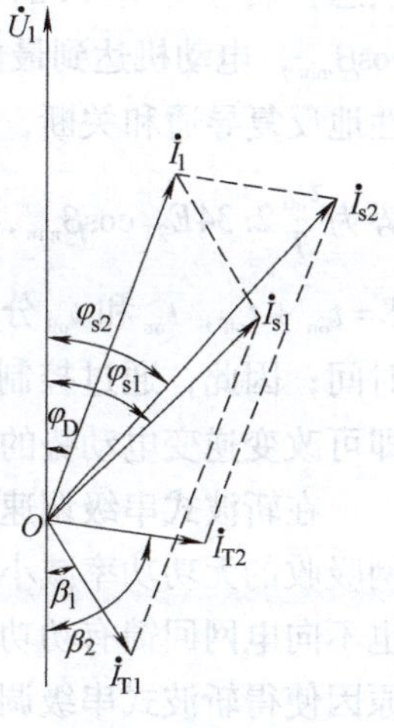

图 3-13 串级调速系统的近似相量图

由图 3-13 可见，定子电流为$\dot{I}_1$，逆变变压器一次电流为$\dot{I}_{T1}$，$\dot{I}_1$ 与$\dot{I}_{T1}$ 的相量和为串级调速系统从电网吸收的电流$\dot{I}_s$，$\dot{U}_1$ 为异步电动机定子电压，这样，根据定义，串级调速系统的总功率因数应为$\dot{U}_1$ 与$\dot{I}_s$间相位差 φ_s 的余弦，即 $\cos\varphi_s$。

假定负载为恒转矩负载，在改变逆变角 β 调速时，可以近似认为$\dot{I}_1$、$\dot{I}_{T1}$ 的幅值及电动机功率因数角 φ_D 都不变。随着 β 的改变，$\dot{I}_{T1}$ 的相位也发生改变，$\dot{U}_1$ 与$\dot{I}_s$ 间的相位差 φ_s 也随之而变，逆变角

从较小的 β_1 变到较大的 β_2 时，$\dot{U}_1$ 与$\dot{I}_s$之间的相位差从较大的 φ_{s1} 变到较小的 φ_{s2}，系统的总功率因数从较低的 $\cos\varphi_{s1}$ 变到较高的 $\cos\varphi_{s2}$。可见，串级调速系统的总功率因数 $\cos\varphi_s$ 是随着转速 n 从低变高也从低变到高的，高速运行时 $\cos\varphi_s$ 约为 0.6，低速运行时 $\cos\varphi_s$ 更低。

晶闸管串级调速系统总功率因数低的主要原因可归纳为以下两个方面：

1）由于逆变变压器和异步电动机在工作时都要从电网吸收无功电流，故串级调速系统比自然接线下异步电动机从电网吸收的无功功率多得多，且串级调速系统把转差功率的大部分又回馈给电网，使系统从电网吸收的有功功率并不多，这是造成串级调速系统总功率因数降低的主要原因。

2）由于串级调速系统中接入转子整流器，不仅出现换流重叠现象，而且使转子电流发生畸变，这些因素将使异步电动机本身的功率因数降低，这是造成串级调速系统总功率因数降低的另一个原因。

为了改善串级调速系统的总功率因数，人们提出了各种方法，主要可归为两大类：①利用电力电容器补偿；②采用高功率因数的串级调速系统。在高功率因数的串级调速系统中，斩波式串级调速系统和门极关断(GTO)晶闸管串级调速系统被认为是较好的方案，它们具有系统结构简单、提高功率因数明显等优点，下面重点介绍这两种方案。

1. 斩波式串级调速系统

斩波式串级调速系统原理框图如图 3-14 所示，由典型串级调速系统加功率斩波器 CH 构成。与普通串级调速系统不同的是，斩波式串级调速系统不是通过控制逆变角 β 来改变逆变电动势的大小，而是将逆变角固定在最小逆变角 β_{min} 处，通过控制功率斩波器 CH 导通或关断的时间来改变逆变电动势大小实现调速的。为使斩波式串级调速系统结构简单，CH 可用门极关断(GTO)晶闸管构成。CH 工作在开关状态，若 CH 始终为开通状态，转子整流器 UR 被短接，转子中串入的逆变电动势为零，电动机达到最高转速 n_{max}；若 CH 始终为关断状态，转子中串入的逆变电动势为 $2.34E_{2T}\cos\beta_{min}$，电动机达到最低转速 n_{min}，若 CH 周期性地反复导通和关断，转子中串入的逆变电动势为$\frac{t_{off}}{T}2.34E_{2T}\cos\beta_{min}$，$T$ 为 CH 的工作周期，$T=t_{on}+t_{off}$，t_{on} 和 t_{off} 分别为 CH 导通和关断的时间；因此，通过控制 CH 导通或关断的时间即可改变逆变电动势的大小，实现斩波式串级调速。

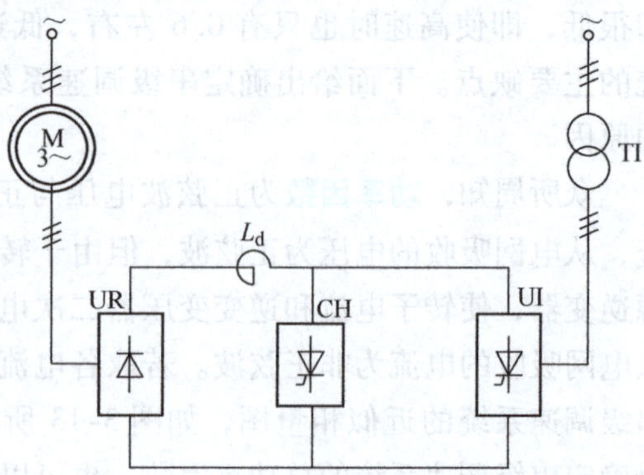

图 3-14　斩波式串级调速系统原理框图

在斩波式串级调速系统中，由于逆变器始终在最小逆变角 β_{min} 下工作，可使逆变器从电网吸收的无功功率减小。另外，在 CH 导通时间 t_{on} 内，转子电流不流过逆变变压器二次侧，也不向电网回馈有功功率，因此，CH 导通时间 t_{on} 越长，回馈给电网的有功功率越少。上述原因使得斩波式串级调速系统的总功率因数有明显的改善，高速时接近电动机本身的功率因数。

2. 门极关断（GTO）晶闸管串级调速系统

门极关断（GTO）晶闸管串级调速系统的主回路结构与普通晶闸管串级调速系统一样，只是逆变桥中的6个普通晶闸管 VTH 全部被换成门极关断（GTO）晶闸管。门极关断晶闸管与普通晶闸管的主要不同点在于：门极关断晶闸管是通过在它的门极加具有一定功率的负脉冲使其关断的。因此，利用门极关断晶闸管的可关断特性，可以将逆变桥的触发延迟角控制在180°~270°之间变化，使逆变变压器中产生相位超前电源电压 U_1 的电流 I_{T1}。由图 3-15 所示的门极关断晶闸管串级调速系统的近似相量图可见，门极关断晶闸管串级调速系统的总功率因数为 $\cos\varphi_s$，高于电动机本身的功率因数，但门极关断晶闸管价格较高，故该方案适用于大容量的场合。

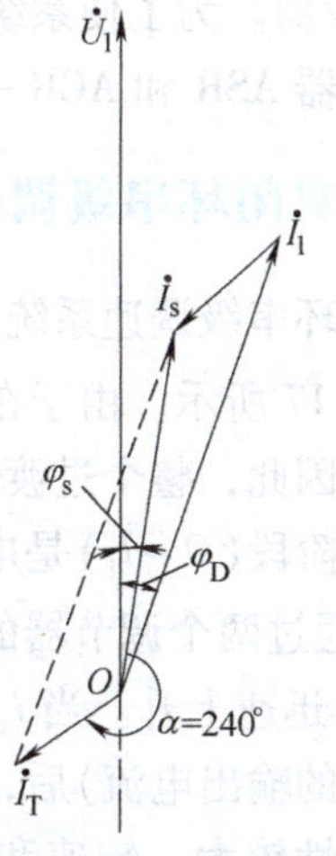

图 3-15　门极关断晶闸管串级调速系统的近似相量图

3.4　双闭环控制的串级调速系统

由于串级调速系统机械特性的静差率较大，所以开环控制系统只能用于对调速精度要求不高的场合。为了提高静态调速精度，并获得较好的动态特性，需要采用闭环控制，通常采用具有电流反馈与转速反馈的双闭环控制方式。当然，若生产工艺要求控制的物理量不同，如电流、电压、转速、流量、压力等，则要相应地采用对该物理量的闭环控制。本节主要讨论由电流闭环和转速闭环组成的双闭环串级调速系统。

3.4.1　双闭环串级调速系统的组成

双闭环串级调速系统的组成如图 3-16 所示，其结构与双闭环直流调速系统相似，图中，ASR 和 ACR 分别为转速调节器和电流调节器，TG 和 TA 分别为测速发电机和电流互感器，

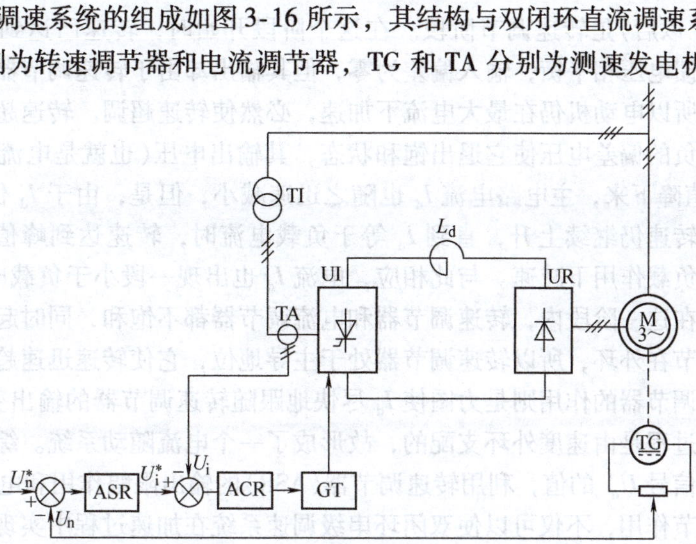

图 3-16　双闭环串级调速系统的组成

GT 为触发器。为了使系统既能实现速度和电流的无静差调节，又能获得快速的动态响应，两个调节器 ASR 和 ACR 一般均采用 PI 调节器。

3.4.2 双闭环串级调速系统工作原理分析

双闭环串级调速系统突加给定电压 U_n^* 后，由静止状态起动时转速和电流的过渡过程波形如图 3-17 所示。由于在起动过程中转速调节器(ASR)经历了不饱和、饱和、退出饱和三个阶段，因此，整个过渡过程也分为三段，图中分别标以Ⅰ、Ⅱ、Ⅲ。

第一阶段($O \sim t_1$)是电流上升阶段，突加给定电压 U_n^* 后，通过两个调节器的控制作用，使转子整流器输出电流 I_d 迅速上升。当 $I_d \geqslant I_{fz}$(I_{fz}为对应于负载转矩转子整流器的输出电流)后，转速 n 开始升高。由于电动机机电惯性较大，转速和转速反馈增长较慢，因而转速调节器(ASR)的输入偏差电压数值较大，其输出很快达到限幅值，并输送给电流调节器(ACR)，使其输出电压迅速增大，从而使逆变角 β 迅速增大，进而使电流 I_d 迅速增大。当 $I_d \approx I_{dm}$时，电流调节器的作用不再使 I_d 增长，而保持动态平衡。这一阶段的特点是转速调节器(ASR)由不饱和很快达到饱和，而电流调节器(ACR)一般是不饱和的，以保证电流环的调节作用。这些都是在设计时给予保证的。

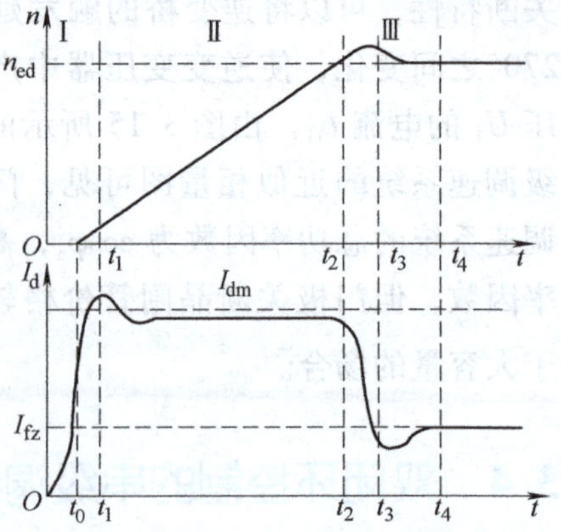

图 3-17 双闭环串级调速系统起动时转速和电流的过渡过程波形

第二阶段($t_1 \sim t_2$)是恒流升速阶段，即保持最大电流给定升速。这一段是从电流上升到最大值 I_{dm}开始，到转速上升到给定值为止，是起动过程的主要阶段。在这个阶段中，转速调节器(ASR)一直是饱和的，转速环相当于开环状态，系统表现为在恒值电流给定作用下的电流调节系统，基本上保持电流 I_d 恒定(电流可能超调，也可能不超调，取决于电流调节器的结构和参数)。

第三阶段(t_2 以后)是转速调节阶段。在这个阶段开始时，转速已达到给定值，转速调节器的给定与反馈电压相平衡，输入偏差为零，但其输出却由于转速调节器的积分作用还维持在限幅值上，所以电动机仍在最大电流下加速，必然使转速超调。转速超调后，转速调节器的输入端出现负的偏差电压使它退出饱和状态，其输出电压(也就是电流调节器的给定电压)立即从限幅值降下来，主电路电流 I_d 也随之迅速减小，但是，由于 I_d 仍大于负载电流，在一段时间内，转速仍继续上升，直到 I_d 等于负载电流时，转速达到峰值($t=t_3$)。此后，电动机才开始在负载作用下减速。与此相应，电流 I_d 也出现一段小于负载电流的过渡过程，直到进入稳态。在这一阶段内，转速调节器和电流调节器都不饱和，同时起调节作用。

由于转速调节在外环，所以转速调节器处于主导地位，它使转速迅速趋于给定值，并使系统稳定，电流调节器的作用则是力图使 I_d 尽快地跟随转速调节器的输出变化，也就是说，电流内环的调节过程是由速度外环支配的，故形成了一个电流随动系统。综上分析可知，通过改变转速给定信号 U_n^* 的值，利用转速调节器(ASR)的输出限幅作用和电流调节器(ACR)的电流负反馈调节作用，不仅可以使双闭环串级调速系统在加速过程中实现恒流升速，还可获得良好的加速特性。通常 β_{min}限制为 30°，以防止逆变失败。当电流调节器(ACR)的输出电压为上限幅值时，应整定逆变角为最大值$\beta_{max}=90°$。

关于闭环系统的动态设计，这里不作重点讨论，可参阅有关交流调速控制系统的资料。一般希望串级调速系统在起动过程中保持主回路电流不超过允许值，即要求电流超调量越小越好，同时希望串级调速系统在负载变化时，转速的变化要小，即要求转速抗扰性能好，因此，电流环按典型Ⅰ型系统设计，转速环按典型Ⅱ型系统设计。

3.5 串级调速系统的应用

3.5.1 串级调速系统应用中的几个问题

在应用串级调速系统时，主要应考虑电动机的选择、起动方式的选择和串级调速装置的选择等问题，下面分别讨论这几个问题。

1. 电动机的选择

在选择串级调速系统中的电动机时，首先要选择电动机的容量，此外，还要考虑电动机的额定转速、结构形式等问题。

按常规方法计算出自然接线时电动机功率后，在选择用于串级调速的电动机容量时，还需要考虑以下几个因素：

1）串级调速时最大转矩比自然接线时降低17%左右。

2）串级调速时，电动机的功率因数降低。

3）低速时，转子电流频率较高，故转子电流趋肤效应显著。转子电流波形畸变也较为严重，高频转子谐波电流造成转子铜损增加。

考虑上述因素后，在选择串级调速系统电动机容量时，应加大一些。即

$$P=KP_D \tag{3-16}$$

式中，P为串级调速时电动机所需要的功率；P_D为按常规计算所得的自然接线时电动机功率；K为串级调速系数，一般取1.15左右。

另外，还要进行电动机的热校验及过载能力校验。

串级调速电动机的过载能力校验，要考虑串级调速时异步电动机过载能力降低17%左右，还要考虑电网电压降低的影响。若满足下式，则过载能力校验通过。

$$K_sT_{e2m}>T_{Lmax} \tag{3-17}$$

式中，T_{e2m}为串级调速电动机的最大转矩；K_s为考虑电网电压降低引入的安全系数，其值一般取为0.82～0.85；T_{Lmax}为最大负载转矩。

在选择电动机的额定转速时，考虑到串级调速系统的机械特性比较软，电动机的额定转速应比生产机械的最高转速高10%左右。此外，如果需要在电动机轴上安装测速发电机，则要选用两端出轴的双轴伸式电动机。

2. 起动方式的选择

串级调速系统的起动方式可以分为直接起动与间接起动两种。直接起动方式主要用于要求调速范围很大的生产机械，如提升机、钢丝绳牵引胶带运输机等。对于应用更广泛的风机、泵类、压缩机、轧机等生产机械设备，要求调速范围不大，为了不因起动而增加串级调速装置的容量，往往采用间接起动方式。

（1）直接起动方式　**直接起动方式**是利用串级调速装置本身直接起动电动机，不再另接起动设备的起动方式，常用在可在全范围调速的串级调速系统中。在起动控制时，让逆变器先于电动机接通交流电网，然后使电动机的定子与交流电网接通，此时转子呈开路状态，可防止电动机起动时的合闸过电压通过转子回路损坏整流装置，最后再使转子回路与整流器接通。起动时，要先将晶闸管逆变器的逆变角置于β_{min}。当转子回路接通时，由于转子整流电压小于逆变电压，直流回路无电流，电动机尚不能起动。待发出给定信号后，再逐渐增大β值，使逆变电压逐渐减小，电动机平稳加速，直到所需的转速。

转子回路的主要设备（如整流器、逆变器、逆变变压器）的容量，即串级调速装置的容量，都是按要求的调速范围确定的。对于要求调速范围不大的场合，不应该单纯为了直接起动而选择大容量的串级调速装置，而应该采用下述的间接起动方式，这样，只需按要求的调速范围选择比直接起动所需容量小得多的串级调速装置即可。

（2）间接起动方式　**间接起动方式**是利用频敏变阻器或电阻器等起动设备起动电动机，如图3-18所示，起动操作顺序如下：先将逆变器接通交流电网，使逆变器在β_{min}下等待工作；然后接通KM_1，接入起动电阻；再将电动机的定子接入交流电网，电动机便以转子串电阻的方式起动；当加速到调速范围内的最低转速n_{min}时，投入串级调速装置，并切除起动设备，即接通KM_2，同时断开KM_1。此后电动机就可以串级调速的方式继续加速到所需的转速运行。不允许在未达到设计最低转速以前把电动机转子回路与串级调速装置接通，否则转子电压会超过整流器件的额定电压而损坏器件，因此转速检测或起动时间计算必须准确。停车时，由于没有制动作用，应先断开KM_2，使电动机转子回路与串级调速装置脱离，再将电动机的定子与交流电网断开，以防止当电动机定子断开时在转子侧感生分闸过电压而损坏整流器与逆变器。

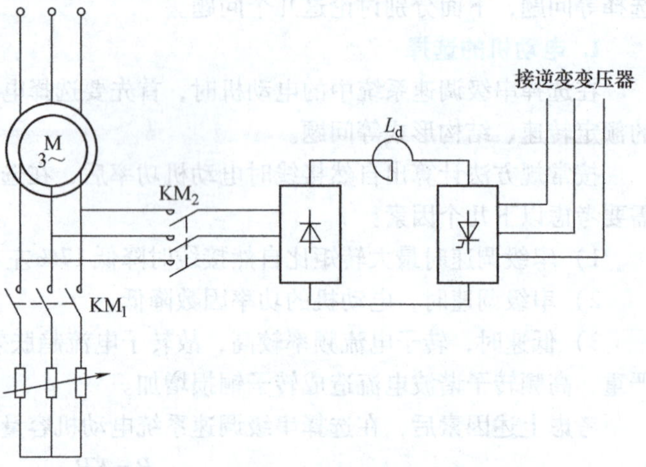

图3-18　串级调速系统的间接起动方式

这种间接起动方式还有一个好处，即当串级调速装置出现故障时，异步电动机可转换到直接起动设备正常起动并工作，许多风机、泵类生产机械都有这种转换的要求。

3. 串级调速装置的选择

串级调速装置的选择主要包括选择串级调速装置的电流、电压等级与选择开环装置或者闭环装置。选择串级调速装置时，主要依据生产工艺对串级调速系统提出的技术性能指标要求和已选定的绕线转子异步电动机的技术数据。

（1）选择串级调速装置的电流、电压等级　串级调速装置的额定电压U_{dn}和额定电流I_{dn}均指直流侧的额定电压与额定电流。串级调速装置的额定电压U_{dn}应根据已选定电动机的转子开路线电压E_{2n}及所要求的调速范围D（或调速范围D所对应的最大转差率s_{max}）来确定，即

$$U_{dn} \geqslant 1.35E_{2n}\left(1-\frac{1}{D}\right)=1.35E_{2n}s_{max} \tag{3-18}$$

串级调速装置的额定电流I_{dn}应根据已选定电动机的转子额定电流I_{2n}来确定，即

$$I_{dn} \geqslant \frac{1}{0.816}I_{2n} \tag{3-19}$$

（2）选择开环装置或者闭环装置　对于技术性能指标有较高要求的生产机械设备，如轧机、矿井提升机等，应选择转速、电流双闭环串级调速装置。因为双闭环串级调速系统不仅具有较硬的机械特性，而且动态响应速度快、抗干扰能力强，容易实现过电流保护。

而对于技术性能指标要求不高的生产机械设备，如许多只要求有一定调速范围，而无其他静、动态指标要求的风机、泵类生产机械，为简单、可靠地运行，通常选择开环控制的串级调速装置。当然，若对调速范围和静差率都有一定要求，且要求动态加减速时电流冲击小，也可以选择具有电压反馈及电流负反馈的串级调速装置。

3.5.2　串级调速系统应用实例

图3-19是一种用单片机控制的串级调速系统原理图，由主电路、单片机8031及接口电路等组成。其中主电路与前面介绍过的串级调速系统主电路完全相同。下面主要介绍单片机和接口电路的组成及其工作原理。

在图3-19中，系统所用的单片机是MCS-51系列中的8031，并扩展了I/O接口8155、程序存储器2716。单片机8031中的P0口及P2口用于片外扩展的程序存储器及I/O口的数据/地址总线。P1口用来接收故障检测输入信号。P3.4、P3.5与升、降速按钮SB_1、SB_2相接。8031内设转速计数器，在运行中查询P3.4、P3.5，得到触发器移相控制电压，再配合程序软件实现升、降速。

微机数字触发器的同步信号则是来自电源相电压U_{CN}，经变压器T_1降压、二极管整流及光耦合之后，送给单片机8031的外部中断源$\overline{INT0}$，使每周期U_{CN}为零时产生一次外部中断，作为同步信号。单片机8031每周期发6对触发脉冲，经过8155 PA口、驱动器7406、光耦合器4N25、晶体管、脉冲变压器等隔离及功率放大后，作为逆变桥晶闸管的触发脉冲。

图3-19所示的系统可对晶闸管未导通、三相电源严重不对称或同步信号丢失这三种故障状态进行检测。

每当发出触发脉冲后，要检测相应的晶闸管是否已正常导通。即从晶闸管阳极、阴极两端取出信号，此信号经光耦合、施密特触发器整形后送给单片机8031的P1口。若晶闸管导通，则管压降很小，施密特触发器输出为低电平；若晶闸管未导通，则施密特触发器输出为高电平。因此，在触发脉冲发出后，检测P1口的状态，可以检测出晶闸管导通与否。

为了检测三相电源是否严重不对称，将三相电源通过三个数值相同的电阻接成星形。三相电源电压对称时，$U_{NN'}=0$，两个电压比较器LM339输出均为低电平，外部中断源$\overline{INT1}$为高电平。当三相电源电压严重不对称时，$U_{NN'}\neq 0$，于是光耦合器有输出，电压比较器输出翻转，使$\overline{INT1}=0$，8031收到电源严重不对称信号。

为了检测同步信号是否丢失，可在单片机8031内设置一脉冲计数器。当接收到同步信号后，每发一个触发脉冲，计数器就加1。由于在同步信号的一个周期之内只能发6个触发脉冲，因此，若计数器的计数值大于6，则说明同步信号丢失。

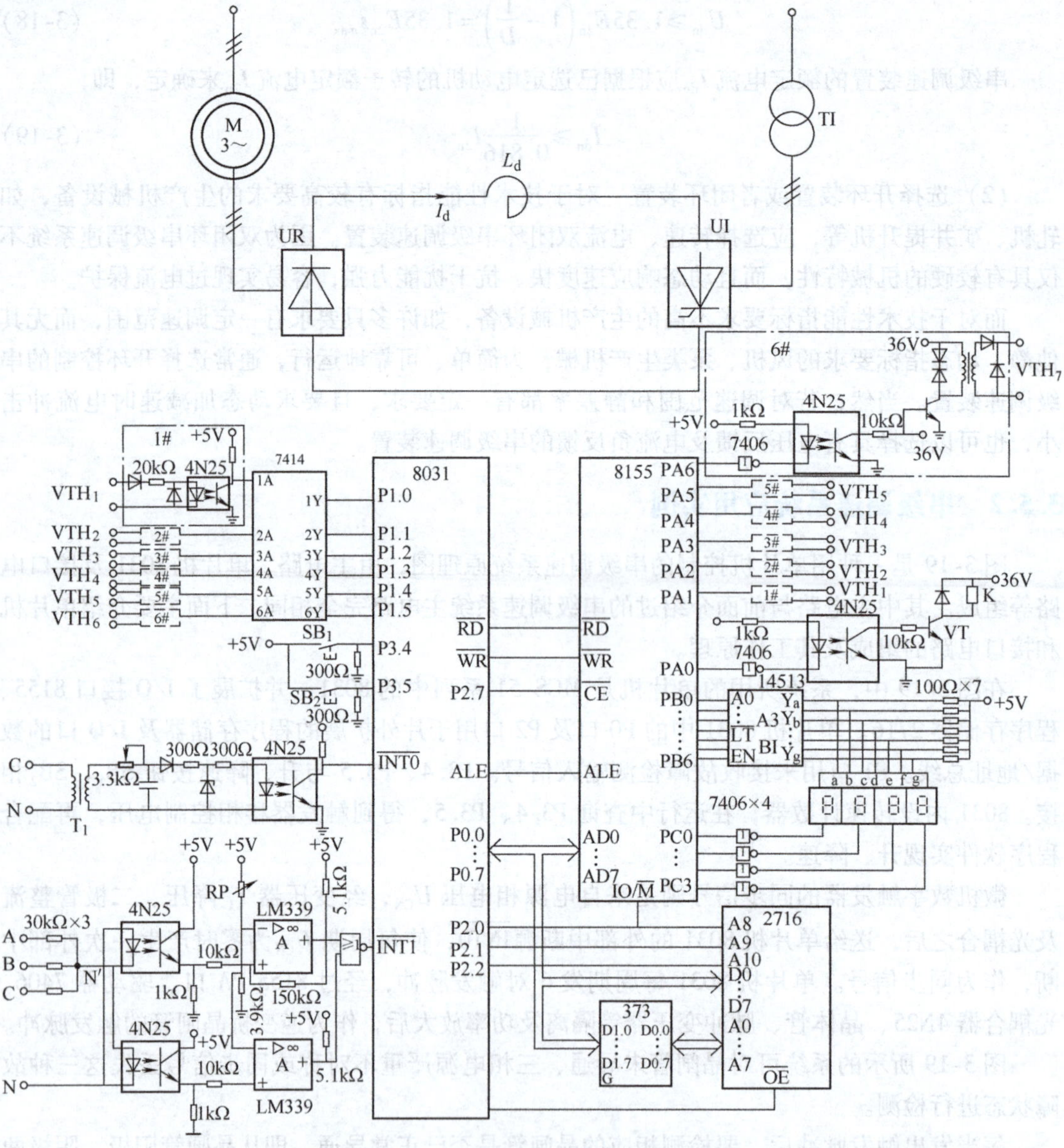

图3-19　单片机控制的串级调速系统原理图

当单片机 8031 一旦检测出晶闸管未导通，或三相电源严重不对称，或同步信号丢失的故障时，一方面单片机 8031 由程序软件将逆变角 β 推至最小逆变角 β_{min}，限制主回路电流；另一方面，由 8155 PA0 口、驱动器 7406、光耦合器 4N25、晶体管 VT 等输出保护信号，使继电器 K 通电动作，由该继电器触点控制有关接触器的通、断电，实现系统主电路从串级调速运行状态到异步电动机自然接线运行状态的切换。

图 3-19 所示系统的显示电路可实现对给定转速及故障的显示。其中，用 8155 的 PB 口及译码驱动器 14513 及发光二极管 LED 实现字形的显示，用 8155 的 PC 口及驱动器 7406 控制 4 位 LED 显示器中每一位输出。

习　题

3-1　试述绕线转子异步电动机串级调速的基本原理。

3-2　在晶闸管串级调速系统中，转子整流器在第一工作状态与在第二工作状态时的主要区别是什么？

3-3　与异步电动机运行在自然接线时的情况相比，运行在串级调速时的机械特性有什么不同？

3-4　试定性比较晶闸管串级调速系统与转子串电阻调速系统的总效率。

3-5　试分析低同步串级调速系统总功率因数低的主要原因，并指出提高系统总功率因数的主要方法。

3-6　斩波式串级调速系统为什么能提高系统的总功率因数？

3-7　在串级调速系统的起动过程中应如何设置逆变角β？间接起动方式适用于什么场合？为什么？

3-8　怎样选择串级调速装置？

第4章 无换向器电动机调速系统

4

无换向器电动机是一种自控式同步电动机，它由磁极位置检测器、同步电动机和晶体管变频器共同组成电动机系统。根据无换向器电动机所用的变频器形式不同，又可分为直流无换向器电动机系统（即交-直-交电动机系统）和交流无换向器电动机系统（即交-交电动机系统）。无换向器电动机调速系统具有同步电动机的效率高、功率因数可调等优点，特别是大容量、低转速时更为突出，并且没有同步电动机的起动困难、重载时易振荡失步等问题，因而得到广泛应用。本章主要讨论无换向器电动机的工作原理，变频器的换流方法、基本特性以及由它组成的调速系统的运行原理。

4.1 无换向器电动机简介

4.1.1 概述

无换向器电动机调速系统属于同步电动机调速系统。同步电动机的本质特点是其转速与电源频率保持严格的同步关系，所以只要电源频率不变，同步电动机的转速就保持不变。同步电动机的这一特点使其在许多领域都有广泛应用。但是，同步电动机也存在起动困难和重载时失步的缺点，这方面的问题在很大程度上限制了它的应用。

电力电子技术和计算机技术的发展使得同步电动机在调速领域的应用得到推广。变频装置作为同步电动机的软起动设备解决了同步电动机起动困难的问题；以微处理器为核心的转速和频率的闭环控制，又解决了同步电动机的失步问题。这两个问题的解决从根本上改变了同步电动机在调速系统这一领域的地位。无换向器电动机实际上就是由此发展起来的一种新型的同步电动机系统。

为了明确这一类电动机的特点，我们首先将同步电动机和异步电动机的区别进行归纳，然后对同步电动机变频调速系统进行分类。

1. 异步电动机与同步电动机的区别

1）异步电动机的磁场依靠定子供电产生，而同步电动机除定子磁动势外，在转子侧有独立的直流励磁，或者靠永久磁铁励磁。小容量的同步电动机转子常用永久磁铁励磁，其磁场可视为恒定。

2）异步电动机的转速 n 与电源的频率 f_1 之间的关系为

$$n=\frac{60f_1}{p}(1-s) \tag{4-1}$$

也就是说异步电动机的实际转速永远不能达到其同步转速。而同步电动机的转速 n 与电

源频率 f_1 之间保持严格的同步关系，即

$$n=\frac{60f_1}{p} \tag{4-2}$$

3）异步电动机总是在滞后的功率因数下运行。而同步电动机的功率因数可用励磁电流来调节，可以滞后，也可以超前。也就是说，同步电动机除了拖动机械负载外，还可以输出无功功率。

4）异步电动机的气隙是均匀的，而同步电动机则有凸极式和隐极式之分。隐极式气隙是均匀的；而凸极式的气隙不均匀，直轴磁阻小，交轴磁阻大，因而会产生磁阻转矩分量，造成数学模型上的复杂性。

5）由于同步电动机转子有独立励磁，在极低的电源频率下也能运行，因此在同样条件下，同步电动机的调速范围比异步电动机更宽。

6）异步电动机要靠加大转差率才能提高转矩，而同步电动机只需加大功率角就能增大转矩，同步电动机比异步电动机对转矩扰动具有更强的承受能力，能获得更快的动态转矩响应。

2. 同步电动机变频调速系统的分类

同步电动机变频调速系统按其结构的不同可分为两大类：自控式变频调速系统和他控式变频调速系统。他控式变频调速系统是由独立的变频装置给同步电动机提供变压变频电源；自控式变频调速系统是用电动机本身轴上所带转子位置检测器或电动机反电动势波形提供的转子位置信号，来控制变压变频装置换相时刻的调速系统。

无换向器电动机实际上属于自控式变频调速电动机，它由一台同步电动机和一套简单的逆变器组成，通过电动机的转子位置检测器来产生变频装置的控制信号，从而给同步电动机提供变频变压电源，保证了逆变器的输出电源的频率和电动机转速能保持同步。它具有直流电动机的调速特性，但是没有换向器，因此可以做成无接触式。它和异步电动机一样，具有结构简单、不需要经常维护和检修等优点。它既可以用作直流调速，也可以用作交流调速。

无换向器电动机调速系统转子轴上的转子位置检测器保证了逆变器的输出电源的频率和电动机转速能保持同步，这是无换向器电动机区别于其他同步电动机的最显著的结构特点。

无换向器电动机调速系统在国外发展很快，应用也十分广泛。从几瓦级的小型无刷直流电动机到单机容量上万千瓦的高炉鼓风机都已使用。我国上海宝山钢铁公司一号高炉的大型鼓风机驱动用的48MW同步电动机系统就是采用了无换向器电动机。近年来，由于大功率晶体管、门极可关断晶闸管、金属场效应晶体管以及绝缘栅双极晶体管等具有自关断能力的大功率半导体器件制造水平的不断提高，使得以此为基础的同步电动机变频调速技术有了长足的进步。与异步电动机变频调速系统相比，在低电压、小容量和功率在兆瓦级以上的大型调速领域，无换向器电动机占有举足轻重的地位。新技术的不断应用也使得无换向器电动机的开发与应用有着更加诱人的前景。

4.1.2　无换向器电动机的工作原理

1. 无换向器电动机的类型

无换向器电动机根据它的容量不同，可以分为晶体管电动机和晶闸管电动机两种。一般的低电压、小容量电动机多是晶体管电动机，由于晶体管的集电极负载电流直接受基极电流控制，具有自关断能力，所以晶体管调速系统的逆变器一般不存在换流问题，这可显著简化

电动机的控制方法。这一类无换向器电动机广泛应用于计算机交流伺服系统和各种电子设备的冷却风扇、磁盘驱动器、磁带记录仪及录像设备等。对于容量较大、电压较高的，一般采用晶闸管电动机。由于晶闸管耐压高、电流容量大、价格也相对较低，所以目前大功率的无换向器电动机的电源装置基本上都是晶闸管构成的。

无换向器电动机变频调速系统根据所用的变流器的形式不同，又可分为直流无换向器电动机系统(即交-直-交系统)和交流无换向器电动机系统(即交-交系统)。交-直-交系统是由交流电整流成直流，然后再逆变为频率可调的交流电以作为同步电动机的电源，其主电路结构如图4-1所示。而交-交系统是利用晶闸管变频装置直接把50Hz的交流电转变成为可变频率的交流电以作为同步电动机的电源，其主电路结构如图4-2所示。

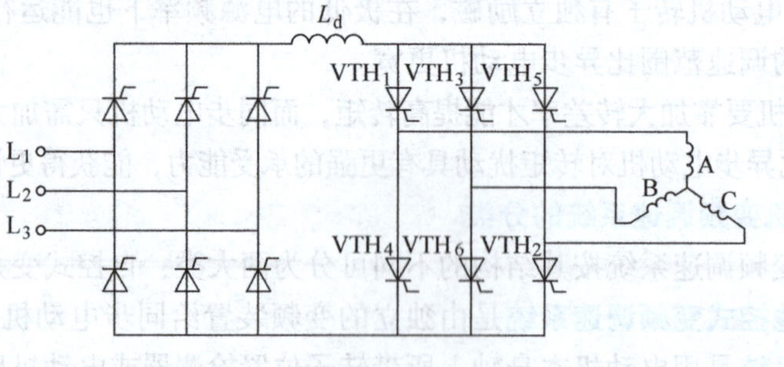

图4-1　交-直-交控制系统主电路结构

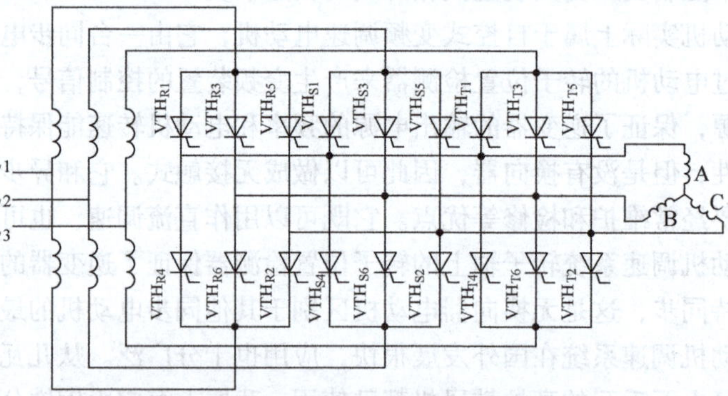

图4-2　交-交控制系统主电路结构

在无换向器电动机中，只要改变逆变器触发脉冲或驱动信号的顺序即可改变电动机转矩的方向，不需要采用两个整流桥反并联的方式。所以无换向器电动机调速系统的价格不仅低于一般的异步电动机变频调速系统，甚至比直流电动机的可逆调速系统还便宜。

2. 直流无换向器电动机的工作原理

从磁场的观点看，电动机的运动是主磁场和电枢磁场相互作用的结果。在直流电动机中，主磁场在空间上是静止的，电枢是旋转的，通过换向器及电刷换向，保持电枢电流方向不变，使电枢磁场与主磁场在空间的相互位置不变，夹角 $\varphi=90°$；异步电动机定子磁场与转子磁场在空间的位置也不变，从空载到额定负载，由于转子 $\cos\varphi_2$（φ_2 为负载功率因数角）变化大，磁场夹角 φ 近于90°；同步电动机在稳定运行时，φ 随负载而变化，空载时 $\varphi=0°$，负载越大，φ 越大，当 φ 超过60°以后，将失步停转，电动机起动时由于没有恒定的 φ，所以没有起动转矩。可见，两磁场之间的关系很大程度上决定了电动机的运行性能。

无换向器电动机调速的控制对象是同步电动机，但是从它的工作原理和运行特性来看，和直流电动机是相似的，因此，我们从直流电动机的基本原理出发来讨论无换向器电动机的工作原理。

直流无换向器电动机相当于有三个换向片的直流电动机，只不过换向是由晶闸管(或晶体管)来进行，因结构上的限制，电枢绕组及变流器静止不动，而磁极是旋转的，如图4-3 所示。

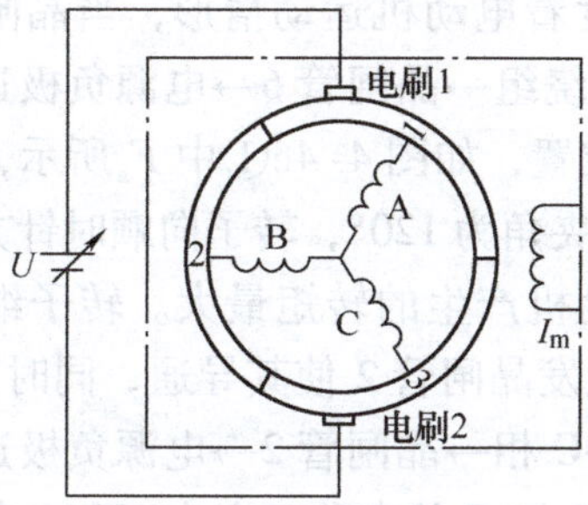

a) 直流电动机

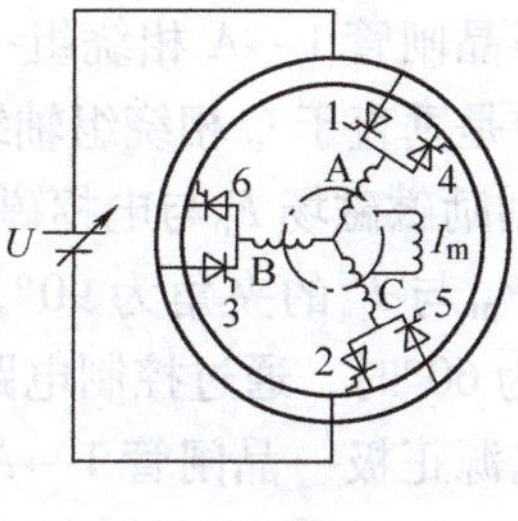

b) 无换向器电动机

图 4-3　无换向器电动机与直流电动机对比电路

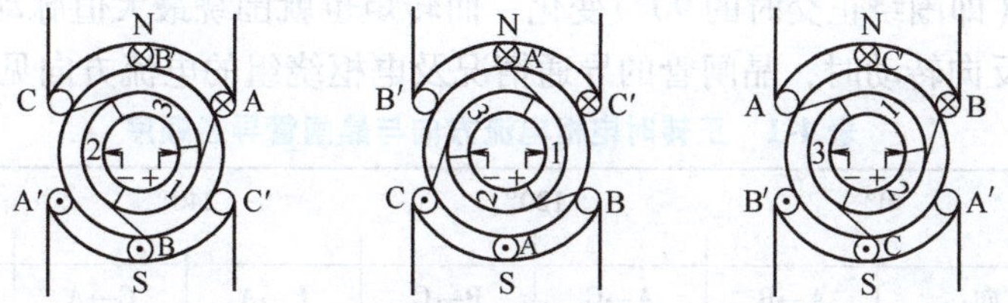

a) 电枢旋转

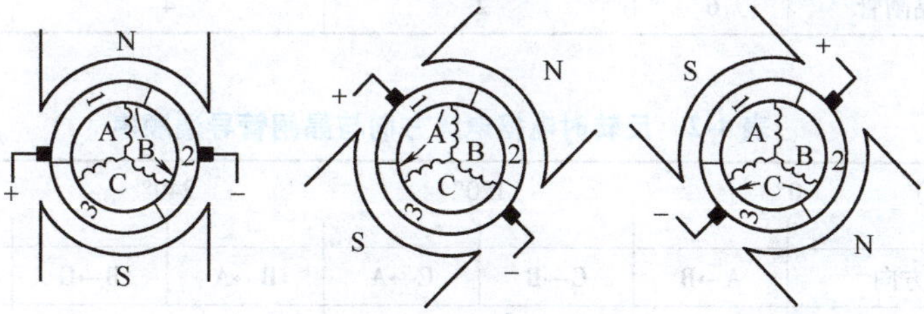

b) 磁极旋转

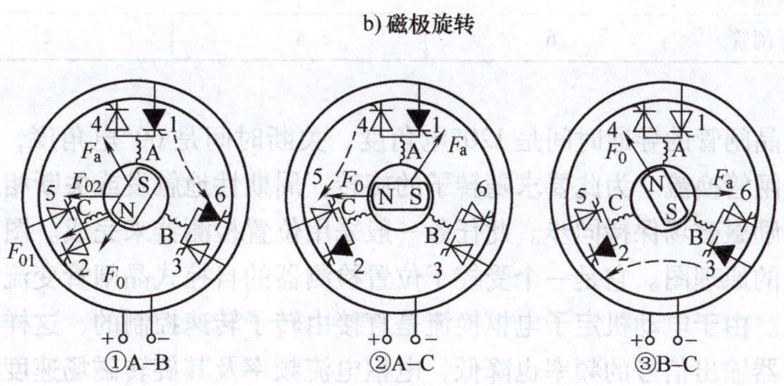

c) 无换向器电动机

图 4-4　从直流电动机到无换向器电动机的转化

直流无换向器电动机的工作原理可用图 4-4 说明。图 4-4a 为直流电动机电枢依次转过 60°的几个位置的情形，根据运动的相对性，可以认为电枢和换向器在空间固定不动，磁极和电刷一起向相反方向依次转过 60°，电枢中各导体的电流不变，如图 4-4b 所示。

现在，进一步将机械的换向器用半导体“开关”来代替，并依次触发相应的晶闸管，如图 4-4c 所示，顺次使晶闸管 6、1→1、2→2、3→3、4→4、5→5、6→6、1 导通，则磁极(转子)也将会依次转过 60°。下面从磁场角度看电动机运动情形，当晶闸管 6、1 导通时，电流从电源正极→晶闸管 1→A 相绕组→B 相绕组→晶闸管 6→电源负极这条回路流通，此时电枢磁动势指向是垂直于 C 相绕组轴线的位置，如图 4-4c①中 F_a所示，而此时磁极位置如图中 F_0方向，则励磁磁场 F_0与电枢磁场 F_a夹角为 120°，转子向顺时针方向旋转；当转子转到 F_{01}位置时，F_{01}与 F_a的夹角为 90°，电动机产生的转矩最大。转子继续旋转，当达到 F_{02}位置，即夹角为 60°时，通过控制电路，触发晶闸管 2 使其导通，同时关断晶闸管 6，电枢电流转换为从电源正极→晶闸管 1→A 相→C 相→晶闸管 2→电源负极这条回路流通，F_a转过 60°，变成图 4-4c 中②所示情形，此时 F_0与 F_a的夹角又变为 120°，如此重复进行，则电动机转子连续旋转。由上所述，由于磁极(转子)是连续旋转的，而决定电枢电流流向的晶闸管为每隔 60°切换一次，因此，电枢磁动势 F_a每次步进 60°，而 F_a和 F_0之间也就保持在 120°～60°范围内(即围绕正交时的 90°)变化，而转矩也就围绕最大值脉动。

电动机正、反向转动时，晶闸管的导通情况及电枢绕组的电流方向见表 4-1 和表 4-2。

表 4-1 正转时电枢电流方向与晶闸管导通顺序

时间(电角度)	0°		120°		240°		360°
电枢绕组电流方向	A→B	A→C	B→C	B→A	C→A	C→B	
(+)侧导通的晶闸管	1		3		5		
(−)侧导通的晶闸管	6	2		4		6	

表 4-2 反转时电枢电流方向与晶闸管导通顺序

时间(电角度)	0°		120°		240°		360°
电枢绕组电流方向	A→B	C→B	C→A	B→A	B→C	A→C	
(+)侧导通的晶闸管	1	5		3		1	
(−)侧导通的晶闸管	6		4		2		

可以看出，晶闸管的导通时间是 120°电角度，关断时间是 60°电角度，而每转过 60°电角度就有一只晶闸管换流。为此要求随转子的旋转，周期性地触发或关断相应的晶闸管，才能使电枢磁场和励磁磁场保持同步。此任务一般采用位置检测器来完成。图 4-5 示出了直流无换向器电动机的原理图。它是一个受控于位置检测器的自控式晶闸管变流器和同步电动机组成的调速系统。由于电动机定子电枢换流是直接由转子转速控制的，这样，电动机速度降低时，位置检测器输出信号的频率也降低，电枢电流频率及其旋转磁场速度随之降低，使电枢磁场和励磁磁场(转子)相对位置关系保持不变，电动机就不会失步。这就是自控式同步电动机的特点。所以无换向器电动机又称为**频率自控的同步电动机**。

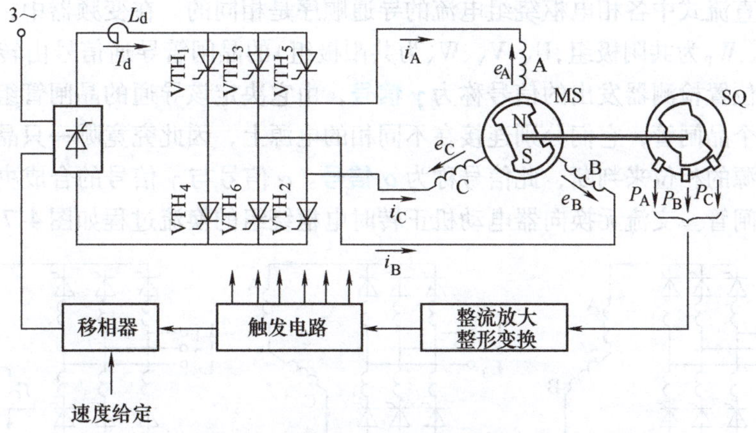

图 4-5　直流无换向器电动机原理图

综上所述，直流电动机的励磁磁场 F_0 空间固定不变，而电枢磁场连续旋转且每隔 60°步进一次，与励磁磁场夹角是在 60°～120°范围变化，电动机的电磁转矩将在最小值和最大值之间变化；无换向器电动机的励磁磁场空间连续旋转，电枢磁场 F_a 作步进式的旋转，F_a 和 F_0 之间的空间矢量关系也在 60°～120°之间变化。两种电动机的 F_a 始终领先于 F_0，因此电动机连续旋转。

3. 交流无换向器电动机的工作原理

交流无换向器电动机中的变频器有交-交电流型和交-交电压型两种。前者主电路比较简单，这里以此为例说明交流无换向器电动机的工作原理。图 4-6 为交流无换向器电动机调速系统原理图。

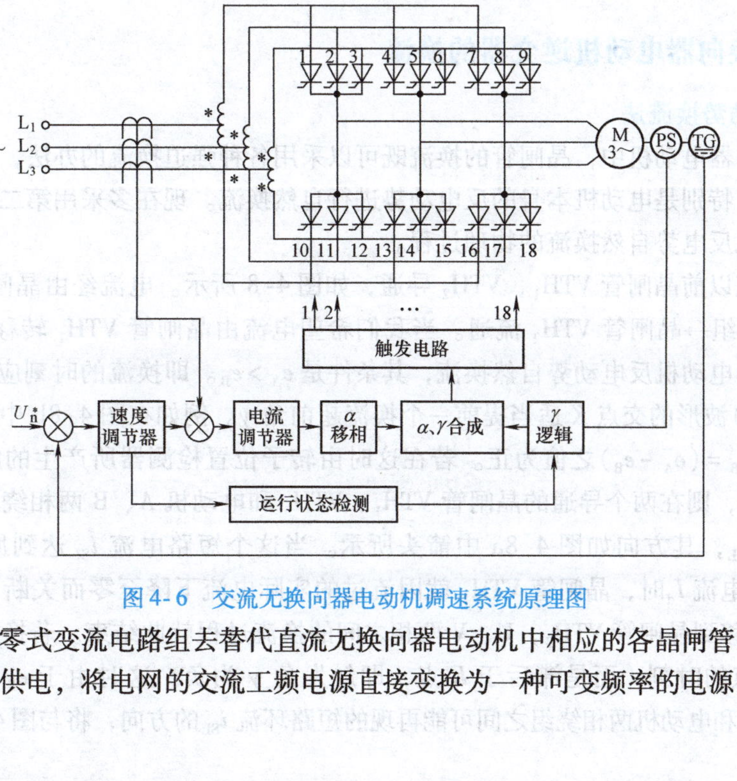

图 4-6　交流无换向器电动机调速系统原理图

由于用三相零式变流电路组去替代直流无换向器电动机中相应的各晶闸管，因此可直接由三相交流电源供电，将电网的交流工频电源直接变换为一种可变频率的电源，此种变频器即周波变换器。

交流式和直流式中各相电枢绕组电流的导通顺序是相同的。在变频器中，每一组三相零式电路（U_P、V_P、W_P为共阴极组，U_N、V_N、W_N为共阳极组）的晶闸管导通信号由转子磁极的位置来决定。转子位置检测器发出的信号称为γ信号，由它决定该导通的晶闸管组，但是每一组零式电路有三个晶闸管，它们分别连接在不同相的电源上，因此究竟哪一只晶闸管导通，还应根据三相电源的相位来判断，此信号称为α信号。α信号与γ信号的合成决定了导通的组以及组中的晶闸管。交流无换向器电动机正转时电枢绕组的换流过程如图4-7所示。

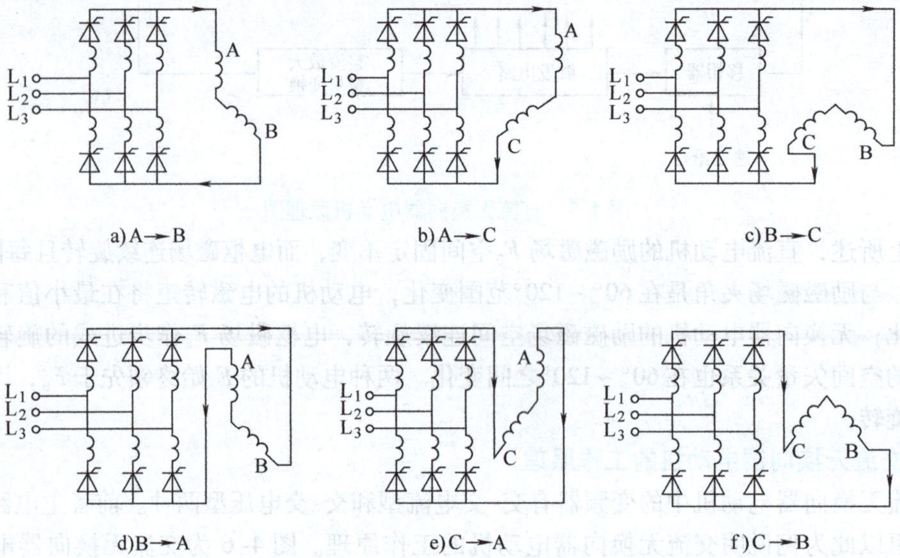

图 4-7 交流无换向器电动机正转时电枢绕组的换流过程

4.1.3 无换向器电动机逆变器的换流

1. 反电动势换流法

在无换向器电动机中，晶闸管的换流既可以采用各种强迫换流的办法，也可以利用电源的交流电压，特别是电动机本身的反电动势进行自然换流。现在多采用第二种办法。下面介绍利用电动机反电势自然换流的物理过程。

设在换流以前晶闸管 VTH_1、VTH_2 导通，如图 4-8 所示。电流经由晶闸管 VTH_1→A 相绕组→C 相绕组→晶闸管 VTH_2 流通。当我们希望电流由晶闸管 VTH_1 转移到晶闸管 VTH_3 时，可以利用电动机反电动势自然换流，其条件是 $e_A > e_B$。即换流的时刻应比 A、B 两相电压（反电动势）波形的交点 K 适当提前一个换流超前角 γ。例如在图 4-8b 中的 s 点，在该点 $e_A > e_B$，即 $e_{AB} = (e_A - e_B)$之值为正。若在这时由转子位置检测器所产生的触发信号使晶闸管 VTH_3 导通，则在两个导通的晶闸管 VTH_1、VTH_3 和电动机 A、B 两相绕组之间会出现一个短路电流 i_{SL}，其方向如图 4-8a 中箭头所示。当这个短路电流 i_{SL} 达到原来通过晶闸管 VTH_1 的负载电流 I_d时，晶闸管 VTH_1 就因流过的实际电流下降至零而关断，负载电流就由 VTH_1 全部转移到晶闸管 VTH_3，U、V 两相之间的换流过程就此结束。若换流时刻不是发生在提前于 K 点的时刻，而是滞后于 K 点，即触发角 γ 为负。这时由于 $e_B > e_A$，在晶闸管 VTH_1、VTH_3 和电动机两相绕组之间可能再现的短路环流 i_{SL}的方向，将与图 4-8 所示的相反，这个电流阻止晶闸管 VTH_3 导通，而使晶闸管 VTH_1 继续通电，因此就不能实现换流的目的。

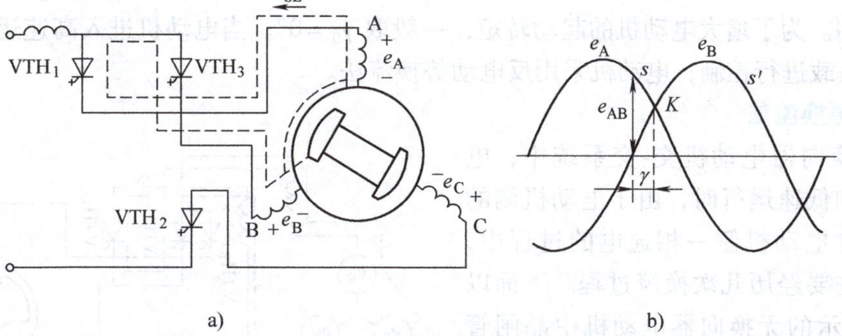

图 4-8　电动机反电动势换流原理图

利用反电动势自然换流，不需要增加换流辅助设备，比较经济。但在具体实现时要解决以下两个方面的问题：

1）无换向器电动机利用反电动势进行换流时，晶闸管之间的换流要保证有足够的时间，也就是说要使即将截止的晶闸管承受足够的负偏压时间，而在电动机负载运行时，由于电枢反应和换流重叠角的影响，使实际的换流超前角减小，晶闸管上承受的负偏压时间变短。为了保证可靠换流，通常要求实际的换流超前角至少应保持在 10°～15°之间。要满足这个要求，可增大空载时的换流超前角或限制电动机的最大瞬时负载，也可以采用空载换流超前角 γ_0 随负载而调节的办法。

2）无换向器电动机利用反电动势自然换流的另一个问题是：电动机在起动和低速运转时反电动势很小，换流不可能，为此，利用反电动势换流的无换向器电动机还必须另想办法解决起动问题。解决的办法有二：一是采用电流断续法换流，另一是利用电网电源换流。其中，利用电网电源换流只适用于交-交系统。

2. 电流断续换流法

电流断续换流法就是每当晶闸管需要换流时，设法使逆变器的输入电流下降至零，使逆变器的所有晶闸管均暂时关断，然后再给换流后应该导通的晶闸管加上触发脉冲，则在断流后重新加电时，电流将根据所加触发信号流经应该导通的晶闸管，从而实现从一相到另一相的换流。现在通常采用的断续换流法是封锁电源或让电源侧整流桥也进入逆变状态，使通过电动机绕组的电流迅速衰减，以在短时间内实现断流。

在无换向器电动机交-直-交系统中，为了抑制电流纹波，在直流回路中通常都有平波电抗器，它对断流过程会产生不利影响。为了加速断流过程，通常在平波电抗器的两端接一个续流晶闸管 VTH_0，如图 4-9 所示。当回路电流衰减时，电抗器两端的电压极性如图 4-9中所示，这时触发 VTH_0 使其导通，电抗器通过 VTH_0 而续流，从而不影响逆变桥的断流过程。只要电源侧的封锁一解除，输入电流开始增长时，电抗器两端电压的极性就会发生变化，续流晶闸管 VTH_0 就会自动关断，不会影响电抗器在电路正常工作时的滤波

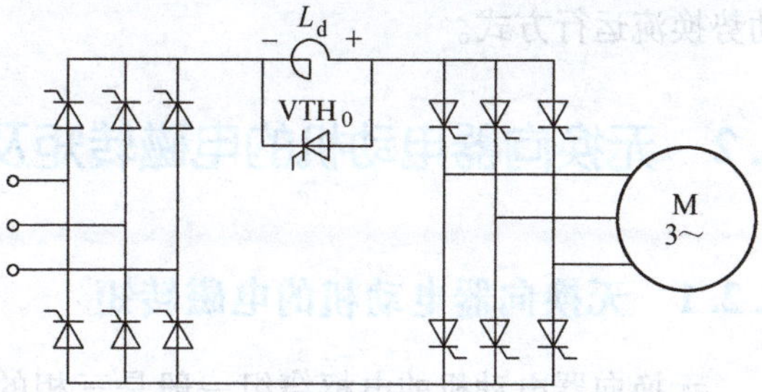

图 4-9　电流断续法换流的主电路

功能。

当电动机采用电流断续法换流时，电动机侧逆变器的空载换流超前角 γ_0 对换流已不起决定性作用。为了增大电动机的起动转矩，一般取 $\gamma_0=0°$。当电动机进入高速运转阶段时，γ_0 则根据负载进行控制，电动机采用反电动势换流法。

3. 电源换流法

在无换向器电动机交-交系统中，电动机起动和低速运行时，由于电动机侧的频率低，在电动机侧一相通电的过程中，电源侧往往要经历几次换流过程。下面以图 4-10 所示的无换向器电动机中晶闸管 VTH_{R1} 到 VTH_{R3} 和 VTH_{S3} 的换流过程为例来讨论上述问题。

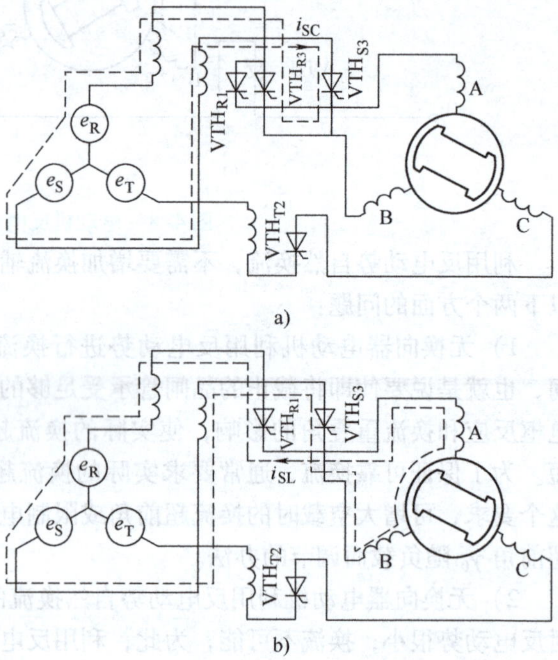

图 4-10 电源换流原理图

换流以前的状态是 VTH_{R1} 和 VTH_{T2}，导通。现在在 VTH_{R3} 的门极上加触发信号。如果换流超前角选择得当，且电动机在高速运行，则可利用反电动势完成自然换流过程。如果电动机运行在起动或低速状态下，则 $e_A\approx0$，$e_B\approx0$，反电动势 e_{AB} 不可能产生足够的换向电流使 VTH_{R1} 的电流下降至零，所以在 VTH_{R3} 触发时不能使 VTH_{R1} 关断，于是出现了 VTH_{R1} 继续导电的情况。但这个连续导电的情况最多只能持续至相当于 1/3 电源周期的时间，在此之后，VTH_{S3} 就会触发导通。由于电源侧工作在整流状态，VTH_{S3} 触发导通时必然有 $e_S>e_R$，所以在电动势 $e_{SR}=e_S-e_R$ 的作用下，一方面在电源 S 相、VTH_{S3}、VTH_{R3} 和电源 R 相中形成环流 i_{SC}，使 VTH_{S3} 导通，VTH_{R3} 关断，如图 4-10a 所示；另一方面，它也在电源 R 和 S 两相、VTH_{S3}、电动机绕组 B、A 两相及 VTH_{R1} 之间产生环流 i_{SL}，如图 4-10b 所示。这一环流将 VTH_{R1} 中的电流下降至零，使其关断，从而完成电流由 A 相过渡到 B 相的换流过程。这就是无换向器电动机晶闸管依靠电源换流的物理过程。

交-交系统依靠电源换流的方式只适用于系统在低频工作的情况，用以解决电动机在起动和低速运行时的换流问题。当电动机达到稍高转速时，通过控制电路，使电动机进入反电动势换流运行方式。

4.2 无换向器电动机的电磁转矩及基本特性

4.2.1 无换向器电动机的电磁转矩

无换向器电动机的电枢绕组一般是三相的，晶闸管逆变器通常采用桥式接法，如图 4-11a 所示。在小容量电动机中也可用三相半波接法如图 4-11b 所示。在三相半波接法时，各相绕组中电流只沿着一个方向导通 1/3 周期（120°电角度），电动机绕组的利用率较差；而在桥式接法时，由于绕组中正反两个方向均导通 120°，电动机的利用率较高，产生的转矩也较大。

先来分析三相半波接法时的情况。假定转子励磁所产生的磁场在电动机气隙中是按正弦规律分布的，如果在定子一相（如 U 相）绕组中通一持续直流电流，则在这个电流和转子磁场作用之下所产生的转矩也将随转子位置的不同而按正弦规律变化，如图 4-12 所示。但在无换向器电动机中，实际上每相绕组中通过的不是持续的直流电流，而是只通电 1/3 周期，那么在每个相电流和转子磁场作用下所产生的转矩也只是正弦转矩曲线上相当于 1/3 周期长的一段，且这一段曲线与绕组开始通电时的转子相对位置有关。显然，在图 4-13a 中所示瞬间触发晶闸管，从产生转矩的角度看最为有利。因为在这种情况下，在绕组通电 120°区间里，载流导体正好处在比较强的磁场中，它所产生的转矩平均值最大，脉动小。习惯上把这一点作为晶闸管触发相位的基准点，定为 $\gamma_0=0°$。

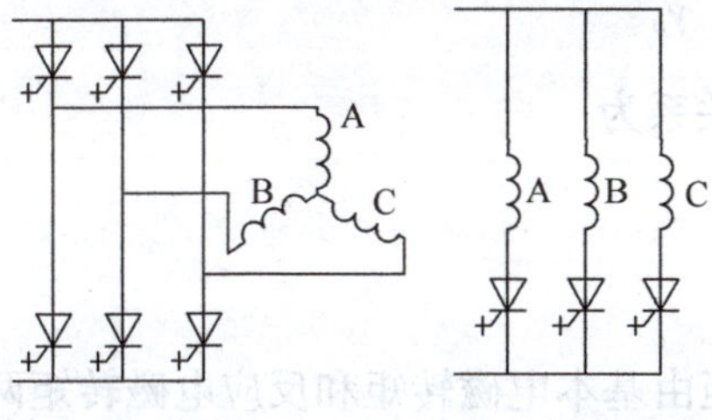

a) 三相桥式接法　　b) 三相半波接法

图 4-11　无换向器电动机逆变器

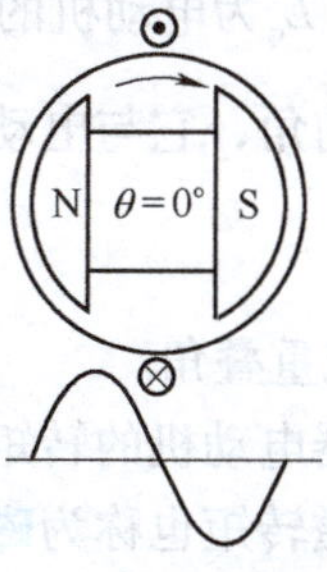

图 4-12　一相通入直流电流时的转矩

在 $\gamma_0=0°$的情况下，电动机三相绕组通电所产生的总转矩如图 4-13 所示。若晶闸管的触发时间提前或延后，均将导致转矩的脉动增加，平均值减小。当 $\gamma_0=30°$时，电动机的瞬时转矩过零点，这会在电动机起动时出现死点，因此在三相半波接法的情况下，特别是在起动时，γ_0 值不能大于 30°。

在采用三相桥式逆变器时，由于任何一个瞬间在三相绕组中有一相通过正向电流，而另一相通过反向电流。这两个电流分别产生转矩的情况和上述三相半波接法时相同，只不过每相正、负电流产生的转矩在时间上要相差 180°，如图 4-14a 所示；而电动机的合成转矩是这两个转矩之和，在 $\gamma_0=0°$时的转矩曲线如图 4-14b 所示，在$\gamma_0=60°$时的转矩曲线如图 4-14c 所示。

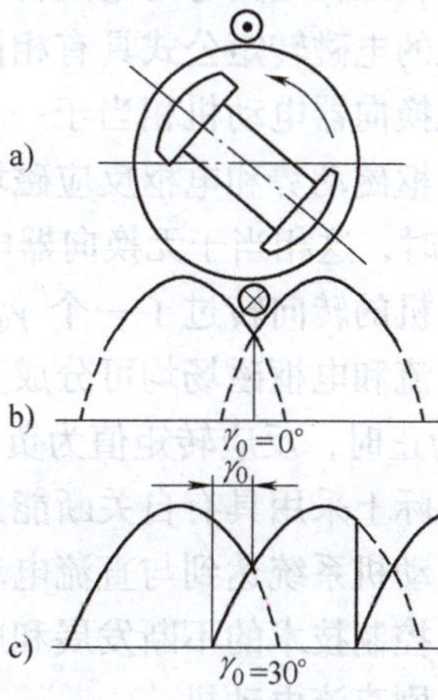

图 4-13　三相半波逆变电路的转矩

三相桥式接法与半波接法相比，可以得出：①桥式接法转矩较大，脉动较小；②桥式接法时，γ_0角增大到 60°时，转矩曲线才过零点；三相半波接法时，在 $\gamma_0=30°$时转矩曲线过零点。

在凸极电动机中，由于直轴和交轴磁阻不同，由电枢反应所产生的转矩 $T_R\neq0$，这个转矩通常称为**反应转矩**，在凸极式无换向器电动机中，除了上述由电枢电流和气隙磁场作用之下所产生的基本转矩外，还可能有反应转矩存在，这个转矩的大小和 γ_0 有关。

根据同步电机理论可以推出无换向器电动机的电磁转矩公式有如下的形式：

$$T = C_t I_{1m} - C_R I_{1m}^2 \tag{4-3}$$

式中，C_t为基本转矩系数，$C_t = 3\psi_f \cos\left(\gamma_0 - \frac{\mu}{2}\right)$；$\psi_f$为转子励磁所产生的定子磁链；$I_{1m}$为电动机电枢电流的基波分量；$C_R$为反应转矩系数，$C_R = \frac{3}{2}(L_d - L_q)\sin 2\left(\gamma_0 - \frac{\mu}{2}\right)$；$L_d$、$L_q$为电动机的直轴电感和交轴电感；$\gamma_0$为空载换流超前角，它与电动机的功率因数角 φ 的关系为

$$\varphi = \gamma_0 - \frac{\mu}{2}$$

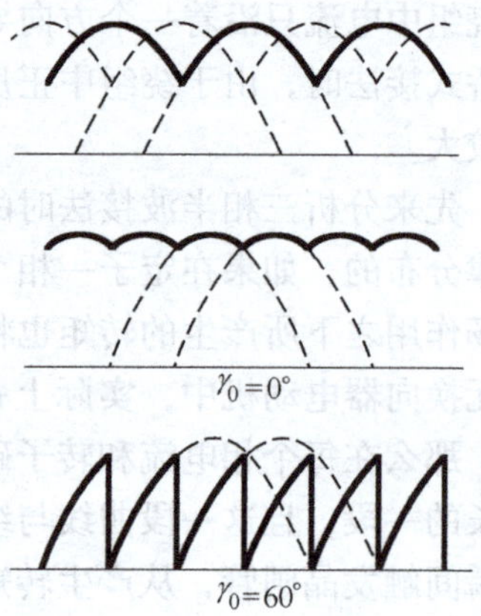

图 4-14 三相桥式逆变电路的转矩

式中，μ 为换流重叠角。

由无换向器电动机的转矩公式来看，其电磁转矩由基本电磁转矩和反应电磁转矩两部分合成，反应电磁转矩也称为**磁阻转矩**。当电动机的直轴电感和交轴电感相等时，即在圆周方向上电动机的磁阻是均匀的，则电动机的反应电磁转矩为零，只有基本电磁转矩。或者在不计换流重叠角μ时，使空载换流超前角 γ_0为零，则 $C_R=0$，反应电磁转矩为零，电动机的基本电磁转矩就是其总的电磁转矩，在这两种情况下，无换向器电动机的电磁转矩公式与直流电动机的电磁转矩公式具有相同的形式，也就是具有相同的特性。因此，在 $\gamma_0=0°$的情况下，无换向器电动机相当于一台电刷放在几何中性线上的直流电动机，电枢反应只在交轴上。电枢磁动势和电枢反应磁场与电刷的轴线是重合的，一般说来不会出现反应转矩。但在 $\gamma_0 \neq 0°$时，这相当于无换向器电动机的直流电动机模型中电刷不在几何中性线位置，而是逆着电动机的转向转过了一个 γ_0角。这时电动机的电枢反应与电动机直轴和交轴都不重合，电枢电流和电枢磁场均可分成直轴和交轴分量，就会出现反应转矩。在无换向器电动机中，当 γ_0为正时，反应转矩值为负，它将使电动机的输出转矩减小。

实际上采用具有自关断能力的器件构成的无换向器电动机很容易做到 $\gamma_0=0°$，从而使整个电动机系统达到与直流电动机相同的机械特性与控制性能。所以，随着电力电子技术和计算机控制技术的不断发展和应用，无换向器电动机将在许多领域得以应用并逐步取代传统的有电刷直流电动机。

4.2.2 无换向器电动机的基本特性

尽管无换向器电动机种类各种各样，结构也不尽相同，但其基本特性都是相同的。从系统角度分析时，无换向器电动机可以看作是一台直流电动机，可利用现有各种直流电动机调速系统的设计经验和方法。当需要研究电动机的一些内部特性时，往往把它当作同步电动机处理。下面以图 4-15 所示的交-直-交控制系统无换向器电动机主电路为例对其性能进行

讨论。

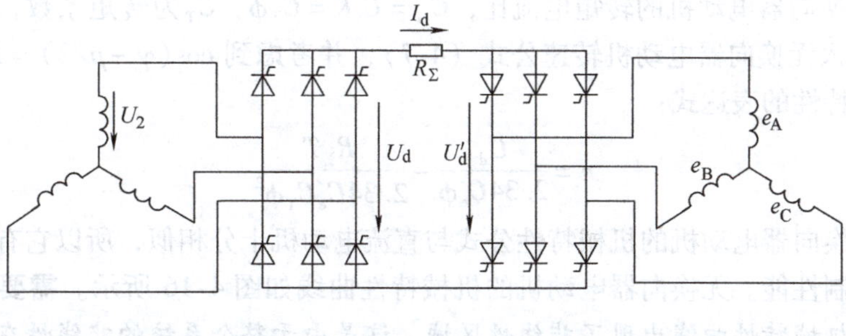

图 4-15 交-直-交控制系统无换向器电动机主电路

1. 无换向器电动机的调速特性

假定换流重叠角为μ，则三相桥式整流电路的输出直流电压U_d为

$$U_d = 2.34U_2\cos\left(\alpha + \frac{\mu}{2}\right)\cos\frac{\mu}{2} \tag{4-4}$$

式中，U_2为电源相电压有效值；μ为换流重叠角；α为桥式整流电路的触发延迟角。

对于电动机侧的逆变桥而言，直流侧电压U'_d与电动机相电动势E_m之间的关系为

$$U'_d = 2.34E_m\cos\left(\gamma - \frac{\mu}{2}\right)\cos\frac{\mu}{2} \tag{4-5}$$

$$E_m = C_e n\phi$$

式中，γ为实际换流超前角；ϕ为电动机气隙合成磁通；C_e为电动机常数；n为电动机转速。

整流桥输出电压U_d与逆变桥电压U'_d之间有下列关系：

$$U'_d = U_d - I_d R_\Sigma \tag{4-6}$$

式中，R_Σ为直流回路的等效电阻，其中包括平波电抗器的电阻和晶闸管导通时的正向电压降。

将式（4-6）代入式（4-5），得无换向器电动机的转速n和直流输入电压之间的关系为

$$n = \frac{U_d - I_d R_\Sigma}{2.34C_e\phi\cos\left(\gamma - \frac{\mu}{2}\right)\cos\frac{\mu}{2}} \tag{4-7}$$

它与直流电动机的转速特性十分相似。

由此可见，无换向器电动机调速特性和直流电动机基本相同，它同样可以通过调节直流电压U_d和励磁磁通ϕ进行调速。此外，在无换向器电动机中，改变γ角也会对电动机转速产生影响，就好像在直流电动机中改变电刷位置会影响电动机转速一样。

2. 无换向器电动机的机械特性

前文已介绍了无换向器电动机具有与直流电动机相似的特性，当驱动电路采用自关断器件并保证空载换流超前角$\gamma_0 = 0°$且忽略换流重叠角μ时，无换向器电动机的反应电磁转矩系数$C_R = 0$，其电磁转矩表达式变为

$$T = C_t I_{1m} \tag{4-8}$$

对于无换向器电动机交-直-交系统，电枢绕组电流基波I_{1m}与直流侧电流I_d之间存在固定的系数关系，即

$$I_{1m} = KI_d \tag{4-9}$$

将式（4-9）代入式（4-8）得

$$T = C_m I_d \tag{4-10}$$

式中，C_m为无换向器电动机的转矩电流比，$C_m = C_t K = C_T \phi$，C_T为转矩系数，ϕ为磁通。将式（4-10）代入无换向器电动机转速公式（4-7），并考虑到$\cos(\gamma - \mu/2) = 1$，$\cos\mu/2 = 1$，便得到其机械特性的表达式：

$$n = \frac{U_d}{2.34 C_e \phi} - \frac{R_\Sigma T}{2.34 C_e C_T \phi^2} \tag{4-11}$$

可见，无换向器电动机的机械特性公式与直流电动机十分相似，所以它有着良好的运行特性和伺服控制性能。无换向器电动机的机械特性曲线如图4-16所示。**需要注意的是，**在接近堵转时，机械特性曲线出现了非线性区域，这是由于整个系统的非线性在接近堵转时所表现出来的。

3. 无换向器电动机的过载能力

无换向器电动机的过载能力比一般直流电动机低。在前面已经说明，利用反电动势换流的无换向器电动机的一个突出问题是其过载能力受到逆变器换流能力的限制。当电动机空载运行时，若换流超前角整定在γ_0，在电动机承受负载后，由于同步电动机中功率角θ的影响，电动机端电压的相位将前移一个θ角，使换流超前角由γ_0减小到$\gamma = \gamma_0 - \theta$。另一方面，随着负载电流的增加，换流重叠角$\mu$将逐渐增大，晶闸管延迟导通时间增长。角度$\delta = \gamma_0 - \theta - \mu$称为换流剩余角，如图4-17所示。它表示晶闸管换流结束后承受反向电压的时间，表征着换流的可靠性。由于θ和μ均随负载的增大而增加，所以在γ_0恒定的情况下，δ将随负载的增加而减小。当负载达到一定数量，换流剩余时间$t_\delta = \delta/\omega$接近晶闸管的关断时间t_{off}时，电动机达到换流极限，这就是电动机的最大负载能力。目前一般无换向器电动机的过载能力只有1.5~2倍，对于凸极式无换向器电动机，过载能力甚至只有1.25倍。

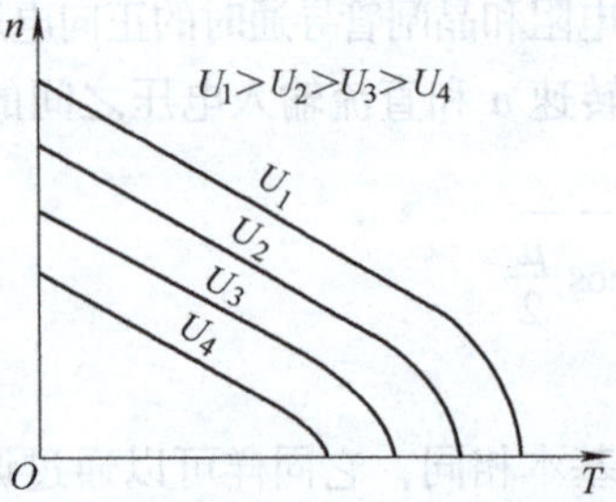

图4-16 无换向器电动机的机械特性曲线

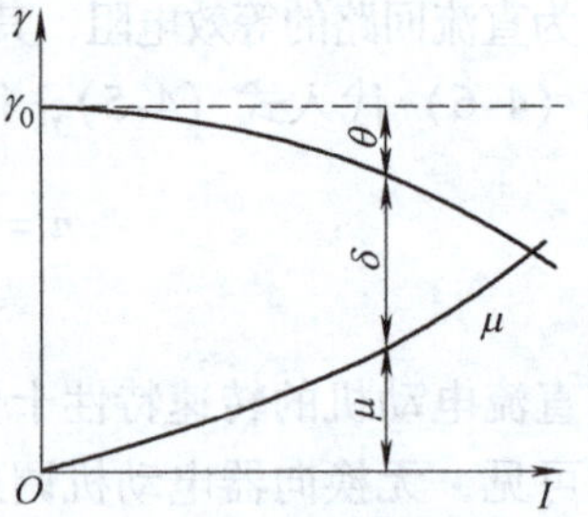

图4-17 δ角随负载的变化曲线

4.3 无换向器电动机调速系统及其运行

4.3.1 无换向器电动机的控制策略

在无换向器电动机中，通过电动机侧逆变器触发信号的适当分配，就可以使电动机在四象限运行，而不需要改变直流中间环节和流经晶闸管的电流方向，这就使整个系统不需要采用两套晶闸管整流桥反并联的方案，使系统结构简单化，同时也提高了系统的可靠性。

对于无换向器电动机系统的控制策略有以下两种常用的方案。

1）采用励磁电流和空载换流超前角γ_0保持不变，通过改变直流回路电压来调节电动机的转速。对于励磁电流保持不变，在技术上很容易保证，对于磁极为永磁体的无换向器电动机，这一点自然得到满足；而空载换流超前角 γ_0 在不计换流重叠角时，它实际上反映了电动机的空载电动势与电流之间的相位关系，所以空载换流超前角 γ_0 不变这一前提是靠转子位置检测器的信号来保证的。通常为了保证换流可靠和触发信号的逻辑控制方便，在电动机高速运行时将空载换流超前角 γ_0 整定在60°，采用电动势自然换流；在起动或低速运行时，取 $\gamma_0=0°$，采用电流断续换流；而在再生制动状态下则分别取 $\gamma_0=120°$ 和 $\gamma_0=180°$。

这种控制策略的优点是简单可靠，而缺点是电动机的过载能力较差，低速轻载时电动机的转矩脉动比较大。

2）采用励磁电流和空载换流超前角随负载调节的办法来控制无换向器电动机的转速。一般是保证励磁不变，按换流剩余角 δ 保持不变来调节空载换流超前角 γ_0，从而调节电动机转速。

这种控制策略使电动机的过载能力有所提高，电动机的损耗减小，但控制系统较复杂。

随着控制技术的发展，一些新的控制策略也不断提出，其中所谓**恒角变磁控制方案**最有希望得到普遍应用，这里恒角指的是保持实际换流超前角 γ 恒定，变磁指的是调节电动机的励磁电流以控制电动机特性。这方面的详细情况请查阅有关资料。

4.3.2　晶闸管式无换向器电动机调速系统

典型的晶闸管式无换向器电动机调速系统（交-直-交系统）框图如图4-18所示。该系统包括电源侧的调速系统和电动机侧的四象限运行控制系统两部分。调速控制单元与直流电动机的不可逆调速系统基本相同。四象限运行控制单元主要包括转子位置检测器和 γ 分配器，它受调速系统逻辑单元的控制，根据四象限运行的需要，把相应的脉冲分配到各个晶闸管的触发放大器，然后去触发逆变器的各个晶闸管。

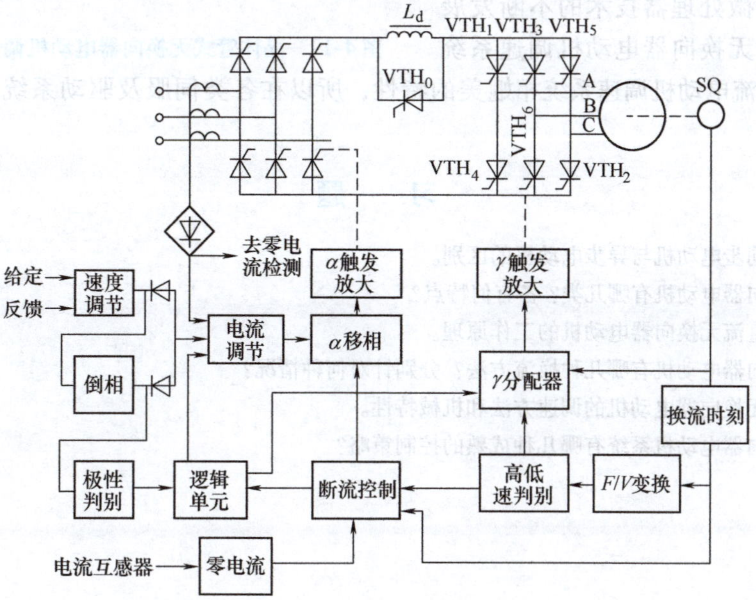

图4-18　晶闸管式无换向器电动机调速系统框图

前文已说明，电动机在高速运行时取 $\gamma_0=60°$，利用反电动势自然换流，在起动和低速运行时，采用电流断续换流，取 $\gamma_0=0°$，所以 γ 分配器还受高、低速鉴别器的控制。

整个系统还包括一个断流控制单元，它在电动机低速运行采用电流断续换流时产生一个控制信号，作用于整流桥的移相控制单元，使其进入逆变状态。同时，该信号作用于直流回路滤波电抗器两端的续流晶闸管上，使其导通以使电抗器中的电流经续流晶闸管续流，从而加快逆变器电流的断流过程。

4.3.3 晶体管式无换向器电动机调速系统

晶体管式无换向器电动机调速系统框图如图4-19所示。

这种控制系统也由速度外环和电流内环组成，类似一个直流调速系统。速度指令和速度反馈信号比较后，经速度调节器产生电流参考值，电流参考值与电流反馈比较后，经电流调节器产生驱动电路的输入信号，驱动电路在微处理器的控制下根据传感器所反馈的转子位置信号产生驱动控制开关信号，由该组开关信号控制由晶体管组成的三相全控桥式逆变电路的导通状态以驱动电动机运行。系统中的微处理器除了参与驱动控制外，还具有电压监控、电流监控、温度监控、调节器极限控制、故障显示等功能。由于微处理器技术的不断发展和成熟，上述无换向器电动机调速系统已达到了与直流电动机调速系统相媲美的特性，所以在各类伺服及驱动系统中得到了广泛应用。

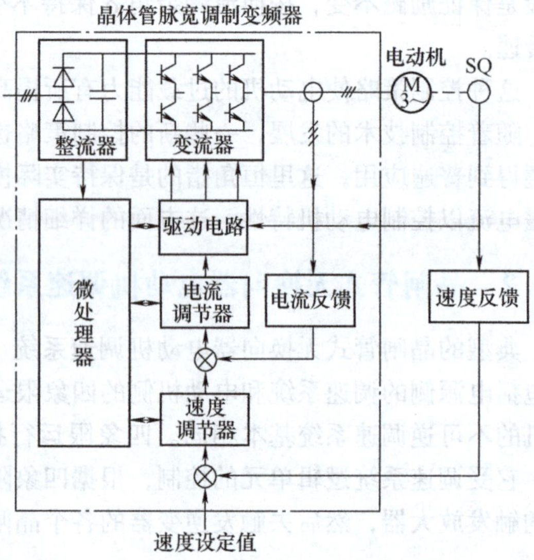

图4-19 晶体管式无换向器电动机调速系统框图

习 题

4-1 试述同步电动机与异步电动机的区别。

4-2 无换向器电动机有哪几类？各有何特点？

4-3 试述直流无换向器电动机的工作原理。

4-4 无换向器电动机有哪几种换流方法？分别针对何种情况？

4-5 简述无换向器电动机的调速方法和机械特性。

4-6 无换向器电动机系统有哪几种成熟的控制策略？

第 5 章 异步电动机变频调速系统

5

变频调速是通过改变电动机定子供电频率来改变同步转速，从而实现交流电动机调速的一种方法，变频调速的调速范围宽、平滑性好，具有优良的动、静态特性，是一种理想的高效率、高性能的调速手段。新型器件的不断涌现使变频技术获得了迅速发展；以普通晶闸管构成的方波形逆变器被全控型高频率开关组成的脉宽调制（PWM）逆变器取代后，变频调速系统的可靠性大大提高，从而得到了广泛应用。本章介绍交流电动机变频调速的基本理论和脉宽调制逆变器的工作原理。

5.1 交流电动机变频调速的基本理论

5.1.1 变频调速基本原理

根据电机学原理可知，交流电动机的同步转速为

$$n_1 = \frac{60f_1}{p} \tag{5-1}$$

异步电动机的转速为

$$n = n_1(1-s) = \frac{60f_1}{p}(1-s) \tag{5-2}$$

式中，f_1为定子供电频率；p为电动机极对数；s为转差率。

由此可见，若能连续改变异步电动机的供电频率f_1，就可以平滑地改变电动机的同步转速和相应的电动机转速，从而实现异步电动机的无级调速，这就是**变频调速的基本原理**。

变频调速的最大特点是：电动机从高速到低速，其转差率始终保持最小的数值，因此变频调速时，异步电动机的功率因数较高。可见，变频调速是一种理想的调速方式。但它需要由特殊的变频装置供电，以实现电压和频率的协调控制。这是为什么呢？

在异步电动机调速时，一个重要的因素是希望保持每极磁通Φ_m为额定值，因为磁通增加将引起铁心过饱和，励磁电流急剧增加，导致绕组过分发热，功率因数降低；若磁通太弱，则没有充分利用电动机的铁心，是一种浪费。而磁通减小也会使电动机的输出转矩下降，如负载转矩仍维持不变，则势必导致定子、转子过电流，也要产生过热，故而希望保持磁通恒定。怎样才能保持磁通恒定呢？

由电机学知，三相异步电动机定子每相电动势的有效值为

$$E_1 = 4.44 f_1 N_1 k_{w1} \Phi_m \tag{5-3}$$

式中，E_1为气隙磁通在每相定子绕组中感应的电动势有效值，单位为V；N_1为定子绕组每相

串联匝数；k_{w1}为基波绕组系数；Φ_m为每极气隙磁通量，单位为 Wb。

由式（5-3）可知，只要控制好E_1和f_1，便可达到控制磁通Φ_m的目的，对此，需要考虑基频（额定频率）以下和基频以上两种情况。

1. 基频以下调速

由式（5-3）可知，要保持Φ_m不变，当频率f_1从额定值f_{1N}向下调节时，必须同时降低E_1，使E_1/f_1 = 常数，即采用恒电动势频比控制方式。然而，绕组中的感应电动势是难以直接控制的，当电动势较高时，可以忽略定子绕组的漏阻抗电压降，而认为定子相电压$U_1 \approx E_1$，则得U_1/f_1 = 常数，这是恒压频比的控制方式。

低频时，U_1和E_1都较小，定子阻抗电压降所占的分量就比较显著，不再能忽略。这时，可以人为地把U_1抬高一些，以便近似地补偿定子电压降。带定子电压降补偿的恒压频比控制特性见图 5-1 中的特性 b，无补偿的特性则为特性 a。

2. 基频以上调速

在基频以上调速时，频率可以从f_{1N}往上增高，但电压U_1却不能增加得比额定电压U_{1N}还要大，最多只能保持$U_1 = U_{1N}$。由式（5-3）可知，这将迫使磁通与频率成反比地减少，相当于直流电动机弱磁升速的情况。

把基频以下和基频以上两种情况合起来，可得图 5-2 所示的异步电动机变频调速控制特性。如果电动机在不同转速下都具有额定电流，则电动机都能在额定温升允许条件下长期运行，这时转矩基本上随磁通变化，按照电机拖动原理，在基频以下的调速方式属于恒转矩调速，而在基频以上的调速方式则属于恒功率调速。

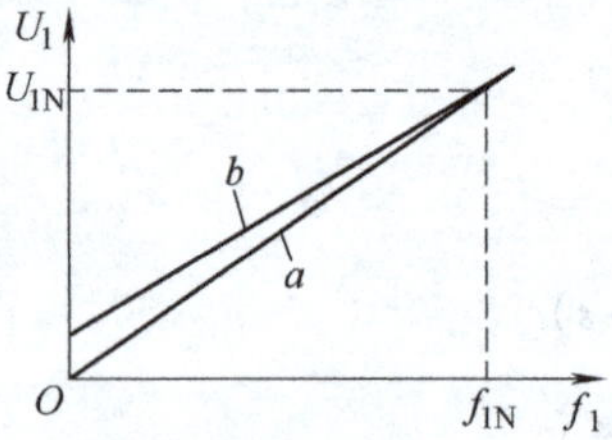

图 5-1　恒压频比控制特性

a—不带定子电压补偿

b—带定子电压补偿

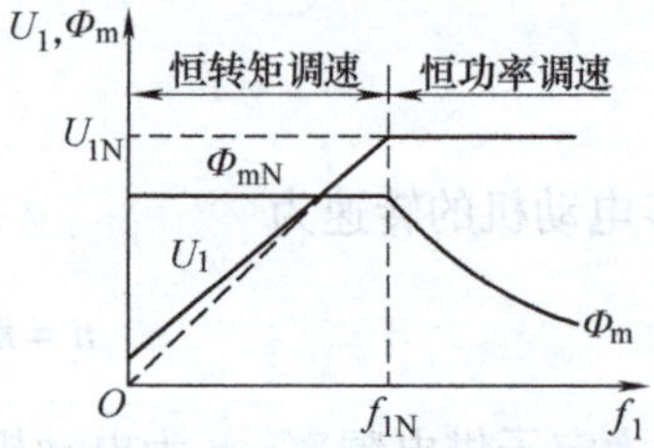

图 5-2　异步电动机变频调速控制特性

5.1.2　变频器简介

对异步电动机进行变频调速，就要求为电动机提供一个频率可变的电源，即变频器。下面简单介绍一下变频器的分类、原理及特点。

1. 变频器按装置的结构形式分类

变频器按装置的结构形式分为交-直-交变频器和交-交变频器。目前应用较多的是交-直-交变频器。

（1）交-直-交变频器　交-直-交变频器又称为**间接变频器**，它是把某一恒压恒频的交流电先经整流器整流成直流电，然后再经逆变器将此直流电变换成电压和频率都可调的交流电，如图 5-3 所示。由于这类变频器在恒频交流电源和变频交流输出之间有一个“中间直流环节”，所以又称间接变频器。按照控制方式的不同，它又可以分成三种：

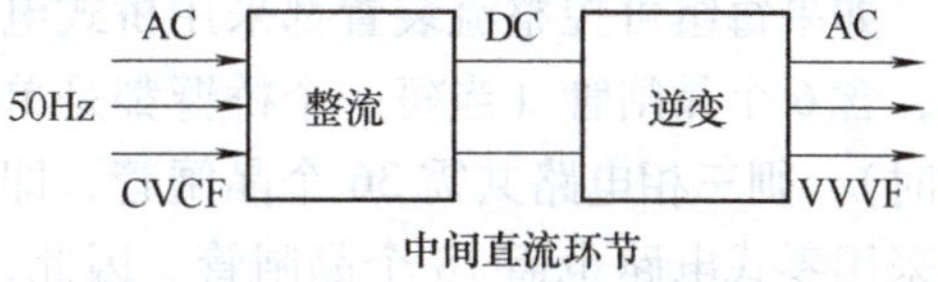

图5-3　交-直-交变频装置

第一种控制方式是用可控整流器变压、逆变器变频的交-直-交变频器，即调压和调频分别在两个环节上进行，两者要在控制电路上协调配合。这种装置结构简单、控制方便。但是，由于输入环节采用可控整流器，当电压和频率调得较低时，电网端的功率因数较小；输出环节多用由晶闸管组成的三相六拍逆变器（每周换流六次），输出的谐波较大。这是这类变频器的主要缺点。

第二种控制方式是用不可控整流器整流、斩波器变压、逆变器变频的交-直-交变频器，即整流环节采用二极管不可控整流器，再增设斩波器，用脉宽调压。这样虽然多了一个环节，但输入功率因数较高，克服了第一种装置的缺点。输出逆变环节不变，仍有谐波较大的问题。

第三种控制方式是用不可控整流器整流、PWM逆变器同时变压变频的交-直-交变频器。用不可控整流器整流，则功率因数较高；用PWM逆变，则谐波可以减少。这样，上述两种装置的两个缺点都解决了。谐波能够减少的程度取决于开关频率，而开关频率则受器件开关时间的限制。如果仍采用普通晶闸管，三相六拍逆变器的开关频率也高不了多少。只有采用可关断的全控式器件以后，开关频率才得以大大提高，输出波形可以得到非常逼近的正弦波，因而又称正弦波脉宽调制（SPWM）逆变器。它是当前最有前途的一种结构形式，将在下一节做详细介绍。

（2）交-交变频器　交-交变频器的结构如图5-4所示。它是把某一恒压恒频（CVCF）的交流电直接变换成电压和频率都可调的交流电（VVVF），只有一个变换环节，因此又称为**直接变频器**。

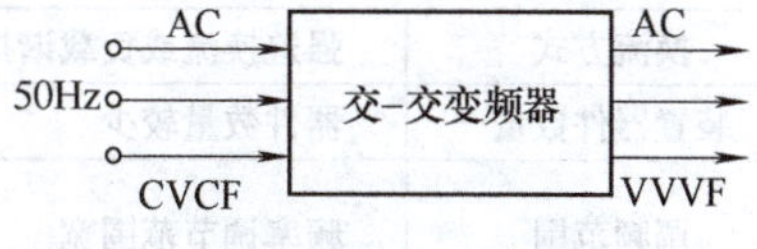

图5-4　交-交变频器

常用的交-交变频器输出的每一相都是一个由正、反两组晶闸管可控整流装置反并联的可逆电路，也就是说，每一相都相当于一套直流可逆调速系统的反并联可逆电路，原理图如图5-5a所示。正、反两组按一定周期相互切换，在负载上就获得交变的输出电压u_o。u_o的幅值决定于各组可控装置的触发延迟角α，u_o的频率决定于正、反两组整流装置的切换频率。如果触发延迟角α值不变，则输出电压是方波，如图5-5b所示。要获得正弦波输出，就必须在每一组整流装置导通期间不断改变其触发延迟角。例如，在正向组导通的半个周期中，使α角由$\pi/2$（对应于电压$u_o=0$）逐渐减小到0（对应于u_o最大），然后再逐渐增加到$\pi/2$（u_o再变为0），如图5-6所示。当α角按正弦规律变化时，半周中的平均输出电压即为图中虚线所示的正弦波。对反向组，负半周的控制也是这样。

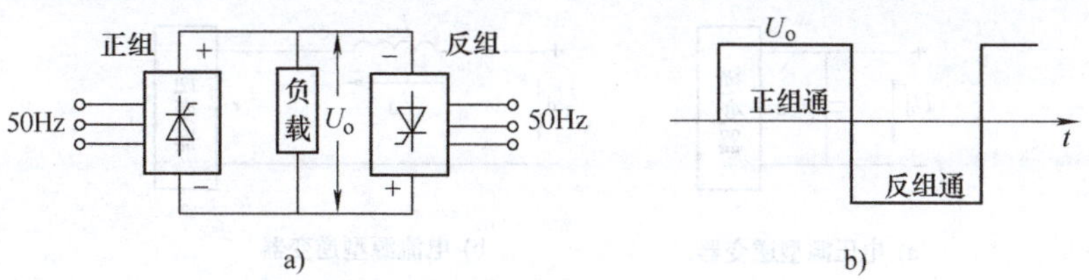

图5-5　单相交-交变频电路原理

如果每组可控整流装置都采用桥式电路，含6个晶闸管（当每一个桥臂都是单管时），则三相电路共需36个晶闸管，即使采用零式电路也需18个晶闸管。因此，交-交变频器虽然在结构上只有一个变换环节，省去了中间直流环节，看似简单，但所用的器件数量却很多，总体设备相当庞大。不过这些设备都是直流调速系统中常用的可逆整流装置，在技术上和制造工艺上都很成熟，目前国内有些企业已有可靠的产品。

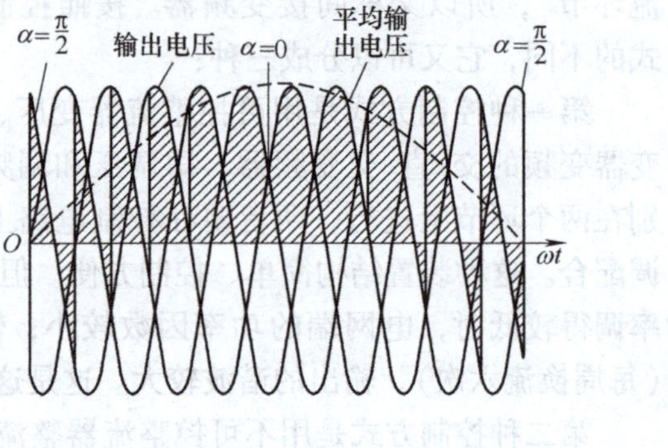

图5-6 交-交变频器输出电压波形

这类交-交变频器的其他缺点是：输入功率因数较低、谐波电流含量大、频谱复杂，因此须配置滤波和无功补偿设备。其最高输出频率不超过电网频率的1/3~1/2，一般主要用于轧机主传动、球磨机、水泥回转窑等大容量、低转速的调速系统。由这类变频器给低速电动机供电进行直接传动时，可以省去庞大的齿轮减速箱。

上述两类变频装置主要特点比较见表5-1。

表5-1 交-直-交变频器与交-交变频器主要特点比较表

比较项目 \ 类别	交-直-交变频器	交-交变频器
换能形式	两次换能，效率略低	一次换能，效率较高
换流方式	强迫换流或负载谐振换流	电源电压换流
装置器件数量	器件数量较少	器件数量较多
调频范围	频率调节范围宽	一般情况下，输出最高频率为电网频率的1/3~1/2
电网功率因数	用可控整流调压时，功率因数在低电压时较低；用斩波器或PWM方式调压时，功率因数高	较低
适用场合	可用于各种电力拖动装置，稳频稳压电源和不停电电源	特别适用于低速大功率拖动

2. 交-直-交变频器按直流环节直流电源的性质分类

在交-直-交变频器中，按照中间直流环节直流电源性质的不同，逆变器可以分成电压源型和电流源型两类，两种类型的实际区别在于直流环节采用什么样的滤波器。图5-7给出了电压源型和电流源型逆变器的示意图。表5-2中列出了三种变频器的特征比较。

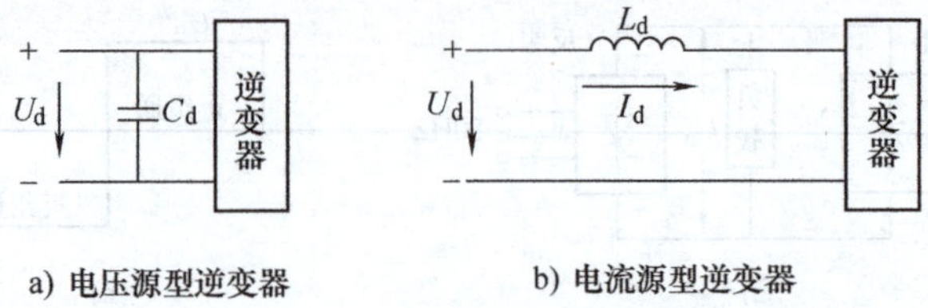

图5-7 电压源型和电流源型逆变器的示意图

表 5-2 三种变频器特征比较

项目	电压型变频器	电流型变频器	PWM 电压型变频器
主电路构成	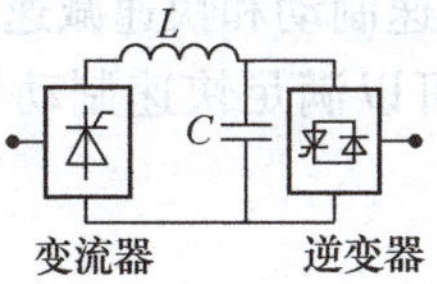	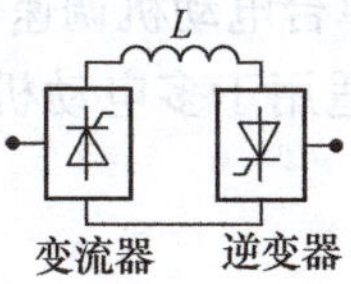	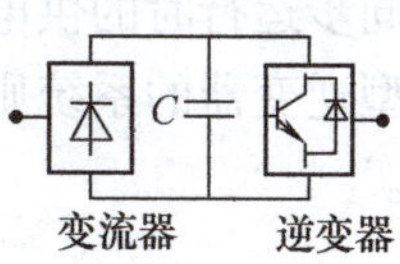
变流器构成	晶闸管整流器	晶闸管整流器	二极管整流器
逆变器构成	晶闸管 + 强迫换流回路或 GTO 晶闸管等自关断器件	晶闸管 + 强迫换流回路	GTO 晶闸管、GTR、IGBT 等自关断器件
输出波形	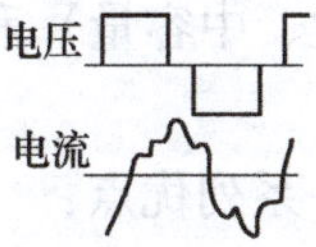	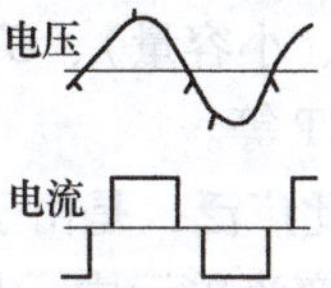	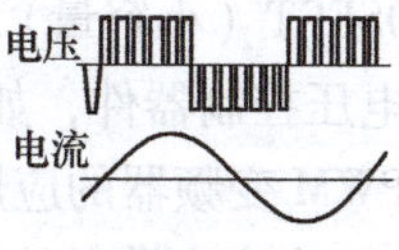
变流器容量	取决于输出有功功率（kW）	取决于输出容量（kV·A）	取决于输出有功功率（kW）
输入功率因数	0.8 ~ 0.85（与晶闸管直流调速相同）	0.75 ~ 0.85（取决于电动机功率因数）	基波功率因数为 1
输入侧高次谐波	与晶闸管直流调速相同	与晶闸管直流调速相同	高次谐波大
电能再生	要再生逆变器	能再生状态运行	要再生逆变器，有双 PWM 变流器时能直接再生状态运行
转矩脉动	6 倍的转矩脉动是额定转矩的 8% ~ 10%	比电压型大一些	几乎没有

在图 5-7a 中，直流环节采用大电容滤波，因而直流电压波形比较平直，在理想情况下相当于一个恒压源，输出交流电压是矩形波或阶梯波，称为电压源型逆变器，简称为电压型逆变器。

在图 5-7b 中，直流环节采用大电感滤波，使直流电流波形比较平直，相当于一个恒流源，输出交流电流是矩形波或阶梯波，称为电流源型逆变器，简称为电流型逆变器。

两类逆变器在主电路上虽然只是滤波环节的不同，在性能上却带来了明显的差异，主要表现如下：

（1）无功能量的缓冲　在调速系统中，逆变器的负载是异步电动机，属感性负载。在中间直流环节与负载电动机之间，除了有功功率的传送外，还存在无功功率的交换。滤波器除滤波外，还起着对无功功率的缓冲作用，使它不致影响到交流电网。因此也可以说，两类逆变器的区别还表现在采用什么储能元件（电容或电感）来缓冲无功能量。

（2）能量的回馈　用电流型逆变器给异步电动机供电的变频调速系统有一个显著的特征，就是容易实现能量的回馈，从而便于四象限运行，适用于需要回馈制动和经常正、反转的生产机械。

（3）动态响应　由于交-直-交电流型变频器调速系统的直流电压极性可以迅速改变，

所以动态响应比较快，而电压型系统要差一些。

(4) 应用场合 电压型逆变器属恒压源，电压控制响应慢，不易波动，适于做多台电动机同步运行时的供电电源，或单台电动机调速但不要求快速制动和快速减速的场合。采用电流型逆变器的系统则相反，不适用于多电动机传动，但可以满足快速制动和可逆运行的要求。

5.2 SPWM 逆变器

当前应用最广的由二极管组成不可控整流器和由全控型电力电子开关器件组成的脉宽调制（PWM）逆变器，简称 PWM 变频器。PWM 变频器常用的全控型电力电子开关器件有：P-MOSFET（小容量）、IGBT（中、小容量）、GTO 晶闸管（大、中容量）和替代 GTO 晶闸管的电压控制器件，如 IGCT、IECT 等。

PWM 变频器的应用之所以如此广泛，是由于它具有如下一系列优点：

1）在主电路整流和逆变两个变流单元中，只有逆变单元是可控的，通过它可同时调节变频器的输出电压和频率，结构简单。采用全控型电力电子开关器件，通过驱动电路脉冲进行控制，驱动电路简单，效率高。

2）输出电压波形虽是一系列的 PWM 波，但由于采用了恰当的 PWM 控制技术，正弦基波的比例较大，影响电动机运行的低次谐波受到很大的抑制，因而转矩脉动小，提高了系统的调速范围和稳态性能。

3）逆变器同时实现调压和调频，系统的动态响应不受中间直流环节滤波器参数的影响，使动态性能得以提高。

4）采用不可控的二极管整流器，电源侧功率因数较高，且不受逆变器输出电压大小的影响。

由于 PWM 的优良性能，目前国内外生产的变频器都已采用这种技术，只有在全控器件尚未能及（自身容量所限）的特大容量变频器中才未采用 PWM 技术。

5.2.1 SPWM 的工作原理

1. 基本思想

前文已提及，当变频器按六拍开关工作时，其输出电压是矩形波或阶梯波，与正弦波差异较大。当用此类变频器对异步电动机供电时，存在谐波损耗和低速运行时转矩脉动的问题。为了提高电动机的运行性能，要求采用对称的三相正弦波电源为三相交流电动机供电，这就需要改造逆变器的输出电压，使其输出波形尽可能接近正弦波。

我们知道，一个连续函数是可以用无限多个离散函数逼近或替代的，因而设想以多个不同幅值的矩形脉冲波来逼近或替代正弦波。如果每一个矩形波的面积都与相应时间段内正弦波的面积相等，则这一系列矩形波的合成面积就等于正弦波的面积，也即有等效的作用。为了提高等效的精度，矩形波的个数越多越好，这就要求逆变器输出的电压应在数十到数百微秒的时间内按给定规律变化，从而造成控制实现时的难度。

在变频装置中，希望前级整流器是不可控的，这样它输给逆变器的直流电压就是恒定的。从这点出发，进一步设想把上述一系列等宽不等幅的矩形波用一系列等幅不等宽的矩形脉冲波来替代，也应该能实现与正弦波等效的功能。此时逆变器的电力电子器件不是按六拍开关工作，而是处于按一定规律频繁开关的工作状态。由于开关频率较高，晶闸管不能胜任，必须用具有高开关频率性能的全控型电力电子器件代替。随着电力电子技术的发展，各种半导体开关器件的可控性和开关频率获得了很大的发展，使得这种设想得以实现。

将图5-8a所示的正弦波分成 N 等份，然后把每一等份的正弦曲线与横轴所包围的面积都用一个与此面积相等的矩形脉冲来代替，矩形脉冲的幅值不变，各脉冲的中点与正弦波每一等份的中点相重合。这样，N 个等幅不等宽的矩形脉冲序列就与正弦波的半周等效。同样，正弦波的负半周也可用相同的方法与一系列负脉冲序列等效。这种正弦波正、负半周分别用正、负脉冲等效的SPWM波形称作单极式SPWM。

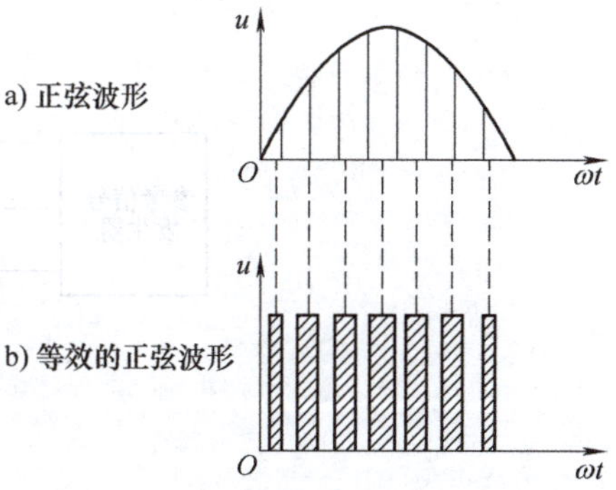

图5-8　与正弦波等效的等幅脉冲序列

所谓SPWM（Sinusoidal PWM）波形，就是与正弦波等效的一系列等幅不等宽的矩形脉冲波形。通常将输出为SPWM波形的变频器称为SPWM型变频器。显然，当变频器各开关器件工作在理想状态下时，驱动相应开关器件的信号也应为与图5-8b形状相似的一系列脉冲波形。

根据上述原理，SPWM脉冲波的宽度可以用计算方法求得，采用数字控制时，这是很容易实现的。较为实用的正弦脉宽调制方法是引用通信技术中的“调制”这一概念，以所期望的波形作为调制波（Modulating wave），而受它调制的信号称为载波（Carrier wave）。通常采用等腰三角波作为载波，因为等腰三角波是上、下宽度线性对称地变化，当它与任何一个光滑的曲线相交时，在交点的时刻控制开关器件的通断，即可得到一组等幅而脉冲宽度正比于该曲线函数值的矩形脉冲，这正是SPWM所需要的结果。

2. 工作原理

SPWM变频器电路原理图如图5-9所示，图5-9a为主电路。图中 VT_1 ~ VT_6 是逆变器的6个功率开关器件（可为GTO晶闸管、GTR、MOSFET、IGBT中的任何一种，此处以GTR为例），VD_1 ~ VD_6 为用于处理无功功率反馈的二极管。整个逆变器由三相整流器提供的恒值直流电压 U_s 供电。图5-9b是它的控制电路，一组三相对称的正弦参考电压信号 u_{rU}、u_{rV}、u_{rW} 由参考信号发生器提供，其频率决定逆变器输出的基波频率，应在所要求的输出频率范围内可调；其幅值也可在一定范围内变化，以决定输出电压的大小。三角波载波信号 u_t 是共用的，分别与每相参考电压比较后，给出“正”或“零”的饱和输出，产生SPWM脉冲序列波 u_{dU}、u_{dV}、u_{dW}，作为逆变器功率开关器件的输出控制信号。

采用单极式控制时，在正弦波的半个周期内，每相只有一个功率开关开通或关断。其调制原理如图5-10所示。首先由同极性的三角波载波电压 u_t 与参考电压 u_r 比较（见图5-10a），以A相为例，当参考电压 u_{rU} 高于载波电压 u_t 时，使开关器件 VT_1 导通，输出正的脉冲电压；当参考电压 u_{rU} 低于载波电压 u_t 时，使开关器件 VT_1 关断，无脉冲电压输出，产生的单极性SPWM脉冲波如图5-10b所示。负半周用同样方法调制后再倒相而成，如图5-10c、d所示。

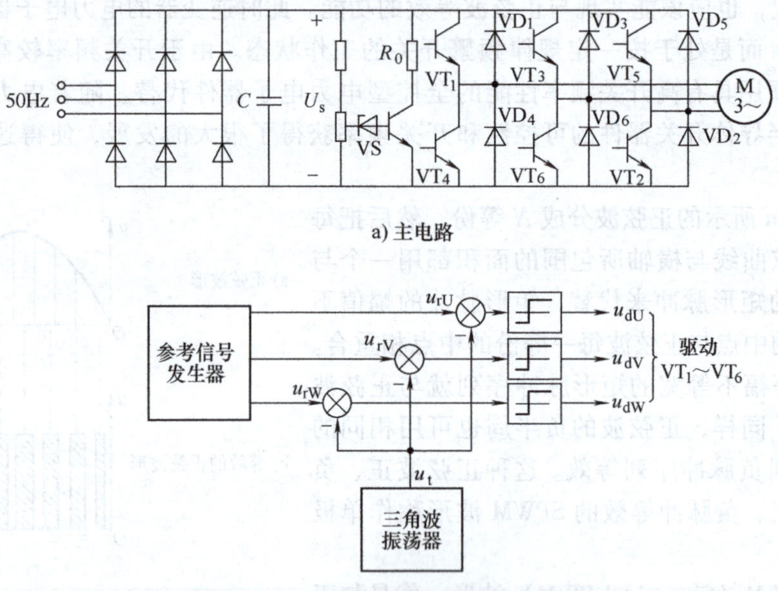

a) 主电路

b) 控制电路

图 5-9 SPWM 变频器电路原理图

上述单极式 SPWM 波形在半周内的脉冲电压只在“正”（或“负”）和“零”之间变化，主电路每相只有一个开关器件反复通断。如果让同一桥臂上、下两个功率开关交替通断，处于互补的工作方式，则输出脉冲在“正”“负”之间变化，就得到双极式 SPWM 波形，其调制过程如图 5-11 所示。以 A 相为例，当参考电压 u_{rU} 高于载波电压 u_t时，使开关器件 VT_1导通，VT_4关断，使负载上得到的相电压为 U_p，输出正的脉冲电压；当参考电压 u_{rU}低于载波电压 u_t时，使开关器件 VT_1关断，VT_4导通，使负载上得到的相电压为 $-U_p$，输出负的脉冲电压。所以 A 相电压是以 U_p为幅值作正、负跳变的脉冲波形。

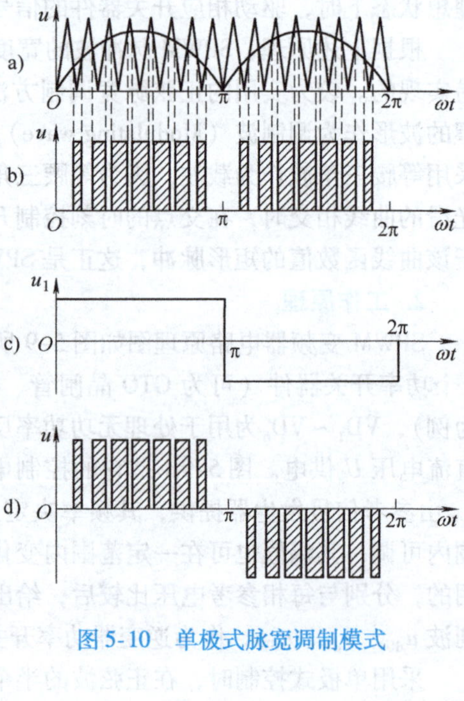

图 5-10 单极式脉宽调制模式

由图 5-10 和图 5-11 可知，输出电压波形是等幅不等宽而且两侧窄中间宽的脉冲，输出基波电压的大小和频率是通过改变正弦参考信号的幅值和频率而改变的。

5.2.2 SPWM 逆变器的调制方式

在 SPWM 逆变器中，三角波电压频率 f_t与参考波电压频率（即逆变器的输出频率）f_r之比 $N=f_t/f_r$称为**载波比**，也称**调制比**。根据载波比的变化与否，PWM 调制方式可分为同步式、异步式和分段同步式。

1. 同步调制方式

载波比 N 等于常数时称为**同步调制方式**。同步调制方式在逆变器输出电压每个周期内所采用的三角波电压数目是固定的，因而所产生的 SPWM 脉冲数是一定的。其优点是在逆变器输出频率变化的整个范围内，皆可保持输出波形的正、负半波完全对称，只有奇次谐波存在，而且能严格保证逆变器输出三相波形之间具有 120°相位移的对称关系。缺点是当逆变器输出频率很低时，每个周期内的 SPWM 脉冲数过少，低频谐波分量显著增大，使负载电动机产生较大的转矩脉动和噪声。

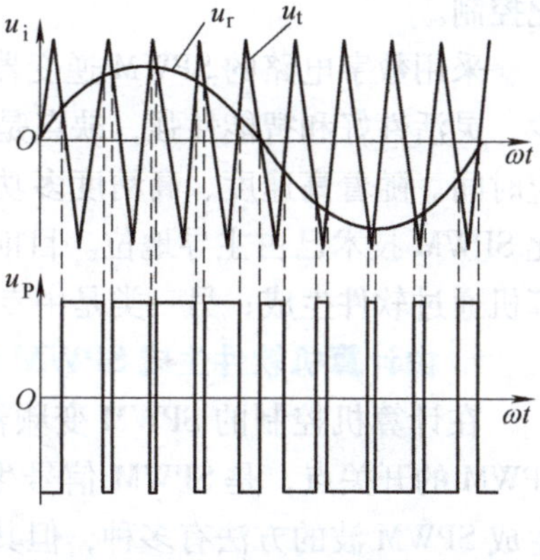

图 5-11　双极式脉宽调制模式

2. 异步调制方式

为消除上述同步调制的缺点，可以采用异步调制方式。即在逆变器的整个变频范围内，载波比 N 不是一个常数。一般在改变参照波频率 f_r 时，保持三角波频率 f_t 不变，因而提高了低频时的载波比，这样逆变器输出电压每个周期内 PWM 脉冲数可随输出频率的降低而增加，相应地可减小负载电动机的转矩脉动与噪声，改善了调速系统的低频工作特性。但异步控制方式在改善低频工作性能的同时，又失去了同步调制的优点。当载波比 N 随着输出频率的降低而连续变化时，它不可能总是 3 的倍数，势必使输出电压波形及其相位都发生变化，难以保持三相输出的对称性，因而引起电动机工作不平稳。

3. 分段同步调制方式

实际应用中，多采用分段同步调制方式，它克服了同步调制方式和异步调制方式的不足，在一定频率范围内采用同步调制，以保持输出波形对称的优点。在低频运行时，使载波比有级地增大，以采纳异步调制的长处，这就是分段同步调制方式。具体地说，把整个变频范围划分为若干频段，在每个频段内都维持 N 恒定，而对不同的频段取不同的 N 值，频率低时，N 值取大些。采用分段同步调制方式，需要增加调制脉冲切换电路，但在微电子技术迅速发展的今天，这种调制方式是很容易实现的。

5.2.3　SPWM 波的实现

SPWM 波形的控制需要根据三角载波与正弦调制波的交点来确定功率器件的开关时刻，从而得到其幅值不变而宽度按正弦规律变化的一系列脉冲。这个任务可以通过设计模拟电子电路、数字电子电路或专用的大规模集成电路芯片等硬件电路来完成，也可以用微型计算机通过软件生成 SPWM 波形。

采用模拟电路来实现 SPWM 控制的原理示意图如图 5-12 所示。首先由模拟元件构成的三角波和正弦波发生器分别产生三角载波信号 u_t 和正弦波参考信号 u_r，然后送入电压比较器，产生 SPWM 脉冲序列。本方法原理简单，且完成 u_t 和 u_r 信号的比值和确定脉冲宽度所用的时间短，几乎是瞬间完成的，不像数字电路采用软件计算需要一定的时间。然而，这种方法的缺点是所需硬件较多，而且不够灵活，改变参数和调试较麻烦，难以实现现代

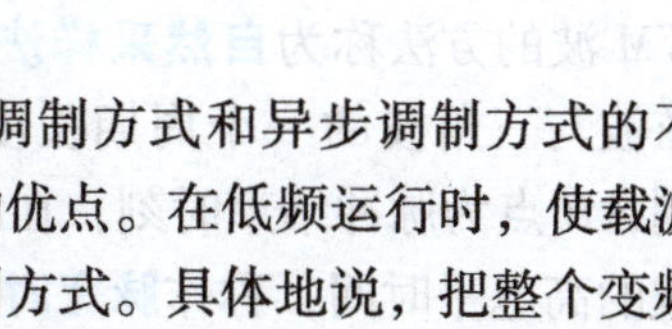

图 5-12　模拟电路实现 SPWM 控制的原理示意图

化控制。

采用数字电路的 SPWM 逆变器，可采用以软件为基础的控制模式。其优点是所需硬件少、灵活性好和智能性强，缺点是需通过计算确定 SPWM 的脉冲宽度，有一定的延时和响应时间。随着高速度、高精度多功能微处理器、微控制器和 SPWM 专用芯片的发展，数字化 SPWM 技术已占主导地位。目前常用的产生控制波的方法主要有两类：一类是用微型计算机通过软件生成；另一类是由专用集成芯片产生。

1. 由计算机软件生成 SPWM 逆变器控制波

在计算机控制的 SPWM 变频器中，SPWM 信号一般由软件加接口电路生成。如何计算 SPWM 的开关点，是 SPWM 信号生成中的一个难点，也是当前人们研究的一个热门课题。生成 SPWM 波的方法有多种，但其目标只有一个，尽量减少逆变器的输出谐波分量和计算机的工作量，使计算机能更好地完成实时控制任务。关于开关点的算法，可分为两类：一是采样法，二是最佳法。**采样法**是从载波与调制波相比较产生 SPWM 波的思路出发，导出开关点算法，然后按此算法实时计算或离线算出开关点，通过定时控制，发出驱动信号的上升沿或下降沿，形成 SPWM 波。**最佳法**则是预先通过某种指标下的优化计算，求出 SPWM 波的开关点，其突出优点是可以预先去掉指定阶次的谐波，最佳法计算的工作量很大，一般要先离线算出最佳开关点，以表格形式存入内存，运行时再查表进行定时控制，发出 SPWM 信号。这里讨论几种常用的算法。

（1）自然采样法　根据 SPWM 逆变器的工作原理，在正弦波和三角波的自然交点时刻控制功率开关元件的通断，这种生成 SPWM 波的方法称为**自然采样法**。在图 5-13 中，截取了任意一段正弦波与三角波的一个周期长度内的相交情况。A 点为脉冲发生时刻，B 点为脉冲结束时刻，在三角波的一个周期 T_c 内，t_2 为 SPWM 波的高电平时间，称作**脉宽时间**，t_1 与 t_3 则为低电平时间，称为**间隙时间**。显然 $T_c=t_1+t_2+t_3$。

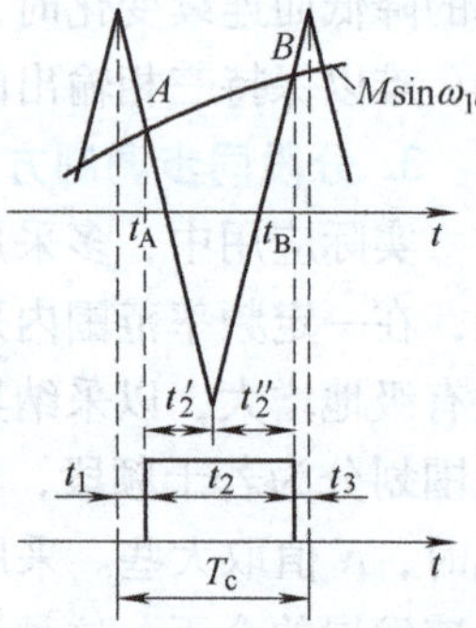

图 5-13　自然采样法

定义参考波与载波的幅值比为**调制比** $M=U_{rm}/U_{tm}$，设三角载波幅值 $U_{tm}=1$，则参考波 $U_r=M\sin\omega_1 t$，式中 ω_1 为参考波角频率，即输出角频率。A、B 两点对三角波的中心线来说是不对称的。因此，t_2分成的 t_2' 和 t_2'' 两个时间段是不等的，联立求解两对相似直角三角形，则

$$\frac{t_2'}{T_c/2}=\frac{1+M\sin\omega_1 t_A}{2} \tag{5-4}$$

$$\frac{t_2''}{T_c/2}=\frac{1+M\sin\omega_1 t_B}{2} \tag{5-5}$$

得

$$t_2=t_2'+t_2''=\frac{T_c}{2}\left[1+\frac{M}{2}(\sin\omega_1 t_A+\sin\omega_1 t_B)\right] \tag{5-6}$$

自然采样法虽能真实地反映脉冲产生与结束的时刻，却难以在实时控制中在线实现，因为 t_A 与 t_B 都是未知数，$t_1\neq t_3$，$t_2'\neq t_2''$，求解时需花费较多的计算时间。即使可先将计算结果存入内存，控制过程中查表定时，也会因参数过多而占用计算机太多内存和时间，所以，此

法仅限于调速范围有限的场合。

（2）规则采样法　由于自然采样法的不足，人们一直在寻找更实用的采样方法，就是尽量接近于自然采样法，但比自然采样法的波形更对称一些，以减少计算工作量、节约内存空间为原则，这就是规则采样法。

所谓规则采样法就是在三角载波每一周期内的固定时刻，找到正弦参考波上的对应电压值，以此值对三角波进行采样以决定功率元件的通、断时刻。

图 5-14a 为规则采样Ⅰ法生成的SPWM波。它以三角波正峰值时找到正弦波上的对应点 D，得到 U_{rD}，用 U_{rD} 对三角波采样，得到 A、B 两点。可见，在此法中，开关点 A、B 位于正弦波的同一侧，这使所得的脉冲宽度明显偏小，从而造成较大的控制误差。

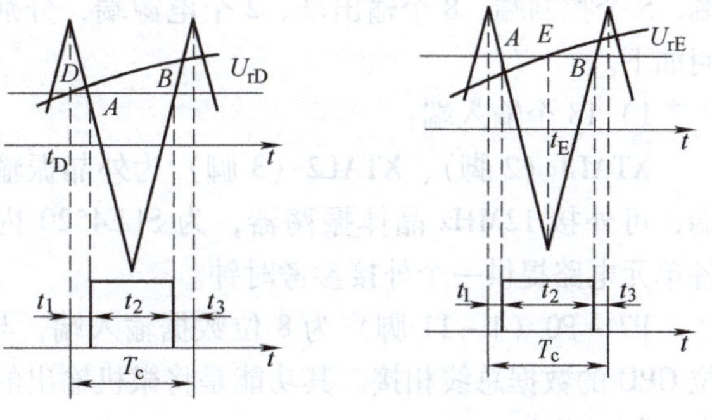

a) 规则采样Ⅰ法　　b) 规则采样Ⅱ法

图 5-14　规则采样法

在图 5-14b 所示的规则采样Ⅱ法中，以三角波的负峰值时找到正弦波上的对应点 E，得到 U_{rE}，用 U_{rE} 对三角波采样，得到 A、B 两开关点。可见，此时 A、B 两开关点位于正弦波的两侧，这样减小了脉宽生成误差，使所得 SPWM 波更为准确。

在规则采样法中，每个三角载波周期的开关点都是确定的，所生成的 SPWM 波的脉冲宽度和位置可预先计算出来。由图 5-14b 的几何关系有：

1）脉宽时间为

$$t_2 = \frac{T_c}{2}\left(1 + M\sin\omega_1 t_E\right) \tag{5-7}$$

式中，t_E 表示采样时刻时间。

2）间隙时间为

$$t_1 = t_3 = \frac{1}{2}(T_c - t_2) \tag{5-8}$$

（3）指定谐波消除法　以消去某些指定次数谐波（主要的低次谐波）为目的，通过计算来确定各脉冲的开关时刻，这种方法称为低次谐波消去法。在该法中，已经不用三角载波和正弦参考波的比较，但其目的仍是使输出波形尽可能接近正弦波，因此，也算是 SPWM 波生成的一种方法。

例如，消去 SPWM 波中的 5 次、7 次谐波（三相电动机无中性线时，3 次和 3 的倍数次谐波无通路，可忽略）。将某一脉冲列展成傅里叶级数，然后令其 5 次、7 次分量为零，基波分量为所要求值，这样可获得一组联立方程，对方程组求解即可得到为了消除 5 次、7 次谐波各脉冲所应有的开关时刻，从而获得所要求的 SPWM 波。

该法可以很好地消除所指定的低次谐波，但是剩余未消去的较低次谐波的幅值可能会增大，但它们的次数已比所消去的谐波次数高，因而较易滤去。

2. 用专用集成芯片 SLE4520 生成 SPWM 逆变器控制波

SLE4520 为三相 PWM 集成电路，它是一种应用 ACMOS 技术制作的低功耗高频大规模集成电路，是一种可编程器件。它能把三个8位数字量同时转换成三路相应脉宽的矩形波信号，与8位或16位微机联合使用，可产生三相变频器所需的六路控制信号，输出的SPWM波的开关频率可达20 kHz，基波频率可达2600 Hz。因此，适用于IGBT变频器或者其他中频电源变频器。

（1）SLE4520的引脚功能　SLE4520为双列直插式28脚芯片，如图5-15所示。它有13个输入端、5个控制端、8个输出端、2个电源端，分别说明如下。

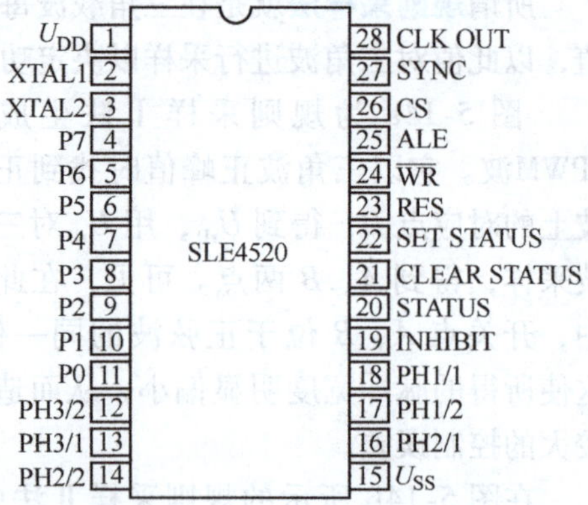

图5-15　SLE4520的引脚排列及功能

1）13个输入端：

XTAL1（2脚）、XTAL2（3脚）为外晶振输入端，可外接12MHz晶体振荡器，为SLE4520内部各单元电路提供一个外接参考时钟。

P7～P0（4～11脚）为8位数据输入端，与8位CPU的数据总线相接。其功能是将微机输出的命令或数据送入SLE4520。

$\overline{WR}$（24脚）为来自微机的脉冲信号输入端，与微机的$\overline{WR}$相连。当该端为低电平（0）时，将来自微机的地址数据写到SLE4520中的地址锁存器内。

ALE（25脚）为来自微机地址锁存允许脉冲信号输入端，与微机的ALE相连。它与来自微机的$\overline{WR}$信号一起根据程序中设定的地址信号对SLE4520内部的3个8位数据寄存器、2个4位控制寄存器进行选择。

SYNC（27脚）为来自微机的触发脉冲输入端，与微机的输出端相连。该端输入信号控制3个可预置8位减法计数器是否开始进行递减运算。

2）5个控制端：

CLEAR STATUS（21脚）及SET STATUS（22脚）为通断状态触发器的两个输入端，即清零端与置位端，可保护电路的输出或接微机的输出。清零端有效则开通SLE4520的SP-WM信号输出端；置位端有效则关断SPWM信号输出端。

RES（23脚）为SLE4520的复位端，可与微机复位电路的输出相连。该端为高电平时，使SLE4520内部各状态锁存器、计数器等复位，保证开机时从相同的状态开始工作。

CS（26脚）为SEL4520的片选信号输入端，可与微机系统的译码电路输出端相连。该端为高电平时，SLE4520芯片被选通工作；为低电平时，该芯片不工作。

INHIBIT（19脚）为脉冲封锁端，接保护电路的输出。该端为高电平时，SLE4520的输出全被封锁，可用作变频器各种故障保护的封锁脉冲端。

3）8个输出端：

PH1/1（18脚）、PH1/2（17脚）、PH2/1（16脚）、PH2/2（14脚）、PH3/1（13脚）、PH3/2（12脚）分别为变频器U、V、W三相上、下桥臂开关器件的控制信号输入端，接三相变频器驱动电路的输入端，提供驱动三相变频器的SPWM信号。

STATUS（20脚）为通断状态触发器的输出端，可接一个指示器，指示SLE4520的状态是在输出驱动变频器状态还是在封锁输出状态。

CLK OUT（28 脚）为晶振频率输出端，接微机的时钟信号输入端，使微机系统的时钟与 SLE4520 的时钟保持同步。

4）2 个电源端：

U_{DD}（1 脚）为电源正端，接 +5V 电源。

U_{SS}（15 脚）为电源负端，接地。

（2）SLE4520 内部结构框图及工作原理

1）内部结构。SLE4520 内部结构框图如图 5-16 所示，共包括 17 个单元电路：三个过零检测器，一个 4 分频锁存器，一个可编程 1:n 预置分频器，一个 4 位死区时间检测器，一个 1:4 地址译码锁存器，一个通断控制触发器，一个振荡器，一个脉冲放大器，三个 8 位数据锁存器，三个 8 位计数器以及一个互锁时间形成及封锁单元。这些单元电路分别与 SLE4520 内部数据总线或控制总线相连。

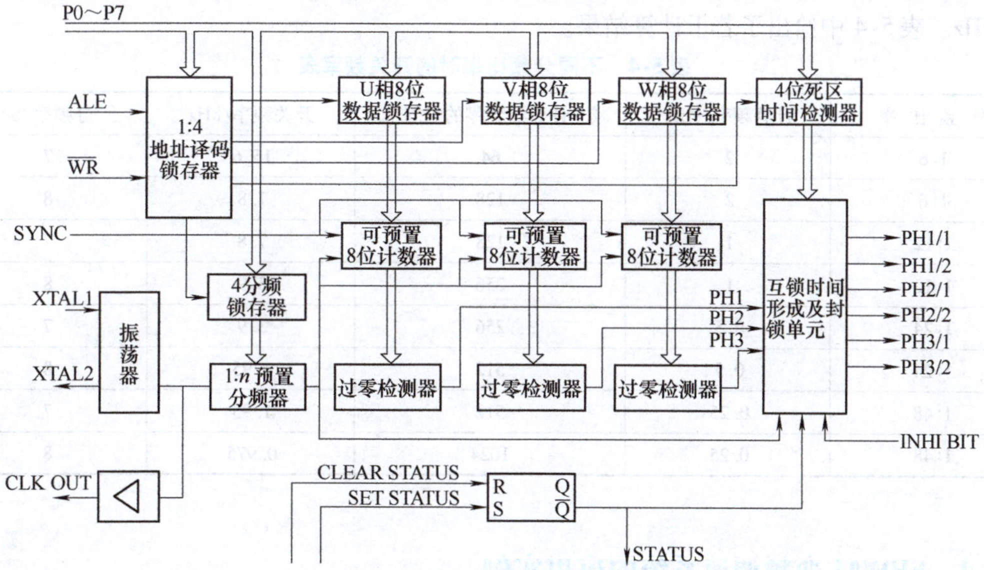

图 5-16　SLE4520 内部结构框图

2）数字量转换为脉宽的实现方法。在片选信号 CS 有效、SET STATUS 及 INHIBIT 端信号无效的情况下，当 ALE、WR信号有效时，由微机输出的地址数据经由数据总线 P0 ~ P7 写入地址译码锁存器。然后，根据地址译码，由微机输出的 SPWM 脉宽数据分别写入 3 个 8 位数据锁存器。在 SYNC 端输入触发脉冲信号后，三相的脉宽数据同步地装入减法寄存器，并开始进行减 1 计算。一旦哪一相减 1 计数器减到零，则该相过零检测器就发出信号，使该相输出由高电平（无效）变为低电平（有效），形成一个脉冲。计数器减到零后即停止工作，直到下一个 SYNC 端的同步触发脉冲到来，再使该相输出为高电平。

3）开关频率的选择。减 1 计数器的减法速度由 4 分频锁存器及 1:n 预置分频器控制。这样，可以通过编程方便地改变开关频率，实现输出频率的微调。

可编程分频控制器的比率由分频控制寄存器设置。数值设置与分频比率的关系见表 5-3。

表 5-3 数值设置与分频比率的关系

设置数值	计数器分频比率	延迟时钟分频比率	设置数值	计数器分频比率	延迟时钟分频比率
0	1:4	1:4	4	1:16	1:4
1	1:6	1:6	5	1:24	1:6
2	1:8	1:4	6	1:32	1:4
3	1:12	1:6	7	1:48	1:6

确定计数器的分频比后，根据下述的方法选择开关频率，即开关频率的周期长度应正好是最大的脉冲宽度。例如，使用8031单片机，在12MHz晶体振荡器下，计数器分频比为1:12时，则计算频率为1MHz，每减一次为1μs。因此，若送入计数器的最大脉宽数据为0（7位），则128μs时减1计数器到零。因此，开关频率为1/（128μs）≈7.8kHz。因此，若送入计数器的最大脉宽数据为0（8位），则256μs后减1计数器到零。因此，开关频率为3.9kHz。表5-4中给出了若干计算结果。

表 5-4 不同分频比率时的开关频率表

分频比率	计算频率/MHz	减1计数器到零的时间/μs	开关频率/kHz	分频率/bit
1:6	2	64	15.6	7
1:6	2	128	7.8	8
1:12	1	128	7.8	7
1:12	1	256	3.9	8
1:24	0.5	256	3.9	7
1:24	0.5	512	1.95	8
1:48	0.25	512	1.95	7
1:48	0.25	1024	0.975	8

5.2.4 SPWM 变频调速系统的应用实例

如上所述，SLE4520是一个可编程三相PWM集成电路，与微机配合使用能把三路8位数字量转换成三路脉宽调制信号，形成三相SPWM波，驱动三相功率开关器件。虽然也可以和16位微机配合使用，但因SLE4520是8位可编程芯片，一般情况下可与8位微机配合使用。

下面介绍一个以8031单片机与SLE4520配合使用形成SPWM波驱动IGBT变频器的实例。其系统框图如图5-17所示。硬接线说明如下。

将SLE4520的1脚接+5V，15脚接地，2脚与3脚间接12MHz晶体振荡器。CLK OUT（28脚）接8031的XTAL2，使8031的时钟保持同步。将SLE4520的RES（23脚）与8031的供电复位电路的输出相连，保证开机时以相同的状态开始工作。

8031的P0口与SLE4520的P0~P7相连，为数据总线。SLE4520的六路输出口接到驱动模块的输入端，以输出SPWM脉冲。

SLE4520的SYNC端接8031的P1.0口，由8031CPU控制SLE4520内部的3个可预置的

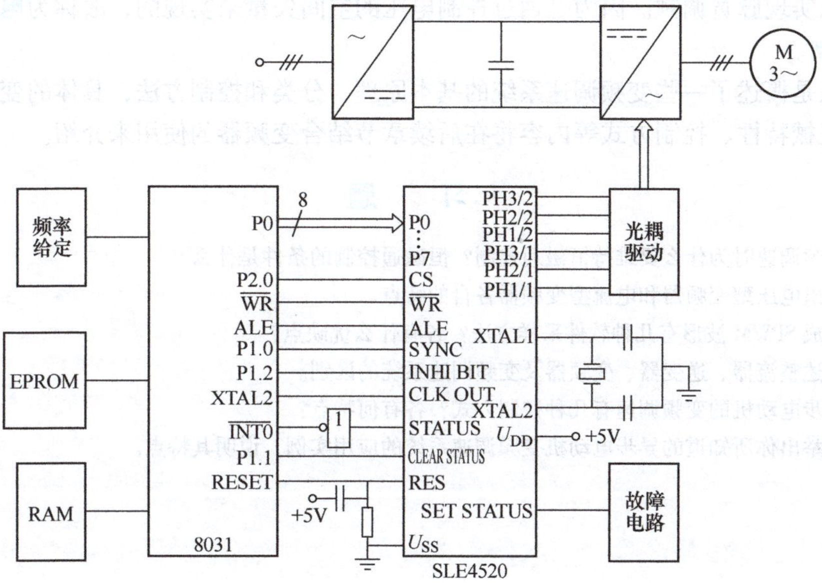

图 5-17 用 SLE4520 及 8031 产生 SPWM 信号驱动的 IGBT 变频器

计数器同时启动。

SLE4520 的 SET STATUS 接外部故障电路的输出端，一旦故障电路中任一故障出现时通过该端将对 SLE4520 的六路输出进行封锁。

将 SLE4520 的 STATUS（20 脚）与 8031 的 $\overline{\text{INT0}}$ 相连，当保护电路中有任一故障出现，SLE4520 被封锁时，将进入 8031 $\overline{\text{INT0}}$ 的中断服务程序，进行软件封锁和故障显示及报警。

给定频率由电位器设定，经积分电路和 ADC0809 模-数转换器读入 8031 中。

采用定时器 T0 来设定开关频率的周期 T。

图 5-17 是一种最简单的 SPWM 调速系统，该系统采用开环控制，逆变器开关器件选用 IGBT。该系统可以使异步电动机在 4～60Hz 范围平滑调速，可满足一般生产机械的调速需要。

5.2.5 其他类型的 SPWM 控制器

1. 电流滞环跟踪 SPWM 控制器

前面介绍的 SPWM 控制技术是以逆变器输出电压近似正弦波为目的，并未顾及输出电流的波形。但是，对于交流电动机，实际需要保证的应该是正弦波电流，因为只有在交流电动机绕组中通入三相平衡的正弦电流才能使合成的电磁转矩为恒定值，不含脉动分量。

电流滞环跟踪 PWM 控制的指导思想是：引入电流闭环控制，让实际电流的瞬时值实时地与标准的正弦波进行比较，由比较结果来决定脉冲宽度的上升沿和下降沿，从而使变频器的输出电流无限接近于正弦波。

2. 电压空间矢量 SPWM 控制器

由前述可知，电流滞环跟踪 SPWM 控制是直接控制输出电流，使其近似为正弦波。然而，对交流电动机来说，要产生恒定的电磁转矩，必须在电动机空间形成圆形的旋转磁场。

电压空间矢量 SPWM 控制方式就是以标准的圆形旋转磁场作为参照来确定逆变器的开

关状态，以实现脉宽调制。因为是通过控制电压的空间矢量来实现的，故称为**电压空间矢量SPWM控制**。

上面只是概述了一些变频调速系统的基本原理、分类和控制方法，具体的变频调速系统的组成、机械特性、控制方式等内容将在后续章节结合变频器的使用来介绍。

习 题

5-1 变频调速时为什么要维持恒磁通控制？恒磁通控制的条件是什么？

5-2 指出电压型变频器和电流型变频器各自的特点。

5-3 生成SPWM波形有几种软件采样方法？各有什么优缺点？

5-4 试述整流器、逆变器、变频器及变频调速系统的区别。

5-5 异步电动机的变频调速有几种控制方式？各有何特点？

5-6 试举出你所知道的异步电动机变频调速系统的应用实例，说明其特点。

第 6 章

通用变频器的基本原理

变频器是驱动交流电动机的电源变换装置（电动机电源从恒频恒压变换成变频变压输出），其输入电源为工频电源，但电流波形不同于正弦波，其输出波形也不同于输入波形。变频器输入、输出波形的这些特点是由其工作原理决定的，变频器的工作原理与电动机的选择、周围设备的配置及其电流、电压的测量等有紧密的关系。因此，了解变频器电路每一部分的工作原理及其联系是非常重要的。本章介绍通用变频器的基本结构原理和变频调速时的机械负载特性。

6.1 通用变频器的分类与基本结构

6.1.1 通用变频器的分类

通用变频器按其主电路的结构形式分为交-交变频器和交-直-交变频器两大类。交-直-交变频器按直流环节的储能方式分为电压型变频器和电流型变频器；按其逆变器开关方式有脉幅调制（Pulse Amplitude Modulation，PAM）控制方式、脉宽调制（Pulse Width Modulation，PWM）控制方式和高频载波 SPWM 控制方式三种；按其逆变器控制方式有 *U/f* 控制方式、转差频率控制方式、矢量控制方式和直接转矩控制方式等；按其功能用途有风机、泵用变频器，矢量控制型变频器，专用变频器，高频变频器，高压变频器和单相变频器等。

按其主电路的结构形式分类的各种变频器在第 5 章中已有叙述，下面主要介绍按功能用途分类的各种变频器。

1. 风机、泵用变频器

风机、泵用变频器是一种以节能为主要目的的通用变频器，多采用 *U/f* 控制方式，与其他类型的通用变频器相比，它在转矩控制性能方面是按降转矩负载特性设计的，起动转矩相比其他控制方式要小一些。几乎所有的变频器生产厂商均生产这种机型。新型风机、泵用变频器中，除具备通用功能外，不同品牌、不同机型中还增加了一些新功能，如内置 PID 调节器功能、多台电动机循环起停功能、节能自寻优功能、防水锤效应功能、管路泄漏检测功能、管路阻塞检测功能、压力给定与反馈功能、惯量反馈功能、低频预警功能及节电模式选择功能等，应用时可根据实际需要选择。这类变频器价格较低。

2. 矢量控制型变频器

矢量控制型变频器采用矢量控制方式或直接转矩控制方式，并充分考虑了通用变频器应用过程中可能出现的各种需要，特殊功能还以选件的形式供用户选择，为满足应用需要，在系统软件和硬件方面都做了相应的功能设置，其中重要的一个功能特性是零速时的起动转矩和过载能力，通常起动转矩在150%～200%范围内，甚至更高，过载能力可达150%以上，一般持续时间为60s。这类变频器的特征是具有较硬的机械特性和动态性能，即通常说的挖土机性能。在使用这类变频器时，可以根据负载特性选择需要的功能。高性能矢量控制型通用变频器广泛应用于各类生产机械装置，如机床、塑料机械、生产线、传送带、升降机械以及电动车辆等对调速系统性能和功能有较高要求的场合，市场价格略高于风机、泵用变频器。

3. 专用变频器

专用变频器是为了满足某些特定应用场合的需要而设计生产的，如用于油田抽油机、起重设备、塑料机械等的变频器。这些变频器根据使用场合的特殊要求对变频器的某些性能进行了强化或对变频器的结构进行了特殊设计。例如，在机床主轴驱动专用的高性能变频器中，为便于和数控装置配合完成各种工作，变频器的主电路、回馈制动电路和各种接口电路等被做成一体，从而达到了缩小体积和降低成本的要求；而在纤维机械方面，为了便于系统维修保养，变频器则采用了可以简单地进行拆装的盒式结构；再如纺织机专用变频器将冷却风扇做成可拆卸型，以适应现场运行环境的需要。

4. 高频变频器

一般通用变频器的最高输出频率为400～650Hz，超过1000Hz就属于目前所称的高频变频器，最高输出频率可达3000Hz。高频变频器控制电动机的最高转速可以达到18000r/min。高频变频器主要用于高速电动机驱动的场合，变频器通常采用PAM控制方式，在超精密加工机械、纺织机械和高性能专用机械领域中，常常要用到高速电动机。

5. 高压变频器

我们通常所称的高压变频器，国外称为中压变频器（Medium Voltage Drive），它是相对于输电电网的电压等级而言的，对应的电源额定电压为690V～13.8kV，在这个电压范围，我国的电压等级为1500V、3kV、6kV、10kV，国外认为这个电压范围为中压，故习惯将这个电压范围的电动机称为中压电动机，相应的变频器称为中压变频器。我国则没有中压输电电网的说法，习惯将这个电压范围的电动机称为高压电动机，相应的变频器也通常称为高压变频器。这类变频器通常采用GTO晶闸管、IGBT、IGCT等大功率电力电子器件作为逆变器件，输出频率可以达到120Hz，在风机、水泵、矿山机械及电力设备等领域中被广泛应用。

6. 单相变频器

单相变频器主要用于输入为单相交流电源的三相交流电动机的场合。所谓的单相变频器是单相进、三相出，是单相交流220V输入，三相交流200～240V输出，与三相通用变频器的工作原理相同，电路结构基本相同。某些小容量的变频器还可以单相、三相共用。但应注意，同一变频器采用单相电源和三相电源时，其可驱动的电动机最大容量并不相同，这是由电源性质决定的。目前，单相变频器大多数采用智能功率模块（Intelligent Power Module，IPM）结构，将整流电路，逆变电路，逻辑控制、驱动和保护或电源电路等集成在一个模块内，使整机的元器件数量和体积大幅度减少，整机的智能化水平和可靠性也进一步提高。

6.1.2　通用变频器的基本结构

通用变频器由主电路和控制电路组成，其基本结构框图如图6-1所示。主电路主要包括整流电路、中间直流电路和逆变电路三部分，其中，中间直流电路又由限流单元、滤波器、制动电路、电源再生单元以及直流电源检测电路等组成。控制电路主要由主控制电路、检测电路和驱动接口电路、保护和驱动电路、操作和显示电路组成。高性能矢量型通用变频器由于采用了矢量控制方式，在进行矢量控制时需要进行大量的运算，其运算电路中往往还有一个以数字信号处理器（DSP）为主的转矩计算用 CPU 及相应的磁通检测和调节电路。

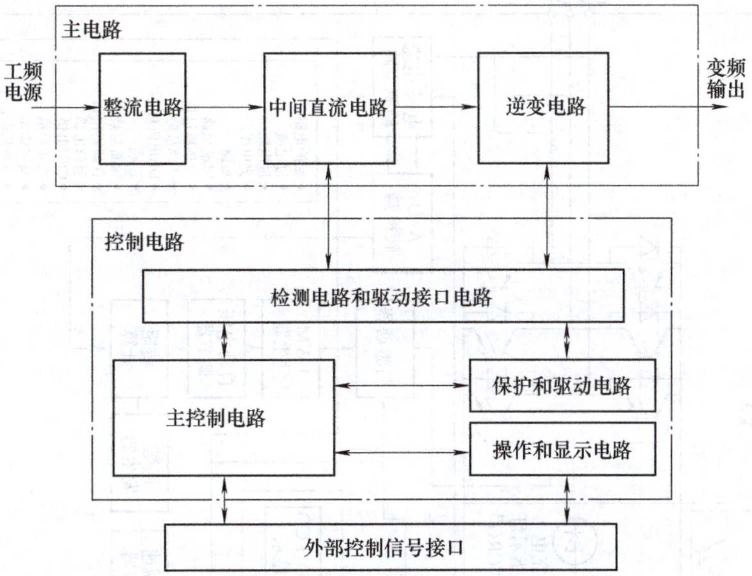

图 6-1　通用变频器的基本结构框图

在通用变频器的发展过程中，上述电路随着新型电力电子器件和高性能微处理器的应用以及现代控制技术的发展而不断更新换代，通用变频器的性能越来越先进，价格越来越低，体积越来越小。

图 6-2 是富士 FRENIC 5000 G9S/P9S 高性能矢量控制电压型通用变频器的硬件结构。图 6-2 中，符号 E（G）为通用变频器外壳接地端子，为保证使用安全，该点应按电气规程要求接地；符号 R、S、T 是变频器主电路的输入端子，应通过低压断路器连接至三相交流电源，连接时不必考虑相序。符号 U、V、W 是变频器主电路的输出端子，连接至电动机电源输入端，应根据电动机的转向要求连接，若转向不对可调换 U、V、W 中任意两相的接线。输出端不应接电容器和浪涌吸收器，变频器与电动机之间的连线不宜超过产品说明书的规定值。P1 和 P（+）是连接改善功率因数的直流电抗器连接端子，出厂时这两点连接有短路片，需连接直流电抗器时应先拆除短路片再连接直流电抗器。P（+）和 DB 是外部制动电阻连接端子。P（+）和 N（-）外接功率晶体管控制的制动单元。其他端子为控制信号连接端子。虽然变频器的种类很多，其结构各有所长，但大多数通用变频器都具有类似于图 6-2 的基本结构，它们的主要区别是在控制电路和检测电路、控制软件、控制算法等方面。下面简要介绍通用变频器各部分电路的基本作用。

1. 通用变频器主电路

（1）整流电路　通用变频器的整流电路由全波整流桥组成，它的主要作用是对工频电源进行整流，经中间直流环节平波后为逆变电路和控制电路提供所需要的直流电源。三相交流电源一般需经过压敏电阻网络引入到整流桥的输入端，压敏电阻网络的作用是吸收交流电

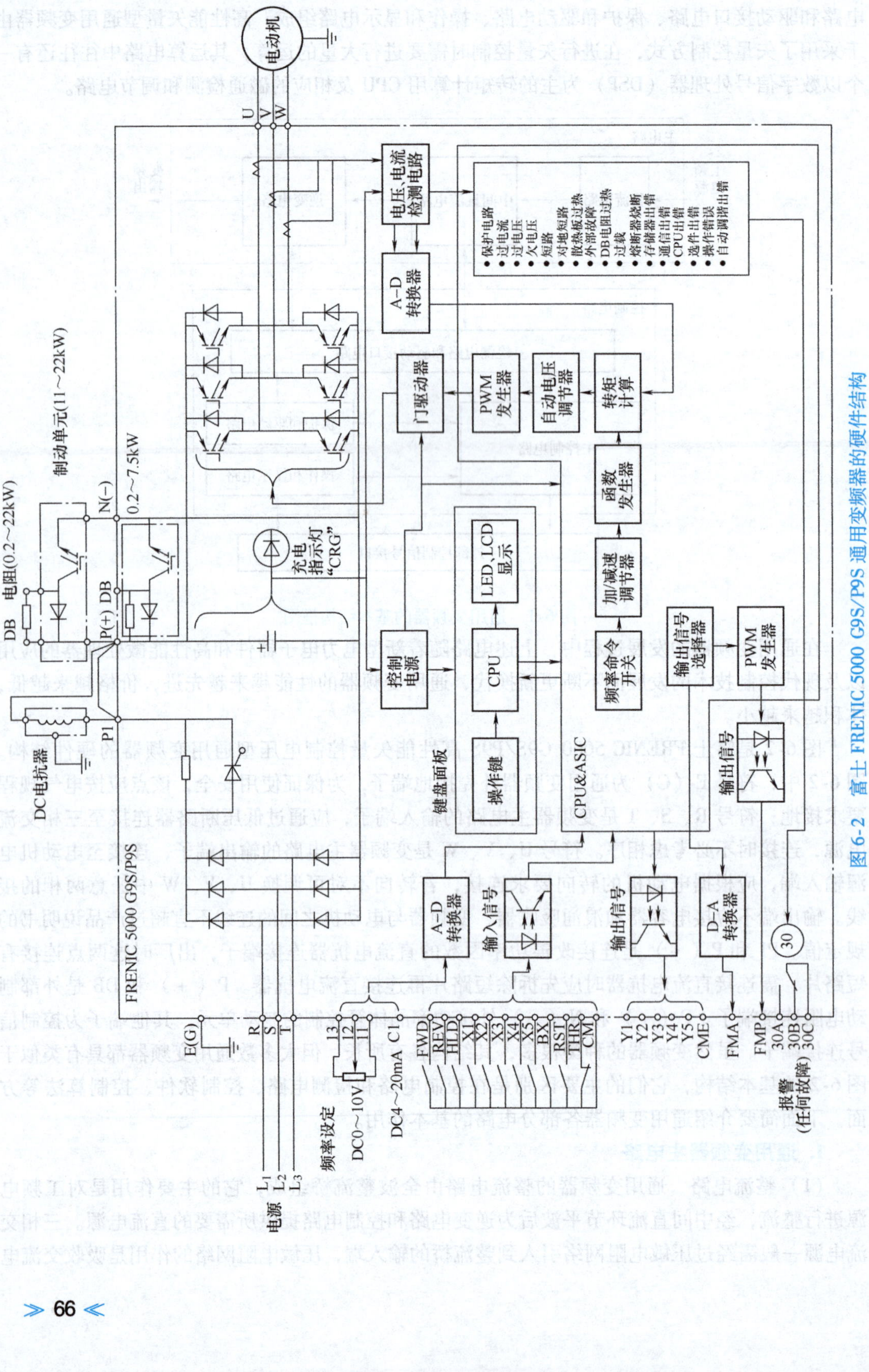

图6-2　富士 FRENIC 5000 G9S/P9S 通用变频器的硬件结构

网浪涌过电压及大气过电压，从而避免浪涌侵入导致过电压而损坏变频器。电压型变频器的整流电路采用不可控整流桥，其输出电压为恒定的直流电压。当电源线电压为380V时，整流后的直流电压为520~540V，其值依据滤波电容的电容量和负载输出功率的大小略有波动。

（2）中间直流电路 变频器的中间直流电路起着限流、滤波、储能以及再生制动等作用。

1）滤波和储能电路。由于逆变器的负载为异步电动机，属于感性负载，因此在中间直流电路和异步电动机之间总会有无功功率的交换，无功能量要靠中间直流电路的储能元件（电容器或电抗器）来缓冲。另外，三相不可控整流电路输出的直流电压或电流，含有频率为电源频率6倍的电压或电流纹波，而逆变电路也将产生纹波电压和电流，并反过来影响直流电压或电流的波形。因此，为了保证逆变电路和控制电源能够得到较高质量的直流电流或电压，中间直流电路的另一个作用是对整流电路输出进行滤波，以减少电压或电流的波动。

电压型变频器采用大容量电解电容器进行滤波和储能，为了得到所需的耐压值和容量，往往根据变频器容量的要求，将电容器进行串并联使用。另外，因为电解电容器电容量有较大的离散性，这将使它们承受的电压不相等，因此，往往在电容器旁各并联一个阻值相等的均压电阻以消除电容离散性的影响。

2）限流电路。在图6-3中，串接在整流桥和滤波电容器之间的，由限流电阻R_S和短路开关K_S组成的并联电路称为**限流电路**。在变频器接入电源之前，滤波电容器上的直流电压为零，在变频器刚接入电源的瞬间，将有一个很大的冲击电流经整流桥流向滤波电容器，整流桥可能因此而受到损坏，同时也可能使电源的瞬间电压较大幅度下降，形成干扰。限流电阻R_S就是为了削弱该冲击电流而串接在整流桥和滤波电容器之间的。限流电阻R_S如长期接在电路内，会影响直流电压和通用变频器输出电压的大小，并消耗能量，所以当直流电压增大到一定程度时，使短路开关K_S接通，将R_S旁路，K_S通常是一个继电器或晶闸管。

3）制动电路。通用变频器中的制动电路是为了满足异步电动机再生制动的需要而设置的。对于电压型变频器来说，当变频器以减速制动方式使异步电动机降速时，随着频率的降低，电动机的同步转速快速减小，当异步电动机的实际转速高于同步转速时，异步电动机处于超同步运行状态，此时异步电动机实际处于发电制动状态，负载所具有的机械能将通过异步电动机转换为电能，经逆变电路中的续流二极管整流后送至中间直流电路，并使中间直流电路的输出电压上升，而当电压过高时，则有可能烧毁换流器件。电压型变频器中必须根据异步电动机减速的需要设置专门电路，以防止上述现象的发生。

工程上对变频器中再生能量的处理方法，根据变频器的容量及应用场合不同，一般有储存、回馈电网及电阻泄放等方法。对于大、中容量的通用变频器来说，为了节约能源，一般采用电源再生单元将上述能量回馈给供电电源；而对于小容量通用变频器来说，则通常采用制动电路，将异步电动机反馈回来的能量在制动电路上消耗掉。

一般来说，7.5kW及以下的小容量通用变频器往往内置制动电阻和制动单元，7.5kW以上的通用变频器将外接制动电阻、制动单元和电源再生单元作为选配件供用户选择。通用变频器制动电路的工作原理如图6-3所示，制动电路由功率管（VF）、电压取样与比较电路、驱动电路和泄放电阻R_B或R_{iB}组成。其中，功率管用于接通与关断制动电路，是制动电路的主体；驱动电路用于接收取样与比较电路给出的指令信号，驱动功率管导通或关断。当直流回路的电压E_d超过规定的限值时，接通制动电阻，使直流回路通过R_B或R_{iB}释放能量。当电压E_d下降到一定值时，功率管关断，制动电阻自动切除。功率管通常采用IGBT，其主要参数一般与逆变电路中的开关功率管相同。

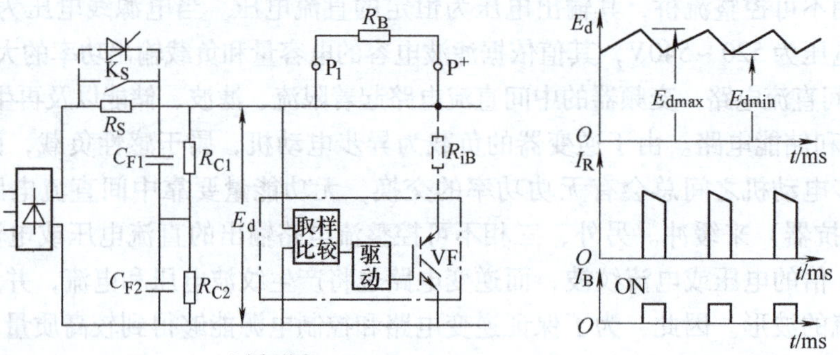

a) 原理图　　b) 波形图

图 6-3　制动电路工作原理

（3）逆变电路　逆变电路是通用变频器的核心部件之一，起着非常重要的作用。它的基本作用是在控制电路的控制下将中间直流电路输出的直流电源转换为频率和电压都任意可调的交流电源。逆变电路的输出就是通用变频器的输出。最常见的结构形式是利用六个功率开关器件（如 IGBT、GTR 等）组成的三相桥式逆变电路，有规律地控制逆变器中功率开关器件的导通与关断，可以得到任意频率的三相交流输出。

小容量通用变频器主电路一般是采用集成功率模块或智能功率模块，智能功率模块内部高度集成了整流模块、逆变模块、各种传感器、保护电路及驱动电路。例如，三菱公司生产的 PM50RSA120、西门子公司生产的智能功率模块 P22X 等，模块内集成了整流模块、功率因数校正（PFC）电路、IGBT 逆变电路，以及其他各种检测保护电路。

2. 通用变频器的控制电路

由图 6-2 中可见，通用变频器控制电路包括主控制电路、驱动电路、电压/电流检测电路、控制信号接口电路、操作面板接口电路等几个部分。在通用变频器中，全部控制电路装配在一块印制电路板（PCB）上，是通用变频器的核心部件之一。控制电路的主要作用是依据检测电路得到的各种信号经中央处理器处理后，为功率主电路提供必要的驱动信号，并对变频器本身以及异步电动机提供必要的保护。此外，控制电路还通过 A-D、D-A 等外部接口电路，接收/发送多种形式的外部信号和系统内部工作状态，以便使变频器能够和外部设备配合进行各种控制。高性能通用变频器目前已经采用微处理器进行全数字控制，使硬件电路简化，控制功能主要靠软件来完成。由于功能软件化的特点，使数字控制可以完成模拟控制方式难以做到的功能。

电压检测电路检测直流回路电压并输出信号，其中，泵升限制信号向制动电路中的功率管提供驱动信号或泵升电压信号向逆变电路提供驱动信号，限制电压泵升；电流检测电路检测直流回路电流以及变频器输出电流并输出信号，如过电流、短路、断相、对地短路信号，并向系统控制器提供信号。

温度检测电路检测逆变电路的基板温度并向系统控制器提供过热报警信号。

上述检测信号与逆变电路本身的自保护功能相结合，不仅保证了通用变频器的安全、可靠运行，同时通过故障编码方式，为操作人员提供运行信息，为通用变频器的正常使用、维护和排除故障提供了方便。

3. 通用变频器的操作面板

通用变频器的操作面板由键盘与显示屏组合而成，其中键盘是供用户进行菜单选择、设定和查询功能参数、向机内主控板发出各种指令的，通过显示屏可以观察菜单及其说明、所设定的功能参数、查询运行参数和故障信息，正常运行时，显示屏可显示运行参数，如频率、速度及电流等。不同品牌的通用变频器的面板功能、键盘设置、键位排列和符号是不一样的，归纳起来，一般新型通用变频器的操作面板有如下的配置：

1）工作模式转换键：通用变频器的基本工作模式（MODE）转换键是用于在键盘运行模式下，切换变频器的工作模式的。常见键位符号有运行控制键（RUN 或 STOP）、正反转控制键（FWD 或 REV）、设定键（FUNC）、编程模式（PRG）等。

2）数据增减键：用于菜单选择、数据变更、光标移动及画面滚动等。常见键位符号有△（Up）、▽（Down）和∧、∨等键。

3）读出、写入键：在编程模式（PRG）下，用于读出（READ）和写入（WRITE）数据。常见键位符号有置位键（SET）、复位键（RESET）、数据键（DATA）、确认键（ENTER）、参数修改切换键（SHIFT）等。复位键是当通用变频器因故障而跳闸后，变频器会处于故障待机状态，当故障修复以后，必须先按复位键，才能恢复为正常状态。

4）数字键：有的通用变频器配置了“0～9”和小数点“.”等数字键，编程时可直接输入所需数据。

5）显示屏：通用变频器的显示屏主要由 LCD 显示屏、LED 显示屏和发光二极管构成。LCD 显示屏的主要功能是在编程和运行模式下，显示功能码和运行数据等信息，如运行参数频率、速度、电流、电压、PID 值、负载率及温度参数等；在故障状态下，显示故障代码。新型的通用变频器一般可显示 3 行左右的数字、字母或汉字，有的通用变频器的参数以棒图的形式显示。发光二极管主要用于状态显示，如 RUN（运行）、STOP（停止）、FWD（正转）、REV（反转）、FLT（故障）等。

图 6-4 是富士 FRENIC5000G11/P11 系列变频器的操作面板实例，这是一种典型的简易型操作面板，由图可清晰地看出操作面板的作用和基本操作原理。

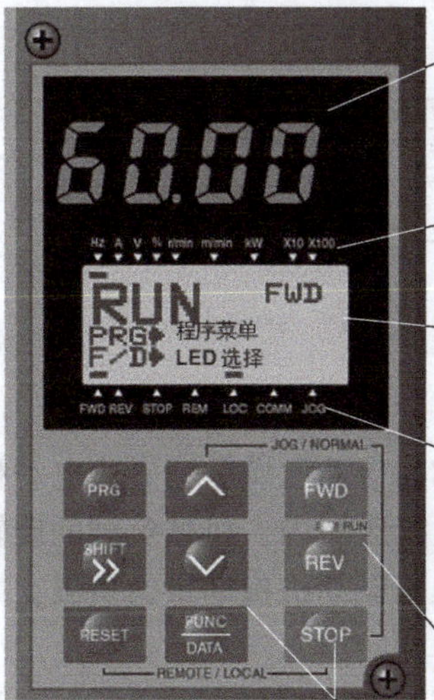

图 6-4　富士 FRENIC5000 G11/P11 系列变频器的操作面板图

4. 变频器的外接控制电路

通用变频器的外接控制电路主要由主电路、数字输入、数字输出、模拟输入、模拟输出、通信接口及外部控制电源等连接端子组成。除主电路连接端子和外部控制电源连接端子外，其他均属功能端子，与通用变频器的相应功能对应。外接控制电路具体的连接方式和功能将在后续章节中介绍。

6.2 变频调速时的机械负载特性

6.2.1 异步电动机的机械特性

异步电动机的机械特性曲线如图6-5所示，图中给出了异步电动机的转速-转矩特性和转速-电流特性。正确理解这些特性对理解和掌握异步电动机的变频调速控制方式非常重要。

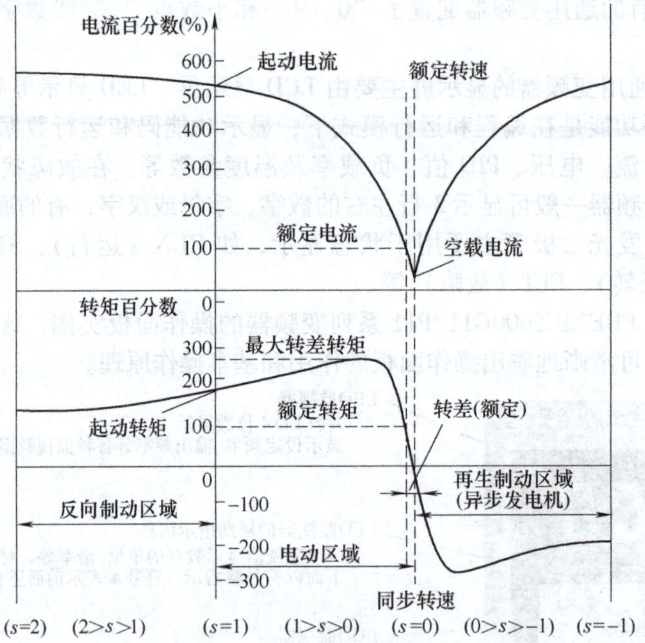

图6-5 异步电动机的机械特性

异步电动机正常运行产生转矩、带动负载运行的区域称为**电动区域**。当异步电动机以高于同步转速的速度旋转时的区域称为**再生制动区域**，在此运行区域内，机械负载的旋转能量被转换为电能，即异步电动机此时运行在发电机状态，当异步电动机拖动重力负载，并运行在减速制动方式时，常会进入该区域运行。

对于三相交流异步电动机来说，如果将三相电源中的两相互换，将会改变旋转磁场的方向，从而达到改变异步电动机转向的目的。而对于旋转状态下的异步电动机来说，将三相电源中的两相互换后，旋转磁场的方向发生改变，就会对异步电动机产生制动作用。在制动状态下，负载的旋转能量将被转换为电能，并被电动机的转子电阻所消耗。由于在反接制动时，电动机的发热较为严重，因此异步电动机在采用变频调速时较少采用反接制动，更多的是采用能耗制动和再生制动。

对图中的一些术语含义简单说明如下：

1）起动转矩：当给处于停止状态下的异步电动机加上电压后，异步电动机产生的转矩称为**起动转矩**，通常起动转矩为额定转矩的125%以上。与之对应的电流称为**起动电流**，全压起动时该电流为额定电流的5～7倍。

2）最大转差转矩：当异步电动机开始转动后，随着转速的增加，异步电动机产生的转矩也不断地增加，电动机在转差为最大值s_m时产生的转矩最大值称为**最大转差转矩**。

3）空载电流：当异步电动机处于空载状态时的电流称为空载电流。此时异步电动机的转速接近于同步转速。

6.2.2　生产机械的负载特性

生产机械的负载转矩T_L的大小和许多因素有关，通常把生产机械的负载转矩T_L与转速n的关系称为**生产机械的负载转速-转矩特性**，有时也简称为**负载特性**。生产机械虽然种类繁多、性能及工艺要求各异，但从其转速-转矩的特性来看，可将其分为恒转矩负载、二次方降转矩负载（也称为通风机负载或风机、泵类负载）及恒功率负载三大类。正确地区分被驱动机械负载的转速-转矩特性，是选择通用变频器的类型和电动机容量、决定变频器控制方式的基础。下面就各类负载特性进行简单的分析。

1. 恒转矩负载

任何转速下负载转矩T_L总保持恒定或基本恒定，而与转速无关的负载称为**恒转矩负载**。这类负载多数是呈反抗性的，即负载转矩T_L的极性随转速方向的改变而改变。还有一种势能性转矩负载，负载转矩T_L的极性不随转速方向的改变而改变。因此，恒转矩负载根据负载转矩的方向是否与旋转方向有关，又分为两大类。

（1）摩擦性恒转矩负载　轧钢机、造纸机、传送带、搅拌机、挤压成形机及机床等属摩擦类负载（或称反抗性负载），摩擦类负载的阻转矩作用方向总是与旋转方向相反，旋转方向改变后，负载转矩的方向也随之改变，即这类负载的转矩T_L总是作反抗运动的。显然反抗性转矩负载特性曲线应在第一与第三象限内，如图6-6a所示。

（2）势能性恒转矩负载　电梯、卷扬机及起重机等的提升机构属势能性负载（或称重力性负载），势能性负载是由重力引起的，其作用方向不因转速的方向的改变而改变。如起重机，不论重物是提升还是下降，负载转矩T_L的方向始终不变。所以势能性负载特性曲线应在第一与第四象限内，如图6-6b所示。但是在某种情况下，例如抽油机下冲程过程时，其游轮储存的势能力矩对异步电动机起加速作用，当异步电动机处于这种运转状态时，负载转矩特性应在第二象限。

根据以上分析，对于摩擦性负载和势能性负载，无论其速度变化与否，负载所需要的转矩大体上是一个定值，故称此类负载为恒转矩负载，其第一象限的负载特性曲线如图6-6c所示。其中，曲线①是其机械特性，曲线②是其功率特性。

2. 二次方降转矩负载

对于风扇、通风机、鼓风机、水泵及油泵等流体类机械（风机、水力机械），随叶轮的转动，其工作介质（如空气、水、油等）对叶片的阻力在一定转速范围内大致与转速n的二次方成比例变化。在低速时，由于流体的流速低、阻力矩小，所以负载只需很小的起动转矩，而随着异步电动机转速的增加、流速加快、所需转矩越来越大，其转矩大小按转速的二

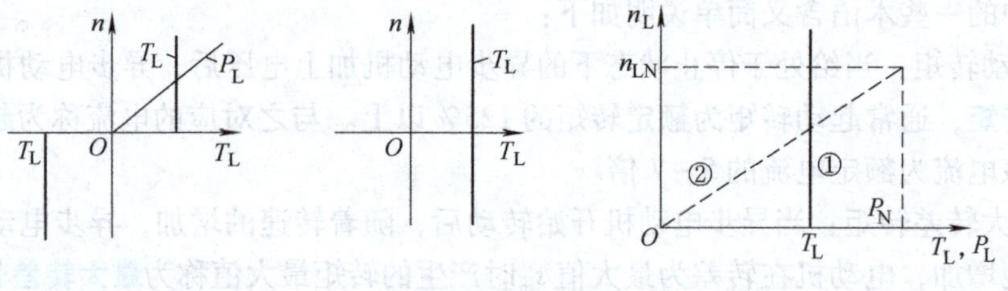

a)摩擦性恒转矩负载特性　b)势能性恒转矩负载特性　c)恒转矩负载特性

图 6-6　生产机械的恒转矩特性

次方的比例增减，它们的特点是负载转矩与转速的二次方成正比，即 $T = kn^2$，较小的速度变化将使机械出力有较大变化。这样的负载称为**二次方降转矩负载**（或称风机、泵类负载），其负载特性曲线如图 6-7 所示，图中，曲线①是其机械特性，曲线②是其功率特性。因为风机、泵类负载所消耗的能量正比于转速的三次方，所以通过通用变频器控制流体机械的转速可以得到显著的节能效果。这类机械对电气传动装置的要求简单，只要有足够的功率和起动转矩就可以。

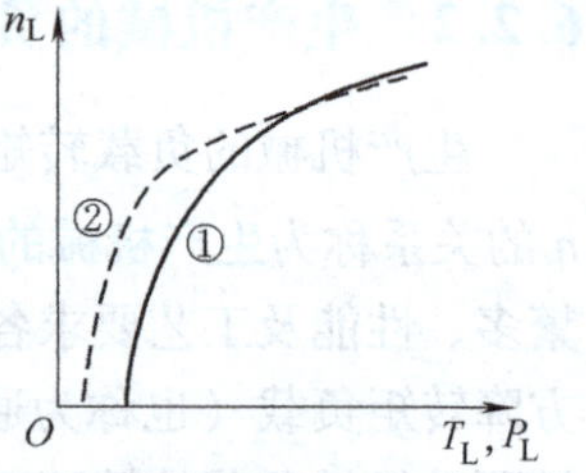

图 6-7　二次方降转矩负载的特性

3. 恒功率负载

恒功率负载是指负载转矩 T_L 的大小与转速 n 成反比，而其功率基本维持不变的负载。其负载特性曲线如图 6-8 所示。图中，曲线①是其机械特性，曲线②是其功率特性。

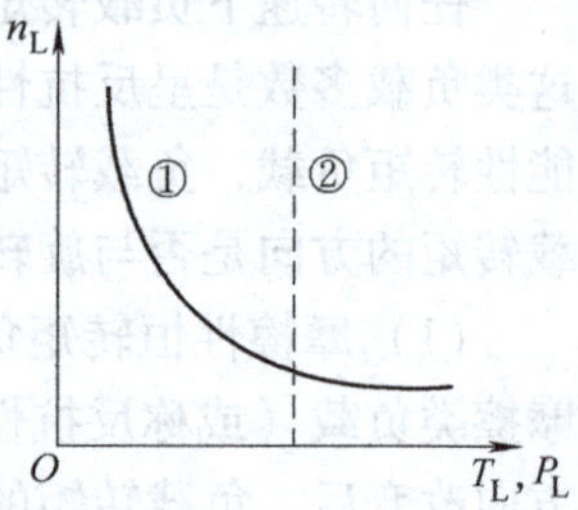

图 6-8　恒功率负载的特性

属于恒功率负载的有机床的主轴驱动、造纸机、卷纸机、塑料胶片生产机械的中央传动部分、卷扬机等。例如，卷纸机要求以一定的转速和相同的张力卷取纸张，在卷取初期由于纸卷的直径较小，所以，为了保持恒速卷纸必须以较高速度旋转，而转矩可以较小，但随着纸卷直径的逐渐变大，纸卷的转速也应随之变低，而转矩则必须相应增大；再如轧钢机中的卷取机及开卷机要求恒张力轧制时也是恒功率负载。

负载的恒功率性质是就一定的转速变化范围而言的，当转速很低时，受机械强度限制，负载转矩不可能无限增大，在低速区呈恒转矩性质。

负载的恒功率和恒转矩区对传动方案的选择有很大影响，根据异步电动机原理，异步电动机在恒磁通调速时最大输出转矩不变，属于恒转矩调速，而在弱磁调速时，最大输出转矩与转速成反比，属于恒功率调速。

如果异步电动机的恒功率和恒转矩调速范围和负载的恒功率和恒转矩区域一致，异步电动机及供电装置功率最小，但若负载恒功率区很宽，要继续维持上述关系，就需要适当增大异步电动机功率，减小弱磁调速范围。如某些恒速轧钢机，这类机械除要求电气传动装置有足够功率和起动转矩外，还要求有足够的过载转矩。

上述介绍的是三种典型的负载转矩特性，而实际的负载转矩特性往往是几种典型特性的综合。例如实际的鼓风机除了主要是通风机负载特性外，由于其轴上还有一定的摩擦转矩

T_m，因此实际鼓风机的负载特性应为 $T=T_m+kn^2$。泵类负载当流体浓度和黏度较大时，就要考虑其起动转矩及加速转矩等增大的问题，有时往往呈恒转矩特性。

6.2.3 不同机械负载特性下变频器的选择

根据以上分析，负载种类不同，其转矩 T_L 与转速 n 的关系亦不同。选用变频器时，应根据负载特性正确选择，否则不但不能充分发挥变频器的性能，有时还会发生损坏变频器和异步电动机的故障。实际上，负载在运行过程中随着工况的变化和工件状态的变化，其呈现的负载特性是变化的，并不是一成不变的，因此应根据工艺的要求和可能发生的工况变化，确定主要的负载特性，依此作为选择通用变频器的依据，并根据其他可能出现的特性，确定应采取的措施，必要时应选用相应的可选件协调运行。

1. 变频调速时电动机的转矩特性

由电机学理论可知，对异步电动机进行调速控制时，异步电动机的主磁通应保持额定值不变。若磁通太弱，则铁心利用不充分，同样的转子电流下，电磁转矩小，异步电动机的负载能力下降；而磁通太强，则处于过励磁状态，使励磁电流增大，这就限制了定子电流的负载分量，为使异步电动机不过热，负载能力也要下降。异步电动机的气隙磁通（主磁通）是定子、转子合成磁动势产生的。下面说明怎样才能使气隙磁通保持恒定。在电机学中知道，若异步电动机端电压 U_1 不变，则随着电源频率 f_1 的升高，气隙磁通 Φ 将减小，又从转矩公式

$$T=C_m\Phi I_2\cos\varphi_2 \tag{6-1}$$

可以看出，磁通 Φ 的减小势必导致异步电动机允许输出转矩 T 下降，降低电动机的输出转矩，同时，异步电动机的最大转矩也将降低，严重时会使电动机堵转。若维持端电压 U_1 不变，而减小 f_1，则气隙磁通 Φ 将增加。这就会使磁路饱和，励磁电流上升，导致铁损急剧增加，这也是不允许的。因此，在许多场合，要求在调频的同时改变定子电压 U_1，以维持 Φ 接近不变。下面分两种情况说明。

1）基频以下的恒磁通变频调速。当从基频（电动机额定频率）向下调速时，为了保持异步电动机的负载能力，应保持气隙主磁通 Φ 不变，这就要求在降低供电频率的同时降低感应电动势，保持 $E_1/f_1=$常数，即保持电动势与频率之比为常数进行控制，这种控制又称为**恒磁通变频调速**，属于恒转矩调速方式。但是，E_1 难以直接检测和直接控制。当 E_1 和 f_1 的值较高时，定子的漏阻抗电压降相对比较小，如忽略不计，则可以近似地保持定子电压 U_1 和频率 f_1 的比值为常数，即认为 $U_1\approx E_1$，保持 $U_1/f_1=$常数。这就是恒压频比控制方式，是近似的恒磁通控制。当频率较低时，U_1 和 E_1 都变小，定子漏阻抗电压降（主要是定子电阻 r_1 的电压降）不能再忽略。这种情况下，可以人为地适当提高定子电压，以补偿定子电阻电压降的影响，使气隙磁通基本保持不变，这种方法称为**转矩补偿**。

2）基频以上的弱磁变频调速。当从基频开始向上调速时，频率由额定值向上增大，电压 U_1 由于受额定电压 U_{1N} 的限制不能再升高，只能保持 $U_1=U_{1N}$ 不变，这样必然会使主磁通随着 f_1 的上升而减小，相当于直流电动机弱磁调速的情况，即近似的恒功率调速方式。

将上述两种情况综合起来，就是异步电动机变频调速时的基本控制方式。根据 U_1 和 f_1 的不同比例关系，将有不同的变频调速方式。保持 U_1/f_1 为常数的比例控制方式适用于调速范围不太大或转矩随转速下降而减少的负载，如风机、水泵等；保持转矩 T 为常数的恒磁通控制方式适用于调速范围较大的恒转矩性质的负载，如升降机械、搅拌机及传送带等；保

持功率 P 为常数的恒功率控制方式适用于负载随转速的增高而变轻的地方，如主轴传动及卷绕机等。

在采用通用变频器驱动的异步电动机调速控制系统中，异步电动机的输出转矩特性与电网供电时的异步电动机输出转矩特性不同，决定于通用变频器的输出特性。其中，通用变频器输出的 U/f 值决定异步电动机连续额定输出，而通用变频器的最大输出电流将决定异步电动机瞬间最大输出。图 6-9 给出了普通异步电动机在 U/f 控制方式通用变频器驱动下的输出特性，图中转矩以 50Hz、4 极电动机的额定转矩为 100%。由于通用变频器的输出电压不会高于电网电源电压，当异步电动机在额定频率 50Hz 以上运行时，由于 U/f 比值减小，输出转矩会变小。从另一角度来说，由于异步电动机定子绕组阻抗的电压降增大，作用在转子绕组上的感应电动势将减小，其转矩按转速的反比规律减小。

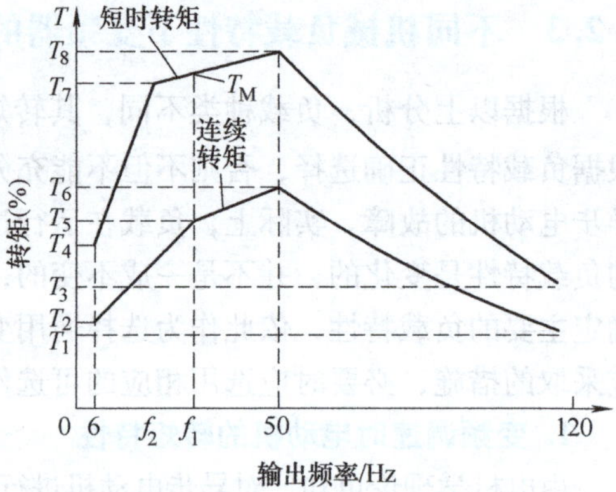

图 6-9　通用变频器驱动下的普通异步电动机转矩特性

由图 6-9 可见，当通用变频器的输出频率在 f_1 ~ 50Hz 之间变化时，输出转矩通常保持不变，呈恒转矩特性，但由于转速降低，将导致异步电动机冷却能力下降，致使温升增大，运行转矩也将下降。当通用变频器的输出频率在 6Hz ~ f_2 之间变化时，异步电动机冷却能力进一步下降，而且异步电动机定子绕组的阻抗电压降的相对影响增大，使得运行转矩大幅度下降，运行频率越低，通用变频器输出电压越低，异步电动机内部电压降的影响越大，运行转矩也将较大幅度下降。在低频下（如 6Hz 以下）起动、运行时的转矩，是由通用变频器最大输出电流或瞬间过电流能力决定的。在 U/f 一定的控制方式下，将使得异步电动机的临界转矩减小，这要求通用变频器具有转矩提升功能，新型通用变频器一般可在 0.5Hz 时输出 150% ~ 200% 的起动转矩。

虽然通用变频器控制系统可选用普通异步电动机作为执行电动机，但普通异步电动机是针对在工频电源下能够获得最佳特性而设计的，当用通用变频器作为其驱动电源时，输出的频率变化范围较宽，在电流波形中含有较大的谐波，电动机的发热增加，使得低速时电动机的驱动能力下降，难以得到令人满意的特性。为了适应通用变频器驱动系统的需要，有时需要选用通用变频器专用异步电动机。变频器专用异步电动机在设计上考虑了低速运行时的散热问题和高速运行时的动态平衡和轴承的承受能力等问题。当使用标准异步电动机难以得到所需的性能时，可以考虑选用变频器专用异步电动机。

图 6-10 是变频器专用异步电动机在基频 50Hz 时的 U/f 特性。从图中可以明显看出，变频器专用异步电动机具有更好的转矩特性。

2. 通用变频器驱动恒转矩负载

恒转矩负载的特点是当转速发生变化时，要求转矩保持恒定，即使转速发生变化，电动机的电流也基本不变，基本保持恒定，恒转矩负载消耗的功率与转速成正比。

前已述及，采用通用变频器驱动普通异步电动机时，与直接由电网供电时相比，由于谐波的影响，异步电动机的温升要增加；由于低速时异步电动机的冷却风扇降速，冷却效果变差，会发生过热现象，使得转矩提升受到限制。因此，如需要在低速区长时间保持恒转矩，对异步电动机的轴功率应降低使用，或根据运行频率的不同，对负载转矩做相应的折扣，使异步电动机容量适当增大，或采用厂商推荐的容量选择方法和设定方法；也可以选用变频器专用电动机。另外，在控制柜中应加装专用冷却风扇加强冷却。

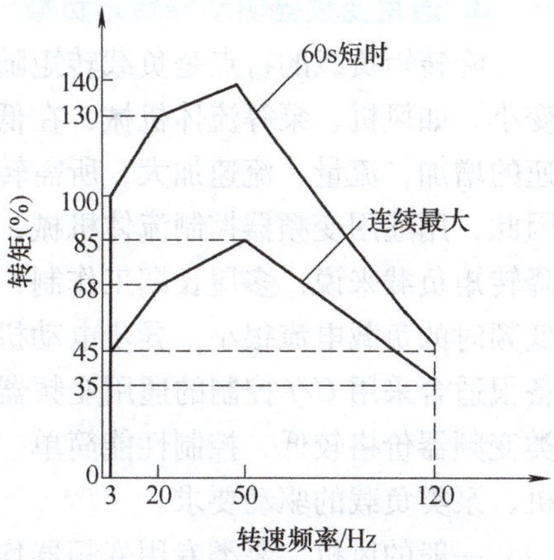

图6-10　变频器专用异步电动机转矩特性

对于 U/f 控制方式的通用变频器来说，由于异步电动机内部的阻抗电压降导致低频区域转矩下降，在驱动传送带等恒转矩负载时，为了保证在低速也能够得到足够大的起动转矩，变频器需要具备转矩补偿功能或转矩提升功能，如图6-11a、b所示。但是，在异步电动机空载或轻载低速运行时，若 U/f 过大，将导致异步电动机的磁路饱和、励磁电流急剧增加，异步电动机会发生过热、振动、噪声增大等现象，所以，在选择恒转矩负载的 U/f 控制特性时需特别注意，必要时应选择矢量控制型的通用变频器。

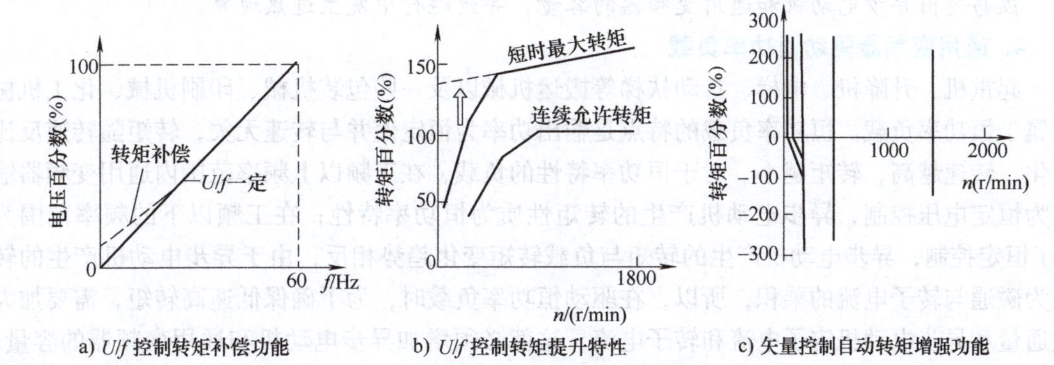

图6-11　转矩提升功能曲线

高性能矢量控制型通用变频器具有全程自动转矩补偿功能，它通过对异步电动机输出转矩的实时计算，自动调整 U/f 值，以满足负载转矩的需要。用户只需进行简单的 U/f 设定，即可得到合适的起动特性和低速运行特性。高性能矢量控制型通用变频器的自动转矩增强功能曲线如图6-11c所示。

卷曲机、拉丝机、传送带、不可逆轧机、钻机及球磨机等机械装置通常是满负载起动的，其特点是转速低、起动困难、通常不要求调速或要求的调速范围小，对调速精度及加减速时间无严格要求，但要求有足够的起动转矩和低速过载性能。而一般矢量控制型通用变频器可提供的起动转矩为额定转矩的150%～200%（0.5Hz，30s），一般能满足要求。

对于长期工作制，平稳稳速类负载，要求在各种扰动下以一定的稳速精度长期运行，如塑料机械、造纸机械、橡胶压延机等，要求稳速精度达到0.2%～1.0%，对一些用微电机控制的设备，要求稳速精度达到0.01%～0.1%。这就需要选择速度控制精度比较高的、动态特性好的矢量控制型通用变频器，一般速度响应可达到100Hz，速度控制精度可达到±0.05%（数字设定）或±0.1%（模拟设定）。

3. 通用变频器驱动降转矩负载

降转矩负载的特点是负载转矩随转速按二次方关系发生变化，随着转速的降低，转矩也变小。如风机、泵等流体机械，在低速时负载（流量、流速）小，所需转矩也小，随着转速的增加，流量、流速加大，所需转矩越来越大，其转矩大小以转速的二次方的比例增减。因此，用通用变频器控制流体机械，与挡板、阀门控制相比，可得到显著的节能效果。对于降转矩负载来说，多属长期工作制，随着转速的降低，所需转矩以二次方的比例下降，所以低频时的负载电流很小，异步电动机也不会发生过热现象，因此一般的风机、泵类、空调设备很适合采用 *U/f* 控制的通用变频器进行驱动。多数厂商都提供风机、泵类专用变频器。这类变频器价格较低、控制性能简单、起动转矩比矢量控制型通用变频器略低，但可以满足风机、泵类负载的驱动要求。

一般的风机、泵类专用变频器均采用 *U/f* 控制方式，并预先设置了降转矩负载用的 *U/f* 控制特性曲线。但是由于机械种类不同，其飞轮转矩 GD^2 有很大不同，如大型通风机、空调设备，由于负载的 GD^2 很大，必须慎重设定加速时间和减速时间。**另外应该注意的是，应对风机、泵类、空调设备的最高转速加以限制，不要设置到靠近工频运行，因为当某些情况发生时，会使异步电动机超过基频转速运行，这样负载所需的动力随转速的提高而急剧增加，极易超出异步电动机和通用变频器的容量，导致运行中发生过热现象。**

4. 通用变频器驱动恒功率负载

起重机、升降机、电梯、自动扶梯等搬运机械以及一些包装机械、印刷机械、化工机械等属于恒功率负载。恒功率负载的特点是输出功率为恒定值并与转速无关，转矩随转速反比变化，转速越高，转矩越小。对于恒功率特性的负载，在工频以上频率范围内通用变频器输出为恒定电压控制，异步电动机产生的转矩性质为恒功率特性；在工频以下的频率范围为 *U/f* 恒定控制，异步电动机产生的转矩与负载转矩变化趋势相反，由于异步电动机产生的转矩为磁通与转子电流的乘积，所以，在驱动恒功率负载时，为了确保低速高转矩，需要加大磁通量和异步电动机定子电流和转子电流，这就必须增加异步电动机和通用变频器的容量，这种情况下，一般应选用变频器专用电动机。

对于普通异步电动机来说，由于受到异步电动机结构的限制，只能实现最大调速范围为1:3的恒功率运行。为了得到更广泛的恒功率运行范围，可采用多绕组电动机，以达到降低基频转速的目的。当采用矢量控制型通用变频器对其驱动时，恒功率调速范围可达1:12以上。

习　题

6-1　通用变频器按功能可分为哪几类？

6-2　变频器主要由哪几部分组成？试简述各部分的作用。

6-3　变频调速时异步电动机在什么情况下进入发电状态？所发出的电能应如何处理？

6-4　通用变频器的制动电路是如何工作的？

6-5　变频调速时异步电动机可有哪几种制动方式？

6-6　什么叫起动转矩？什么叫最大转差转矩？

6-7　生产机械主要有哪几种负载类型？各有什么特点？

6-8　电动机起动时的电流可能达到额定电流的5~7倍，是不是它的电磁转矩也会达到这一倍数？

6-9　为什么对风机、泵类负载进行变频调速节能的效果最好？

6-10　起重机械属于恒转矩类负载，速度升高对转矩和功率有何影响？

第 7 章

7

异步电动机变频调速控制方式

变频器对电动机的控制，是为了满足负载的要求，根据电动机的特性参数及电动机运行要求，对提供给电动机的电压、电流、频率所进行的控制。即使变频器的主电路相同，逆变器件相同，只要其控制方式不同，其控制效果就不一样。因此，变频器的控制方式非常重要，它代表了变频器的技术水平。目前，变频器对电动机的控制方式大体可分为：恒 U/f 控制、转差频率控制、矢量控制、直接转矩控制、非线性控制、自适应控制、滑模变结构控制及智能控制等。前四种已获得成功应用，并有商品化产品，本章只讨论前四种控制方式。

7.1 *U/f* 控制

异步电动机的动态数学模型要比直流电动机模型复杂得多，在相当长的时间里，人们还无法对它进行精确表述。对于不少机械负载，例如风机和泵类，只要在一定范围内能实现高效率的调速就可以满足使用，并不需要很高的动态性能，因此可以只用电动机的稳态模型来设计其控制系统。

7.1.1 恒 *U/f* 控制

在进行电动机调速时，需要考虑的一个重要因素是：希望保持电动机中每极磁通量 Φ_m 为额定值不变。如果磁通太弱，则不能充分利用电动机的铁心，会造成浪费；而如果增大磁通过大，则又会使铁心饱和，从而导致过大的励磁电流，严重时会因绕组过热而损坏电动机。

对于直流电动机，励磁系统是独立的，只要对电枢反应有恰当的补偿，就很容易做到保持 Φ_m 不变。但在交流异步电动机中，由于磁通 Φ_m 由定子和转子磁动势合成产生，要保持磁通恒定就相对复杂一些。

由电机学知，定子每相电动势为

$$E_1 = 4.44 f_1 N_1 k_{w1} \Phi_m \tag{7-1}$$

式中，E_1 为气隙磁通在定子每相中感应电动势的有效值，单位为 V；f_1 为定子频率，单位为 Hz；N_1 为定子每相绕组串联匝数；k_{w1} 为基波绕组系数；Φ_m 为每极气隙磁通量，单位为 Wb。

电动机定子电动势平衡方程式为

$$\dot{U}_1 = -\dot{E}_1 + \dot{I}_1 (r_1 + \mathrm{j}x_1) = -\dot{E}_1 + \Delta\dot{U} \tag{7-2}$$

式中，$\Delta\dot{U} = \dot{I}_1 (r_1 + \mathrm{j}x_1)$ 为电动机定子阻抗电压降。在额定频率时，可近似认为 $U_1 \approx E_1$，要使 U_1 不变，即 E_1 基本不变，从额定频率 f_1 向下调节频率时，则必将使 Φ_m 增加。由于电动机额定工作状态时的主磁通已接近饱和，Φ_m 的增加将会使电动机的铁心出现深度饱和，使励磁电流急剧升高，定子电流和定子铁心损耗急剧增加，电动机不能正常工作。

为了保持磁通 Φ_m 保持不变，在频率下调时，需要使$\dfrac{E_1}{f_1}$=常数，但由于 E_1 是定子反电动势，无法直接进行检测和控制，而 U_1 则可以方便地检测和控制，因此，在额定频率以下调频，即 $f_1<f_{1n}$ 调频时，应同时下调加在定子绕组上的电压，即 U/f 控制方式，如果使$\dfrac{U_1}{f_1}$=常数，则称为**恒 U/f 控制**。应当注意的是，电动机工作在额定频率时，其定子电压也应是额定电压，即 $f_1=f_{1n}$，$U_1=U_{1n}$。

在额定频率以上调频时，U_1 就不能跟着上调了，因为电动机定子绕组上的电压不允许超过额定电压，即必须保持 $U_1=U_{1n}$ 不变，所以额定频率以上进行调频属弱磁调速。

7.1.2 恒 U/f 控制方式的机械特性

当改变电源频率时，也会和调节电动机或电源的某些参数一样，会引起异步电动机机械特性的改变。如调节 f_1 使 $f_1=\alpha_f f_{1n}$，同时相应调节 U_1，使 $U_1=\alpha_f U_{1n}$，其中，α_f 为调频、调压倍数。将 f_1、U_1 代入异步电动机的机械特性表达式，可以推出恒 U/f 控制方式下的机械特性为

$$T_{em}=\frac{\dfrac{3pU_1^2r_2'}{s}}{2\pi f_1\left[\left(r_1+\dfrac{r_2'}{s}\right)^2+(x_1+x_2')^2\right]}=\frac{\dfrac{3p\ (\alpha_f U_{1n})^2r_2'}{s}}{2\pi\ (\alpha_f f_1)\ \left[\left(r_1+\dfrac{r_2'}{s}\right)^2+(x_1+x_2')^2\right]} \tag{7-3}$$

式中，r_1、r_2'、x_1、x_2' 分别是异步电动机的定子、转子电阻及漏电抗。设在额定频率 f_{1n} 时，定、转子漏电抗为 $x_n=x_{1n}+x_{2n}'$，则有

$$T_{em}=\frac{\dfrac{3p\ (\alpha_f U_{1n})^2r_2'}{s}}{2\pi\ (\alpha_f f_{1n})\ \left[\left(r_1+\dfrac{r_2'}{s}\right)^2+(x_1+x_2')^2\right]}=\frac{3pU_{1n}^2r_2'\ (s\alpha_f)}{2\pi f_{1n}[(sr_1+r_2')^2+(s\alpha_f)^2x_n^2]} \tag{7-4}$$

机械特性在不同调频倍数 α_f 下的曲线族如图 7-1 所示。

这族曲线具有如下两个特点：

1）在忽略 r_1 情况下，机械特性曲线族之间近似平行。

如果忽略 r_1 的影响，则 $T_{em}=\dfrac{3pU_{1n}^2r_2'\ (s\alpha_f)}{2\pi f_{1n}[r_2'^2+(s\alpha_f)^2x_{1n}^2]}$，显然，同一变量 $s\alpha_f$ 对应同一转矩 T_{em}。而 $s\alpha_f$ 与转速降 Δn 成正比，因此，各条曲线在同一转矩 T_{em} 下对应同一个 Δn 值，即这些曲线平行。

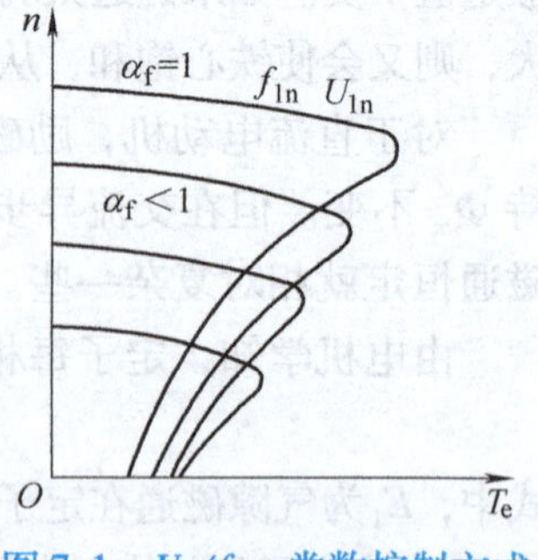

图 7-1 U_1/f_1=常数控制方式下的机械特性曲线

2）当转速较高时，最大拖动转矩近似不变。

异步电动机的最大拖动转矩公式为

$$T_m=\frac{3p(\alpha_f U_{1n})^2}{4\pi(\alpha_f f_{1n})\ \left(r_1+\sqrt{r_1^2+\alpha_f^2x_{1n}^2}\right)}=\frac{3pU_{1n}^2}{4\pi f_{1n}\left(\dfrac{r_1}{\alpha_f}+\sqrt{\left(\dfrac{r_1}{\alpha_f}\right)^2+x_{1n}^2}\right)} \tag{7-5}$$

异步电动机转速较高时，s 较小，机械特性表达式中可忽略内阻乘积项（sr_1），即忽略内阻

r_1 的影响，这样在 T_m 推导中也要忽略 r_1，于是 $T_m=\frac{3pU_{1n}^2}{4\pi f_{1n}x_{1n}}$近似为常数。

3）转速较低的情况下，T_m 将明显下降。

实际运行中在转速较低、r_1 不可忽略的情况下，T_m 将与 α_f 有关，α_f 越小、T_m 越小，低频低速时，由于 r_1 上的电压降，其最大拖动转矩 T_m 出现明显不足。

7.1.3 对额定频率f_{1n}以下变频调速特性的修正

在低频低速时，T_m 大幅减小，严重影响电动机在低速时的带负载能力，为解决这个问题，必须了解低频时 T_m 减小的原因。

我们知道，为维持电动机的主磁通 Φ_m 不变，需保证$\frac{E_1}{f_1}$ = 常数，由式(7-2)电动机定子电动势平衡方程式可以看出，当 f_1 不断降低时，ΔU 在 U_1 中的比例越来越大，而 E_1 在 U_1 中的比例越来越小。如仍保持$\frac{U_1}{f_1}$ = 常数，此时 E_1/f_1 的比值将不断减小，主磁通 Φ_m 也将减小，从而引起电磁转矩的减小。

以上分析过程可表示为

$$\alpha_f\downarrow\rightarrow\begin{cases}\dfrac{\Delta U}{U_1}\uparrow\\[2ex]\dfrac{E_1}{U_1}\downarrow\rightarrow\Phi_m\downarrow\rightarrow T_m\downarrow\end{cases}$$

针对恒 U/f 控制方式下，由于 E_1 在 U_1 中的比例随 f_1 下降而减小，从而造成主磁通 Φ_m 和电磁转矩 T_m 下降的情况，可适当提高调压比 k_u（$U_1=k_uU_{1n}$），使调压比 k_u 大于调频比 k_f($f_1=k_f f_{1n}$)，即相对提高 U_1 的值使得 E_1 的值增加，从而保证$\frac{E_1}{f_1}$ = 常数，最终使电动机的最大转矩得到补偿。由于这种方法是通过提高 U_1/f_1 比值使 T_m 得到补偿的，因此这种方法被称为**电压补偿**，也称**转矩提升**。经过电压补偿后，电动机机械特性在低频时的 T_m 得到了大幅提高，如图 7-2 所示。

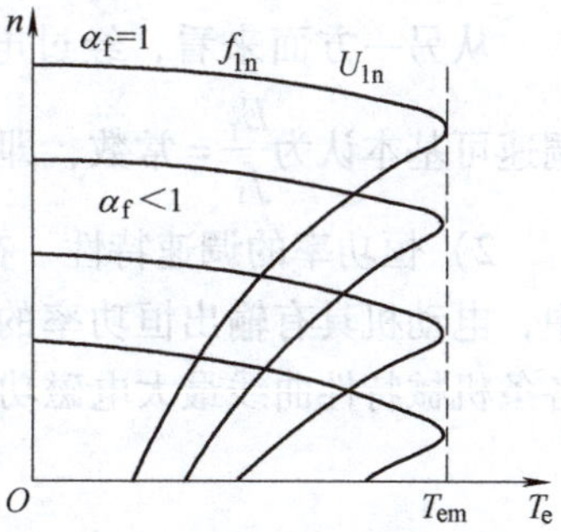

图 7-2 电压补偿后，额定频率以下电动机机械特性曲线

电压补偿的目的是通过补偿电压，最终使电动机的最大转矩得到补偿。并不是低频时 U_1/f_1 比值越大越好，在实际控制中，如 U_1/f_1 比值选择不当，过度补偿会导致电动机过电流甚至变频器跳闸。

1）电压完全补偿。电压完全补偿的含义是不论 f_1 调多小，通过提高 U_1 都能使得最大转矩 T_m 与额定频率时的最大转矩 T_{mn}相等，以保证电动机的过载能力不变，这种补偿称作**全补偿**。

为了方便用户选择 U_1/f_1，变频器通常都是以 U_1/f_1 控制曲线的方式提供给用户，让用户选择，如图 7-3 所示。

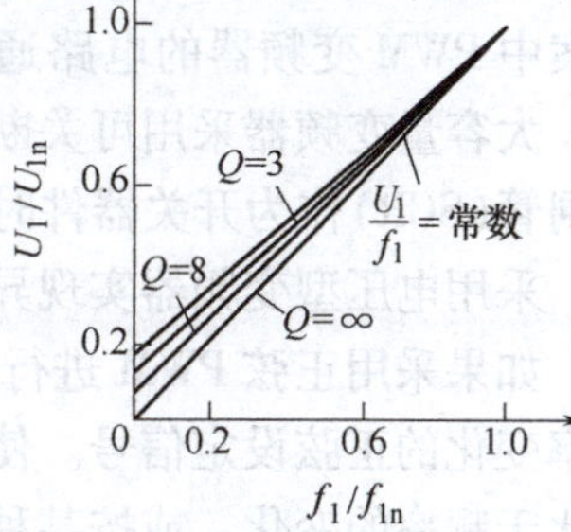

图 7-3 变频器的 U/f 控制曲线

2）过度补偿的后果。如果变频时的 U_1/f_1 选择不当，使得电压补偿过多，即 U_1 提升过多，E_1 在 U_1 中占的比例会相对减小，根据式(7-2)知，定子电流 I_1 增大，使阻抗电压降 ΔU 在 U_1 中的比例增加，而此时电动机的负载和转速均没有发生改变，所以转子电流 I_2' 不变。由式(7-2)可以看出，若 I_1 增大，I_2' 不变，必定会使得励磁电流 I_0 增大，其结果是使主磁通 Φ_m 增大，从而达到新的平衡，即

$$U_1\uparrow\uparrow\rightarrow\frac{E_1}{U_1}\downarrow\rightarrow\left.\begin{matrix}I_1\uparrow\\ I_2'\text{不变}\end{matrix}\right\}\rightarrow I_0\uparrow\rightarrow\Phi_m\uparrow\rightarrow E_1\uparrow\rightarrow\frac{E_1}{U_1}\uparrow$$

Φ_m 的增大会引起电动机铁心饱和，而铁心饱和会导致励磁电流的波形畸变，产生很大的峰值电流。补偿越过分，电动机铁心饱和越厉害，励磁电流 I_0 的峰值越大，严重时可能会引起变频器因过电流而跳闸。

因此，低频时 U_1/f_1 决不可盲目取大，但对于负载变化较大的拖动系统，会不可避免地出现过度补偿。针对 U_1/f_1 控制中的过度补偿问题，一些高性能的变频器都设置了自动转矩补偿功能，变频器可以根据电流 I_1 的大小自动决定补偿的程度。

图 7-4 为经过电压补偿后的电动机全频范围内机械特性曲线，在全频范围内调速时，电动机的调速特性可以分为恒转矩区和恒功率区。

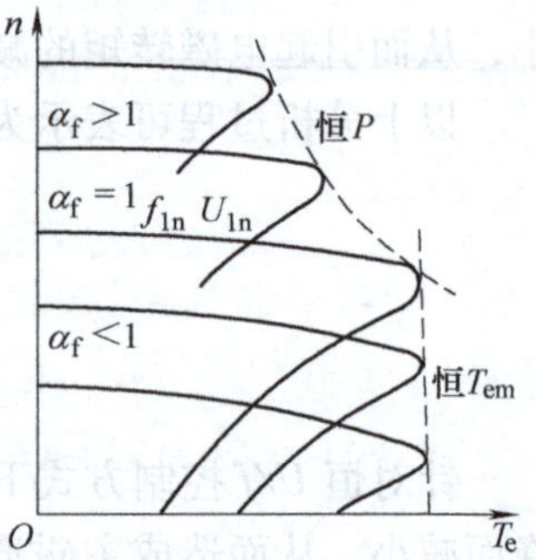

图 7-4　电压补偿后电动机全频范围内机械特性曲线

1）恒转矩的调速特性。在转速变化的过程中，电动机具有输出恒定转矩的能力。在 $f_1<f_{1n}$ 的范围内变频调速时，经过电压补偿，各条机械特性曲线的 T_m 基本为一定值，因此这个区域基本为恒转矩调速区域，适合带恒转矩的负载。

从另一方面来看，经过电压补偿后，$f_1<f_{1n}$ 的范围内变频调速可基本认为 $\frac{E_1}{f_1}=$ 常数，即磁通 Φ_m 恒定。

2）恒功率的调速特性　在 $f_1>f_{1n}$ 情况下，在转速变化过程中，电动机具有输出恒功率的能力。通常 k_f 的取值为 1～1.5，在这个范围内变频调速时，各条机械特性曲线最大电磁功率 P_{emax} 表示为

$$P_{emax}=\frac{T_m n_{max}}{9550}\approx\text{常数}$$

因此，$f_1>f_{1n}$ 时，电动机近似具有恒功率的调速特性，适合带恒功率负载。

U/f 控制基于异步电动机的稳态数学模型，是异步电动机变频调速的基本控制方式。为了实现电压-频率协调控制，可以采用转速开环恒压频比带低频电压补偿的控制方案，控制方案中 PWM 变频器的电路通常为交-直-交电压型变频器，中小容量变频器常用通用变频器，大容量变频器采用可关断晶闸管(GTO 晶闸管)或晶闸管(SCR)作为开关器件。当采用晶闸管(SCR)作为开关器件时，由于晶闸管不能控制关断，需要采用辅助换相电路。

采用电压型变频器实现异步电动机调速系统转速开环恒压频比带低频电压补偿的方式很多，如果采用正弦 PWM 进行电压和频率的控制，系统控制部分需要提供频率可变、幅值随频率变化的正弦设定信号。使用模拟电子技术产生正弦信号并不困难，但若需要信号的幅值正比于频率的变化，或按某种规律变化，则采用数字电路更容易实现。

图 7-5 绘出了一种典型的数字控制通用变频器-异步电动机调速系统原理图。系统主电

路及控制电路分析详见第 6 章。

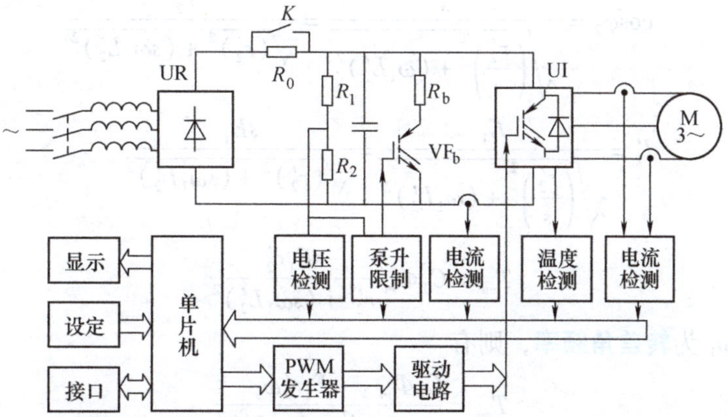

图 7-5 典型的数字控制通用变频器-异步电动机调速系统原理图

图 7-5 中，系统实现补偿的方法有两种：一种是在微型计算机中存储多条不同斜率和折线段的 U/f 函数，由用户根据需要选择最佳特性；另一种办法是采用霍尔电流传感器检测定子电流或直流回路电流，按电流大小自动补偿定子电压。

但无论如何都存在过补偿或欠补偿的可能，这是开环控制系统的不足之处。

7.2 转差频率控制

7.2.1 转差频率控制的基本思想

转速开环变频调速系统虽然可以满足平滑调速的要求，但改变的是同步转速，调速准确度比较低，系统静、动态性能都有限，要提高静、动态性能需要进行转速闭环控制。

我们知道，提高调速系统动态性能主要依靠控制转速的变化率 $\mathrm{d}\omega/\mathrm{d}t$，根据电动机基本运动方程式知，控制电磁转矩就能控制 $\mathrm{d}\omega/\mathrm{d}t$，因此，提高调速系统控制电磁转矩的能力就能提高调速系统的动态性能。转速闭环控制的难点在于交流电动机的电磁转矩与多个参变量有关，表达式比较复杂，动态性能不易准确控制。

在异步电动机变压变频调速系统中，需要控制的是电压(或电流)和频率，如何通过控制电压(电流)和频率来控制电磁转矩，这是提高动态性能时需要解决的问题。转差频率控制是在闭环控制中力图维持磁通恒定来实现电磁转矩和转差频率近似线性，通过控制转差频率从而实现电磁转矩线性可控的一种闭环控制方法。

1. 电磁转矩和转差频率近似线性关系

电磁转矩的近似推导过程如下：

因为

$$T_{\mathrm{em}} = C_{\mathrm{T}}\Phi_{\mathrm{m}}I_2'\cos\varphi_2 \tag{7-6}$$

式中，C_{T}为电动机常数。

另外

$$\cos\varphi_2=\frac{\frac{r_2'}{s}}{\sqrt{\left(\frac{r_2'}{s}\right)^2+(\omega_1L_2')^2}}=\frac{r_2'}{\sqrt{(r_2')^2+(s\omega_1L_2')^2}}\tag{7-7}$$

$$I_2'=\frac{E_1}{\sqrt{\left(\frac{r_2'}{s}\right)^2+(\omega_1L_2')^2}}=\frac{sE_1}{\sqrt{(r_2')^2+(s\omega_1L_2')^2}}$$

故

$$T_{em}=C_T\Phi_m\frac{sE_1r_2'}{r_2'^2+(s\omega_1L_2')^2}\tag{7-8}$$

定义 $\omega_s=s\omega_1$ 为**转差角频率**，则有

$$T_{em}=\frac{C_T\Phi_m}{\omega_1}\frac{E_1r_2'\omega_s}{r_2'^2+(\omega_sL_2')^2}\tag{7-9}$$

如果在控制过程中使 $\omega_s\ll\frac{r_2'}{L_2'}$，即 $\omega_sL_2'\ll r_2'$，一般使 $\omega_s\ll(2\%\sim5\%)\omega_1$，则分母中可略去 ω_sL_2' 项，得

$$T_{em}\approx\frac{C_T\Phi_mE_1\omega_s}{\omega_1r_2'}\tag{7-10}$$

将 $C_T=\frac{3}{\sqrt{2}}pN_1k_{N1}$ 与 $E_1=\frac{4.44}{2\pi}\omega_1N_1k_{N1}\Phi_m$ 代入上式，有

$$T_{em}\approx K_m\Phi_m^2\frac{\omega_s}{r_2'}\tag{7-11}$$

式中，$K_m=\frac{3}{2}pN_1^2k_{N1}^2$ 为电动机常数。

基于上述推导知，获得转差频率控制的基本思想是：在控制过程中保证：①限制转差角频率的最大值 ω_{sm}；②保持主磁通 Φ_m 恒定。控制转差角频率 ω_s，就能实现电磁转矩与转差频率成比例的近似线性控制。

2. 主磁通恒定对定子电流的控制要求

上述规律是在保持 Φ_m 恒定的前提下才成立的，于是问题又转化为，如何能保持 Φ_m 恒定？我们知道，按恒 E_1/ω_1 控制时可保持 Φ_m 恒定。

要实现恒 E_1/ω_1 控制，需在 U_1/ω_1 = 常数的基础上再提高电压 U_1 以补偿定子阻抗电压降。

如果忽略电流相量相位变化的影响，不同定子电流恒 E_1/ω_1 控制所需的电压-频率特性 $U_1=f(\omega_1,I_1)$ 如图 7-6 所示。

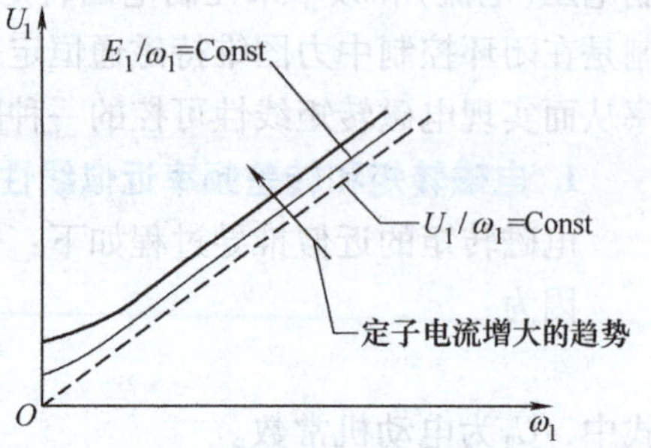

图 7-6 不同定子电流恒磁通控制所需的电压-频率特性

7.2.2 转差频率控制的转速闭环变频调速系统

实现上述转差频率控制规律的转速闭环变压变频调速系统结构原理图如图 7-7 所示。

频率控制：转速调节器（ASR）的输出信号是转差频率给定 ω_s^*，与实测转速信号 ω 相加，即得定子

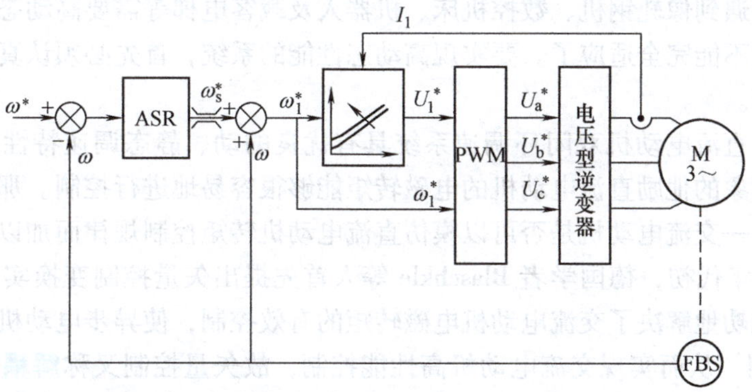

图 7-7　实现转差频率控制规律的转速闭环变压变频调速系统结构原理图

频率给定信号 ω_1^*，即

$$\omega_s^* + \omega = \omega_1^* \tag{7-12}$$

电压控制：由 ω_1^* 和定子电流反馈信号 I_1 从微型计算机存储的 $U_1 = f(\omega_1^*, I_1)$ 函数中查得定子电压给定信号 U_1^*，用 U_1^* 和 ω_1^* 控制 PWM 电压型逆变器，即得异步电动机调速所需的变压变频电源。

式(7-12)中的转差频率 ω_s^* 与实测转速信号 ω 相加后得到定子频率输入信号 ω_1^* 这一关系是转差频率控制系统突出的特点。它表明在调速过程中，定子频率输入信号 ω_1^* 随实际转速 ω 同步地上升或下降，因此加、减速平滑而且稳定。同时，由于在动态过程中转速调节器（ASR）饱和，系统能用对应于 ω_{sm} 的限幅转矩 T_{em} 进行控制，保证了在允许条件下的快速性。

由此可见，转速闭环转差频率控制的交流变压变频调速系统能够像直流电动机双闭环调速系统那样具有较好的静、动态性能，是一个比较优越的控制策略，结构也不算复杂。

然而，它的静、动态性能还不能完全达到直流电动机双闭环调速系统的水平，原因有以下几个方面：

1）在分析转差频率控制规律时，是从异步电动机稳态等效电路和稳态转矩公式出发的，所谓的“保持磁通 Φ_m 恒定”的结论也只在稳态情况下才能成立。在动态中 Φ_m 如何变化还没有深入研究，但肯定不会恒定，因此会影响系统的实际动态性能。

2）$U_1 = f(\omega_1, I_1)$ 函数关系中只控制了定子电流的幅值，没有控制电流的相位，而在动态中电流的相位也是影响转矩变化的因素。

3）在频率控制环节中，取 $\omega_1 = \omega_s + \omega$，使频率得以与转速同步升降，这本是转差频率控制的优点。然而，如果转速检测信号不准确或存在干扰，也就会直接给频率造成误差，因为所有这些偏差和干扰都以正反馈的形式毫无衰减地传递到频率控制信号上来了。

7.3 矢量控制

7.3.1 矢量控制简介

前节论述的基于稳态数学模型的异步电动机调速系统虽然能够在一定范围内实现平滑调

速，但是，如果遇到像轧钢机、数控机床、机器人及载客电梯等需要高动态性能的调速系统或伺服系统，就不能完全适应了。要实现高动态性能的系统，首先必须认真研究异步电动机的动态数学模型。

众所周知，直流电动机双闭环调速系统具有优良的动、静态调速特性，其根本原因在于，作为控制对象的他励直流电动机的电磁转矩能够很容易地进行控制。那么，作为变频调速的控制对象——交流电动机是否可以模仿直流电动机转矩控制规律而加以实现呢？

20 世纪 70 年代初，德国学者 Blaschkle 等人首先提出矢量控制变换实现了这种控制思想。矢量控制成功地解决了交流电动机电磁转矩的有效控制，使异步电动机可以像他励直流电动机那样控制，从而实现交流电动机高性能控制，故矢量控制又称**解耦控制**或**矢量变换控制**。

1. 与直流传动类比

直流电动机的数学模型比较简单，首先分析直流电动机的磁链关系。图 7-8a 中绘出了他励直流电动机的物理模型，图中，F 为励磁绕组，A 为电枢绕组，C 为补偿绕组。F 和 C 都在定子上，只有 A 在转子上。把 F 的轴线称作直轴或 d 轴(Direct Axis)，主磁通 Φ 的方向就是沿着 d 轴的；A 和 C 的轴线则称为交轴或 q 轴(Quadrature Axis)。虽然电枢本身是旋转的，但电枢磁动势的轴线始终被电刷限定在 q 轴位置上，其效果好像一个在 q 轴上静止的绕组一样。但它实际上是旋转的，会切割 d 轴的磁通而产生旋转电动势，这又和真正静止的绕组不同，通常把这种等效的静止绕组称作"**伪静止绕组**"(Pseudo-stationary Coils)。电枢磁动势的作用可以用补偿绕组磁动势抵消，或者由于其作用方向与 d 轴垂直而对主磁通影响甚微，所以直流电动机的主磁通基本上唯一地由励磁绕组的励磁电流决定，这是直流电动机的数学模型及其控制系统比较简单的根本原因。

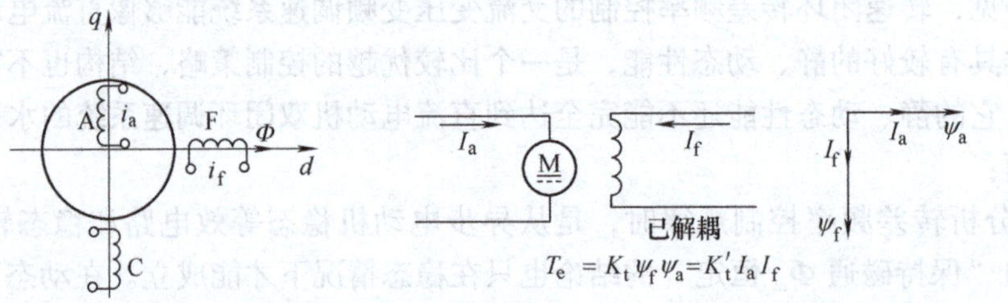

图 7-8　他励直流电动机的物理模型

在直流电动机中，若忽略电枢效应和磁场饱和，则输出转矩可表示为 $T_e=K'_tI_aI_f$，式中，I_a 为电枢电流，I_f 为励磁电流。直流电动机的构造决定了由电流 I_f 产生的磁链 Ψ_f 与由电枢电流 I_a 产生的磁链 Ψ_a 是垂直的。这些在空间上静止的空间矢量彼此之间是自然垂直的或被解耦的。这意味着当通过控制电流 I_a 来控制转矩时，磁链 Ψ_f 不受其影响且在 Ψ_f 为额定值时可以获得快速的瞬态响应和较高的转矩/安培比。由于是彼此解耦的，因此控制励磁电流 I_a 时，只会影响磁链 Ψ_a，而不会影响 Ψ_f。

三相交流异步电动机对称的静止绕组 A、B、C，通以三相对称的正弦电流 i_A、i_B、i_C，所产生的合成磁动势 F 在空间呈正弦分布，并以同步转速顺着 A—B—C 的相序旋转，如图 7-9a 所示。根据电机学知，产生旋转磁动势不一定必须是三相，除单相外，两相、三相、四相等任意对称的多相绕组，通以平衡的多相电流，都能产生相同的旋转磁动势 F，两相最为简单。如图 7-9b 所示，两相静止绕组在空间上互差 90°，通以时间上也互差 90°的两相平衡交流电，也可以产生大小相等和转速相同的旋转磁动势；同样，图 7-9c 中的两个匝数相等且互相垂直的绕组 M、T，分别通以直流电流 i_m 和 i_t，也产生合成磁动势 F；如果让包含两个绕组在内的整个铁心以同步转速 ω_1 旋转，则磁动势 F 也将随之旋转；如果对这个旋转的磁动势加以控制，使其大小和转速与图 7-9a、b 磁动势一样，从产生相同转速、相同大小、等效的圆形旋转磁场出发，不去考虑这个磁场是二相绕组产生的，还是三相绕组产生的，这样图 7-9c 中旋转的直流绕组和图 7-9a、b 中静止的三相、两相绕组就等效了。当观察者也站到铁心上和绕组一起旋转时，在他看来，M 和 T 是两个通以直流而相互垂直的静止绕组。如果控制磁通的位置在 d 轴上，就和直流电动机物理模型没有本质上的区别了。

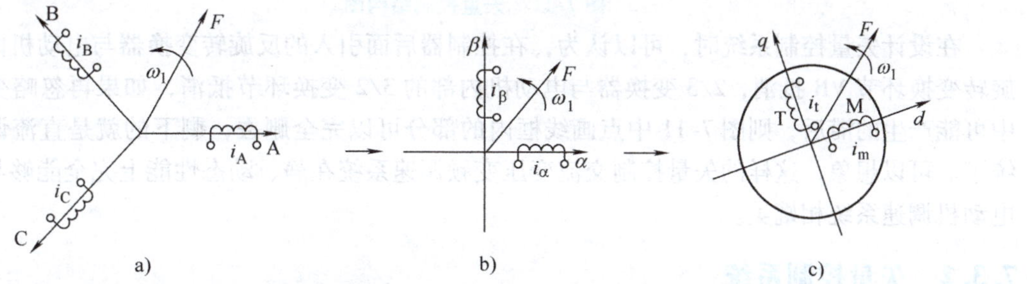

图 7-9 等效的交流电动机绕组和直流电动机物理模型

从数学角度考虑，任何一个状态空间均可经过线性变换，变换到另一个状态空间。状态方程组在进行线性变换时，其维数不发生变化，且为一一对应的。以产生同样旋转磁动势为准则，通过坐标系的变换，可以找到与交流三相绕组等效的直流电动机模型。坐标变换的任务是求出 i_A、i_B、i_C 与 i_α、i_β 和 i_m、i_t 之间准确的等效关系。

2. 矢量控制的概念

以产生同样旋转磁动势为准则，在三相坐标系上的定子交流电流 i_A、i_B、i_C，通过三相/两相变换可以等效成两相静止坐标系上的交流电流 i_α、i_β，再通过同步旋转变换，可以等效成同步旋转坐标系上的直流电流 i_m 和 i_t。

把上述等效关系用结构图的形式画出来，如图 7-10 所示。从整体上看，输入为 A、B、C 三相电压，输出为转速 ω，是一台异步电动机。从内部看，经过 3/2 变换和同步旋转变换，可变成一台输入为 i_m 和 i_t、输出为 ω 的直流电动机。

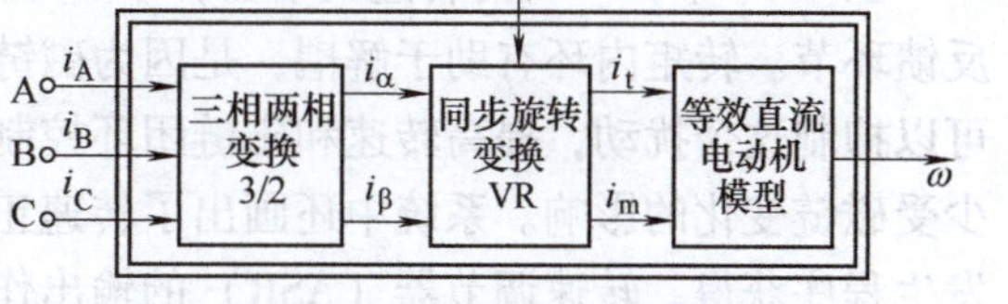

图 7-10 异步电动机坐标变换结构图

既然异步电动机经过坐标变换可以等效成直流电动机，那么模仿直流电动机的控制策略，得到直流电动机的控制量，经过相应的坐标反变换，就能够控制异步电动机了。由于进行坐标变换的是电流（代表磁动势）的空间矢量，所以这样通过坐标变换实现的控制系统就称为**矢量控制系统**（Vector Control System），控制系统结构图如图 7-11 所示。图中给定信号和反馈信号经过类似于直流调速系统所用的控制器，产生励磁电流的给定信号 i_m^* 和电枢电流的给定信号 i_t^*，经过反旋转变换器 VR^{-1} 得到 i_α^* 和 i_β^*，再经过 2/3 变换得到 i_A^*、

i_B^*、i_C^*。把这三个电流控制信号和由控制器得到的频率信号 ω_1 加到电流控制变频器上，即可输出异步电动机调速系统所需的三相变频电流。

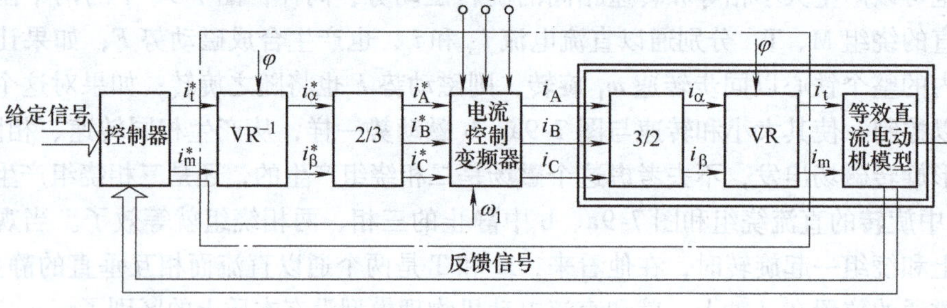

图 7-11 矢量控制结构图

在设计矢量控制系统时，可以认为，在控制器后面引入的反旋转变换器与电动机内部的旋转变换环节 VR 抵消，2/3 变换器与电动机内部的 3/2 变换环节抵消，如果再忽略变频器中可能产生的滞后，则图 7-11 中点画线框内的部分可以完全删去，剩下的就是直流调速系统了。可以想象，这样的矢量控制交流变压变频调速系统在静、动态性能上完全能够与直流电动机调速系统相媲美。

7.3.2 矢量控制系统

图 7-12 是带转矩内环的转速、磁链闭环的电流滞环 SPWM 矢量控制系统。

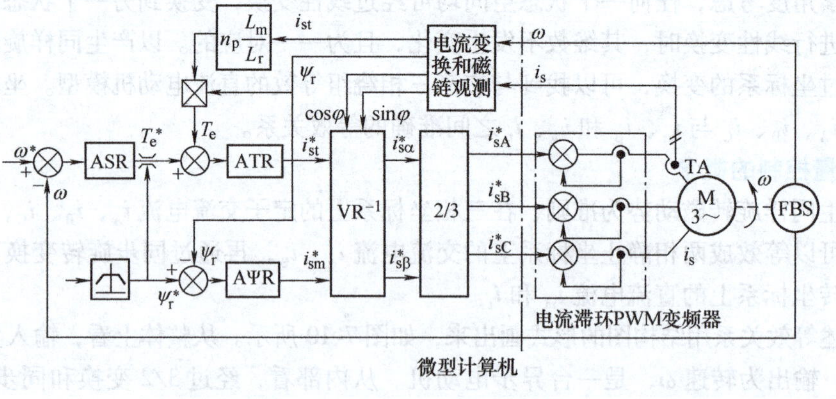

图 7-12 带转矩内环的转速、磁链闭环的电流滞环 SPWM 矢量控制系统

图 7-12 中，ASR 为转速调节器，AΨR 为磁链调节器，ATR 为转矩调节器，FBS 为测速反馈环节。转矩内环有助于解耦，是因为磁链对控制对象的影响相当于一种扰动，转矩内环可以抑制这个扰动，提高转速和磁链闭环控制系统解耦性能，从而改造了转速子系统，使它少受磁链变化的影响。系统中还画出了转速正、反向和弱磁升速环节，磁链给定信号由函数发生程序获得。转速调节器（ASR）的输出作为转矩给定信号，弱磁时它也受到磁链给定信号的控制。图 7-12 中主电路采用了电流滞环跟踪控制的 CHBPWM 变频器，也可以采用带电流内环的电压源型变频器。

电流滞环型 SPWM 变频器，其基本控制思想是将各相定子电流给定参考信号 U_{iA}^*、U_{iB}^*、U_{iC}^* 与实际各相定子电流检测信号 U_{iA}、U_{iB}、U_{iC} 分别进行比较，将各偏差经过具有滞环特性的高增益放大器，即滞环比较器后，去控制各相上、下两个桥臂电力晶体管的通断，从而及时对各相定子电流进行闭环调节。

7.4　直接转矩控制

经典的 SPWM 控制着眼于使变频器输出的电压接近正弦波，并未顾及输出电流的波形。对于实际交流电动机，则需要输入三相正弦电流，其最终目的是在电动机空间形成圆形的旋转磁场，从而产生恒定的电磁转矩。如果对准这一目标，把逆变器和交流电动机视为一体，按照跟踪圆形旋转磁场来控制逆变器的工作，其效果应该更好。这种控制方法称作“磁链跟踪控制”，由于磁链的轨迹是交替使用不同的电压空间矢量得到的，所以又称为电压空间矢量 PWM(Space Vector PWM,SVPWM)控制。

直接转矩控制系统(DTC)是利用电压空间矢量 PWM 通过磁链、转矩的直接控制，确定逆变器的开关状态来实现的。磁通轨迹控制还可用于普通的 PWM 控制，实行开环或闭环控制。

7.4.1　电压空间矢量

交流电动机绕组的电压、电流及磁链等物理量都是随时间变化的，分析时常用时间相量来表示，但如果考虑到它们所在绕组的空间位置，也可以如图 7-13 所示，定义为空间矢量 $\boldsymbol{u}_{A0}$、$\boldsymbol{u}_{B0}$、$\boldsymbol{u}_{C0}$。

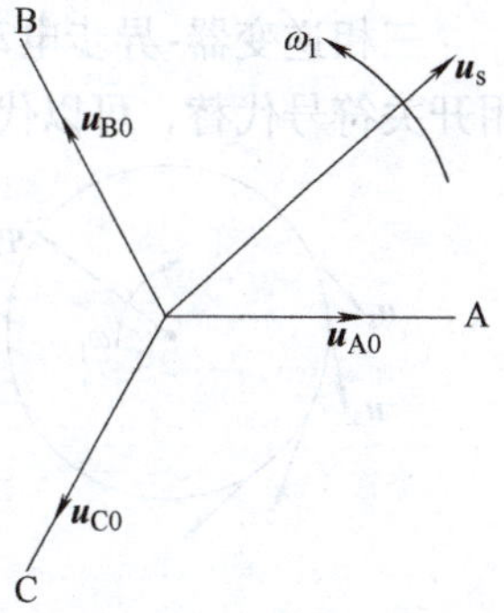

图 7-13　交流电动机电压空间矢量

电压空间矢量定义如下：

$\boldsymbol{u}_{A0}$、$\boldsymbol{u}_{B0}$、$\boldsymbol{u}_{C0}$的方向始终处于各相绕组的轴线上，而大小则随时间按正弦规律脉动，时间相位互相错开的角度也是 120°。

合成空间矢量：由三相定子电压空间矢量相加合成的空间矢量 $\boldsymbol{u}_s$ 是一个旋转的空间矢量，它的幅值不变，是每相电压值的 1.5 倍。

当电源频率不变时，合成空间矢量 $\boldsymbol{u}_s$ 以电源角频率 ω_1 为电气角速度做恒速旋转。当某一相电压为最大值时，合成电压矢量 $\boldsymbol{u}_s$ 就落在该相的轴线上。用公式表示则有

$$\boldsymbol{u}_s=\boldsymbol{u}_{A0}+\boldsymbol{u}_{B0}+\boldsymbol{u}_{C0}=\boldsymbol{u}_A+\boldsymbol{u}_B e^{j\gamma}+\boldsymbol{u}_C e^{j2\gamma} \tag{7-13}$$

式中，$\gamma=\frac{2\pi}{3}$。

与定子电压空间矢量相仿，可以定义定子电流和磁链的空间矢量 $\boldsymbol{I}_s$ 和 $\boldsymbol{\Psi}_s$。

将三相的电压平衡方程式相加，即得到用合成空间矢量表示的定子电压方程式，为

$$\boldsymbol{u}_s=R_s\boldsymbol{I}_s+\frac{d\boldsymbol{\Psi}_s}{dt} \tag{7-14}$$

式中，$\boldsymbol{u}_s$ 为定子三相电压合成空间矢量；$\boldsymbol{I}_s$ 为定子三相电流合成空间矢量；$\boldsymbol{\Psi}_s$ 为定子三相磁链合成空间矢量。

当电动机转速不是很低时，定子电阻电压降在式(7-14)中所占的成分很小，可忽略不计，则定子三相电压空间矢量与定子三相磁链合成空间矢量的近似关系为

$$u_s \approx \frac{d\Psi_s}{dt} \tag{7-15}$$

或

$$\Psi_s \approx \int u_s dt \tag{7-16}$$

当电动机由三相对称正弦电压供电时，电动机定子磁链幅值恒定，其空间矢量以恒速旋转，磁链矢量顶端的运动轨迹呈圆形（一般简称为**磁链圆**）。这样的定子磁链旋转矢量可用下式表示：

$$\Psi_s = \Psi_m e^{j\omega_1 t} \tag{7-17}$$

式中，Ψ_m 是磁链 Ψ_s 的幅值；ω_1 为其旋转角速度。

由式(7-15)和式(7-17)可得

$$u_s \approx \frac{d}{dt}(\Psi_m e^{j\omega_1 t}) = j\omega_1 \Psi_m e^{j\omega_1 t} = \omega_1 \Psi_m e^{j\left(\omega_1 t + \frac{\pi}{2}\right)} \tag{7-18}$$

上式表明，当磁链幅值一定时，定子电压的大小与 ω_1（或供电电压频率）成正比，其方向则与磁链矢量正交，即磁链圆的切线方向，如图 7-14 所示，当磁链矢量在空间旋转一周时，电压矢量也连续地按磁链圆的切线方向运动 2π 弧度，其轨迹与磁链圆重合。这样，电动机旋转磁场的轨迹问题就可转化为电压空间矢量的运动轨迹问题。

在常规的 PWM 变压变频调速系统中，异步电动机由六拍阶梯波逆变器供电，这时的电压空间矢量运动轨迹是怎样的呢?

三相逆变器-异步电动机调速系统主电路原理如图 7-15 所示，图中 6 个功率开关器件都用开关符号代替，可以代表任意一种开关器件。

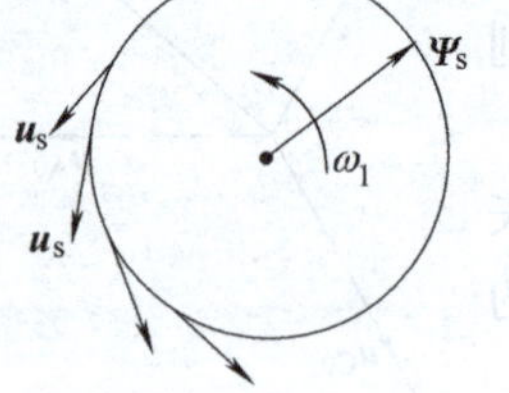

图 7-14 旋转磁场与电压空间矢量的运动轨迹

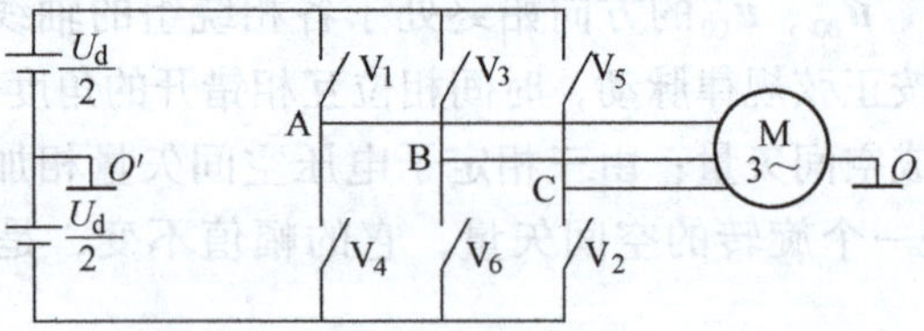

图 7-15 三相逆变器-异步电动机调速系统主电路原理图

将三相桥臂的上侧开关导通状态记作 $s_i = 1$，下侧开关导通状态记作 $s_i = 0$。当 $s_i = 1$ 时，电动机的相电压等于 $U_d/2$；当 $s_i = 0$ 时，电动机的相电压等于 $-U_d/2$。用 $\boldsymbol{U}$（s_A，s_B，s_C）表示三相逆变器的电压矢量，s_A、s_B、s_C 分别为 A、B、C 相桥臂的开关状态。

于是三相逆变器的输入和输出的关系可以用开关函数来描述。三相输出电压为

$$\begin{bmatrix} u_A \\ u_B \\ u_C \end{bmatrix} = \begin{bmatrix} s_A & \bar{s}_A \\ s_B & \bar{s}_B \\ s_C & \bar{s}_C \end{bmatrix} \begin{bmatrix} \dfrac{U_d}{2} \\ -\dfrac{U_d}{2} \end{bmatrix} \tag{7-19}$$

式中，$\bar{s}_A$、$\bar{s}_B$、$\bar{s}_C$ 分别为 s_A、s_B、s_C 的非，并有

$$\left.\begin{aligned} s_A + \bar{s}_A = 1 \\ s_B + \bar{s}_B = 1 \\ s_C + \bar{s}_C = 1 \end{aligned}\right\} \tag{7-20}$$

三相输出线电压为

$$\begin{bmatrix} u_{AB} \\ u_{BC} \\ u_{CA} \end{bmatrix} = \begin{bmatrix} s_A - s_B \\ s_B - s_C \\ s_C - s_A \end{bmatrix} U_d \tag{7-21}$$

直流输入电流为

$$i_d = [s_A \quad s_B \quad s_C] \begin{bmatrix} i_A \\ i_B \\ i_C \end{bmatrix} \tag{7-22}$$

由此可以看出，当 $s_A = s_B = s_C$ 时，逆变器的直流输入电流 $i_d = 0$；否则，直流输入电流为某一相线电流值。

将式(7-19)的三相逆变器的输出电压代入式(7-13)中，则逆变器的电压矢量如图 7-16 所示。

以 $\boldsymbol{U}_5(1,0,1)$ 为例，由式(7-19)有

$$\left.\begin{aligned} u_A &= \frac{U_d}{2} \\ u_B &= -\frac{U_d}{2} \\ u_C &= \frac{U_d}{2} \end{aligned}\right\} \tag{7-23}$$

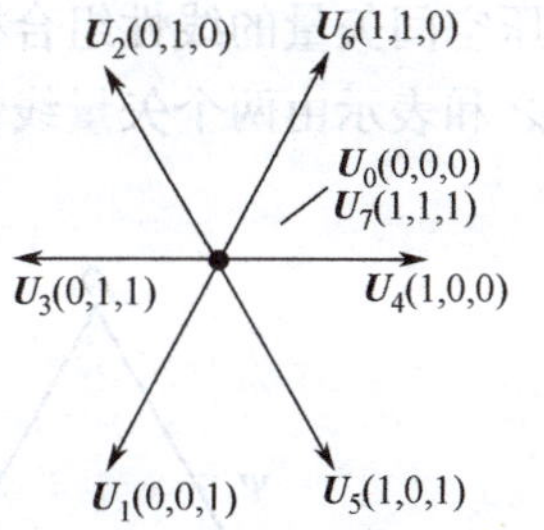

图 7-16　逆变器的电压矢量

代入式(7-13)，得

$$\boldsymbol{U}_5(1,0,1) = \left(1 - e^{j\frac{2\pi}{3}} + e^{j\frac{4\pi}{3}}\right)\frac{U_d}{2} = e^{-j\frac{\pi}{3}} U_d \tag{7-24}$$

可得图 7-16 中的电压矢量 $\boldsymbol{U}_5(1,0,1)$。

由此可见，三相逆变器的空间电压矢量只有 8 种，即 $\boldsymbol{U}_0(0,0,0)$、$\boldsymbol{U}_1(0,0,1)$、$\boldsymbol{U}_2(0,1,0)$、$\boldsymbol{U}_3(0,1,1)$、$\boldsymbol{U}_4(1,0,0)$、$\boldsymbol{U}_5(1,0,1)$、$\boldsymbol{U}_6(1,1,0)$ 及 $\boldsymbol{U}_7(1,1,1)$。其中 $\boldsymbol{U}_0(0,0,0)$ 和 $\boldsymbol{U}_7(1,1,1)$ 为零矢量，矢量的模为 0，它对应逆变器的三个桥臂的上部开关器件(或下部开关器件)同时处于导通(或关断)状态，因而电动机的三相绕组处于短路状态。

利用空间电压矢量的概念可以对 PWM 波形进行评估，并可利用空间电压矢量控制电动机的气隙磁通以减小异步电动机的转矩脉动。

7.4.2　磁通轨迹控制

如前所述，电压矢量的积分是磁通矢量，一个由电压空间矢量运动所形成的正六边形轨迹也可以看作是异步电动机定子磁链矢量端点的运动轨迹，如图 7-17 所示。

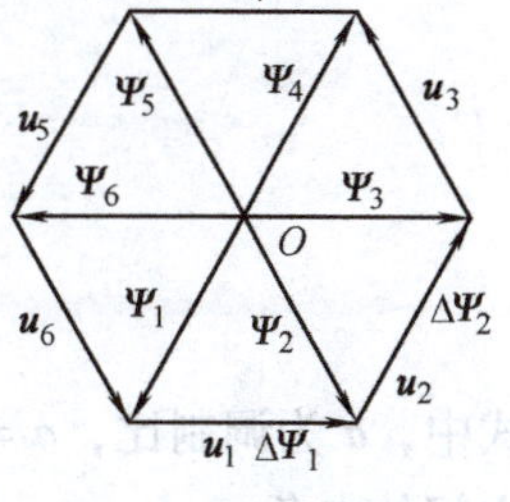

图 7-17　异步电动机定子磁链矢量与电压空间矢量

如果交流电动机仅由常规的六拍阶梯波逆变器供电，磁链轨迹便是六边形的旋转磁场，这显然不像在正弦波供电时所产生的圆形旋转磁场那样能使电动机获得匀速运行。

要想获得更多边形或逼近圆形的旋转磁场，就必须在每拍期间内出现多个工作状态，以形成更多的相位不同的电压空间矢量。为

此，必须对逆变器的控制模式进行改造。PWM 控制显然可以适应上述要求，问题是，怎样控制 PWM 的开关时间才能逼近圆形旋转磁场呢？这里只介绍线性组合法。

要逼近圆形，可以增加切换次数，设想磁链增量由图 7-18 中的 $\Delta\boldsymbol{\Psi}_{11}$、$\Delta\boldsymbol{\Psi}_{12}$、$\Delta\boldsymbol{\Psi}_{13}$、$\Delta\boldsymbol{\Psi}_{14}$这 4 段组成。这时，每段施加的电压空间矢量的相位都不一样，这可以用基本电压矢量线性组合的方法获得。

将逆变器基波频率的一个周期分割成 k 个控制周期，则每个控制周期的时间间隔为

$$T_0=\frac{2\pi}{k\omega} \tag{7-25}$$

式中，ω 为基波角频率；k 为一周的分割数。

图 7-19 中，将空间平面按电压矢量分为 6 个扇区，在每个扇区的边沿各有一个电压矢量，记作 $\boldsymbol{u}_1$ 和 $\boldsymbol{u}_2$。在每个控制周期选择三种开关状态，并由此实现 PWM 控制。$\boldsymbol{u}_s$ 表示由电压空间矢量的线性组合构成新的电压矢量。设在一段换相周期时间 T_0 中，可以用两个矢量之和表示由两个矢量线性组合后的电压矢量 $\boldsymbol{u}_s$，新矢量的相位为 θ。

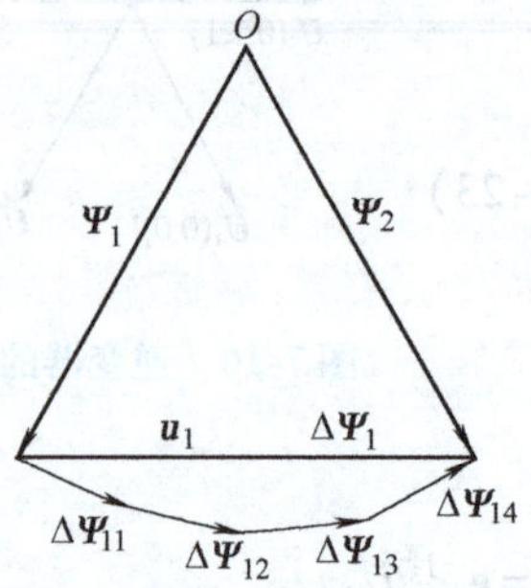

图 7-18 逼近圆形时的磁链增量轨迹

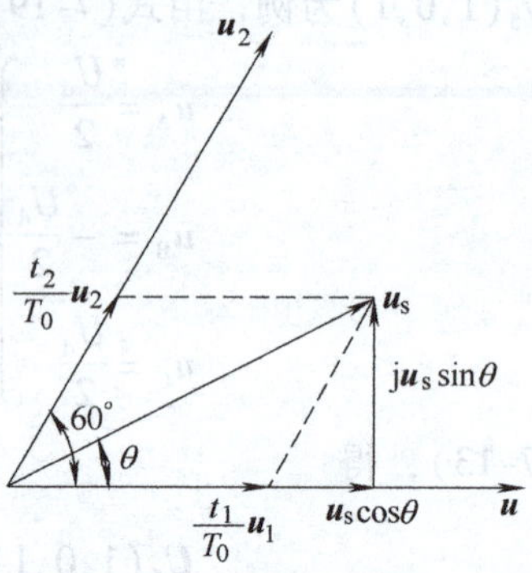

图 7-19 两个矢量线性组合后的电压矢量 $\boldsymbol{u}_s$

可根据各段磁链增量的相位求出所需的作用时间 t_1 和 t_2。在图 7-19 中可以看出

$$\boldsymbol{u}_s=\frac{t_1}{T_0}\boldsymbol{u}_1+\frac{t_2}{T_0}\boldsymbol{u}_2=u_s\cos\theta+\mathrm{j}u_s\sin\theta \tag{7-26}$$

换相周期 T_0 应由旋转磁场所需的频率决定，T_0 与 t_1+t_2 未必相等，其间隙时间可用零矢量 $\boldsymbol{u}_7$ 或 $\boldsymbol{u}_8$ 来填补。为了减少功率器件的开关次数，一般使 $\boldsymbol{u}_7$ 和 $\boldsymbol{u}_8$ 各占一半时间，因此

$$t_7=t_8=\frac{1}{2}(T_0-t_1-t_2)\geqslant 0 \tag{7-27}$$

可以推证：

$$\left.\begin{aligned}t_1&=a\frac{\sin(60°-\theta)}{\sin 60°}T_0\\t_2&=a\frac{\sin\theta}{\sin 60°}T_0\\t_0&=T_0-t_1-t_2\end{aligned}\right\} \tag{7-28}$$

式中，a 为调制比，$a=U^*/U_d$，它反应逆变器的电压利用系数；θ 为电压参考矢量 $\boldsymbol{u}_s^*$ 与 $\boldsymbol{u}_1$ 之间的夹角。

在常规六拍逆变器中，一个扇区仅包含两个开关工作状态，实现 SVPWM 控制就是要把

每一扇区再分成若干个对应于时间 T_0 的小区间。按照上述方法插入若干个线性组合的新电压空间矢量，以获得优于正六边形的多边形（逼近圆形）旋转磁场。当然，一个扇区内所分的小区间越多，就越能逼近圆形旋转磁场。

在实际系统中，应该尽量减少开关状态变化时引起的开关损耗，因此不同开关状态的顺序必须遵守下述原则：每次切换开关状态时，只切换一个功率开关器件，以满足最小开关损耗。

7.4.3　直接转矩控制系统

直接转矩控制系统是继矢量控制系统之后发展起来的另一种高动态性能的交流电动机变压变频调速系统。在该系统的转速环里面，利用转矩反馈直接控制电动机的电磁转矩，它也因此而得名。

1. 直接转矩控制系统的原理和特点

直接转矩控制交流调速系统框图如图 7-20 所示。

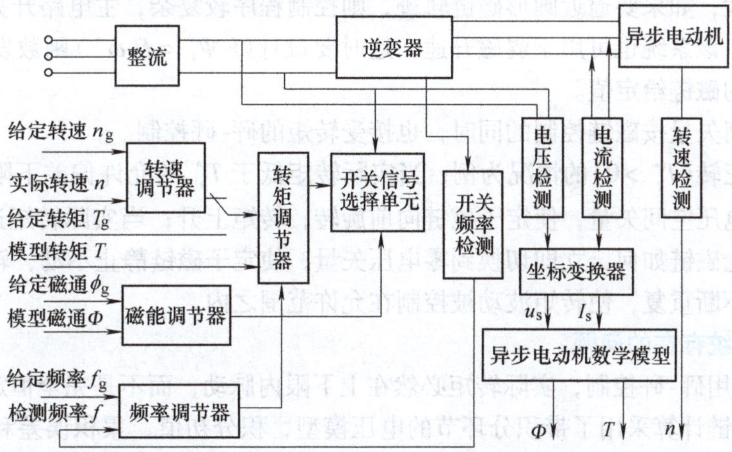

图 7-20　直接转矩控制交流调速系统框图

由交流电动机的转矩同逆变器输出电压矢量共同控制的逆变器的开关策略由开关信号选择单元给出。电动机的定子电流、母线电压经检测单元测出后经坐标变换器变换到模型所用的 d-q 坐标系下，再同转速信号一起作为电动机模型的输入，计算出磁链和转矩；模型磁链幅值、转速值、转矩值同给定的输入量比较后送入各自的调节器，经过两点式调节输出相应的磁链和转矩开关量，这个量作为开关信号选择单元的输入，以选择适当开关状态来完成直接转矩控制。

与矢量控制系统一样，它也是分别控制异步电动机的转速和磁链，转速调节器的输出作为电磁转矩的给定信号，在给定转矩信号后面设置转矩控制内环，它可以抑制磁链的变化对转速子系统的影响，从而使转速和磁链子系统实现近似解耦。

2. 直接转矩控制系统与矢量控制系统不同之处

1）直接转矩控制系统中，转矩和磁链的控制采用双位式砰-砰控制器，并在 PWM 逆变器中直接用这两个控制信号产生电压的 SVPWM 波形，从而避开了将定子电流分解成转矩和磁链分量，省去了旋转变换和电流控制，简化了控制器的结构。

2）直接转矩控制系统中，选择定子磁链作为被控量，而不像矢量控制系统中那样选择转子磁链。这样一来，计算磁链的模型可以不受转子参数变化的影响，提高了控制系统的鲁棒性。按定子磁链控制时的规律，如果从数学模型推导，显然要比按转子磁链定向时复杂，但是，由于采用了砰-砰控制，这种复杂性对控制器并没有影响。

3）直接转矩控制系统由于采用了直接转矩控制，在加减速或负载变化的动态过程中，可以获得快速的转矩响应，但必须注意限制过大的冲击电流，以免损坏功率开关器件，因此实际的转矩响应的快速性也是有限的。

从总体控制结构上看，直接转矩控制（DTC）系统和矢量控制（VC）系统是一致的，都能获得较高的静、动态性能。

3. 电压空间矢量和逆变器的开关状态的选择

在图7-20所示的DTC系统中，根据定子磁链给定和反馈信号进行砰-砰控制，按控制程序选取电压空间矢量的作用顺序和持续时间。

如果只要求正六边形的磁链轨迹，则逆变器的控制程序简单，主电路开关频率低，但定子磁链偏差较大；如果要逼近圆形磁链轨迹，则控制程序较复杂，主电路开关频率高，定子磁链接近恒定。该系统也可用于弱磁升速，这时要设计好 $\Psi_s^* = f(\omega^*)$ 函数发生程序，以确定不同转速时的磁链给定值。

在电压空间矢量按磁链控制的同时，也接受转矩的砰-砰控制。

例如：以正转（$T_e^* > 0$）的情况为例，当实际转矩低于 T_e^* 的允许偏差下限时，按磁链控制得到相应的电压空间矢量，使定子磁链向前旋转，转矩上升；当实际转矩达到 T_e^* 允许偏差上限时，不论磁链如何，立即切换到零电压矢量，使定子磁链静止不动，转矩下降。稳态时，上述情况不断重复，使转矩波动被控制在允许范围之内。

4. DTC系统存在的问题

1）由于采用砰-砰控制，实际转矩必然在上下限内脉动，而不是完全恒定的。

2）由于磁链计算采用了带积分环节的电压模型，积分初值、累积误差和定子电阻的变化都会影响磁链计算的准确度。

习 题

7-1 什么是 U/f 控制？变频调速在变频时为什么还要变电压？

7-2 恒 U/f 控制的原理是什么？什么是电压补偿？电压过度补偿会出现什么情况？

7-3 什么是转差频率控制？试述其控制原理。

7-4 与 U/f 控制相比，转差频率控制有什么优点？

7-5 矢量控制的原理是什么？有什么优越性？

7-6 电压空间矢量控制的原理是什么？不同开关状态的顺序必须遵守的原则是什么？

第 8 章

通用变频器的操作与控制

交流变频器经过多年的发展，在产品种类、性能和应用范围等方面都有了很大提高。目前，国内市场上使用的变频器品牌多达上百种，这些产品在性能上各有其特点，但它们在操作和控制方式上仍有很多相似性。本章以台达 VFD-M 系列变频器、三菱 FR－E700 型变频器和西门子 MM440 变频器为例，由浅入深地介绍通用变频器在安装、配线方面的注意事项以及具体的操作和控制方法。

8.1 台达 VFD-M 系列变频器的操作与控制

台达 VFD 系列变频器种类齐全，性价比高，在国内应用较多。台达 VFD 系列变频器分为 V 系列、F 系列、M 系列、B 系列、L 系列、S 系列、E 系列以及较新的 C2000 系列等，分别适用于不同的场合，台达公司在此基础上还研发了多种专用型变频器。

台达 V 系列——高性能无感测磁束矢量型变频器，采用了 32 位高速 CPU 芯片，具有响应速度快、控制精度高、输出转矩大等特点，可广泛应用于机床、电梯、起重设备及加工中心等各种高性能应用场合等。

台达 F 系列——风机水泵专用型变频器，具有节能效果好、供电范围宽、内置 DC-Reacter、PID、多台水泵控制、睡眠/自动唤醒、被控量可设定、控制精度高等功能特点，可广泛应用于恒压供水、空调、风机、锅炉、水处理及城市建设等自动化控制领域。

台达 M 系列——高性能低噪声迷你型变频器，具有体积小、低速转矩大、性能完善及使用方便等特点，可广泛应用于打包机、磨床、钻床、食品机械、木工机械等多种设备。

台达 B 系列——新一代高性能无感测矢量型变频器，具有功能齐全、调速精度高、稳定性好及应用范围广等特点，可广泛应用于大型空调、机床、货梯、木工机械、工业洗衣机、纺织机械等多种应用场合。

台达 L 系列——多功能低功率盘面式泛用型变频器，是结合现代电力电子与微型计算机控制技术所设计的一款高科技产品，主要应用于各种小型设备的变频传动场合，具有安装方便、接线简单和体积小巧等特点。

台达 S 系列——多功能易操作简易型变频器，是结合现代电力电子与微型计算机控制技术所设计的一款高科技产品，主要应用于纺织设备及自动化流水线等领域，具有稳定性好、操作简单等特点。

台达 E 系列——内置 PLC 型变频器，采用模块化设计，可编辑简易 PLC 程序，节省外购 PLC 成本；可扩展多样化通信模块，支持 PROFIBUS、DEVICENET、LONWORKS、CANOPEN 等通信；主要用于小型起重机的 *X*- *Y* 轴驱动、洗衣机、跑步机、注塑机、磨床及木工机械等。

台达 C2000 系列——高阶磁束矢量控制型变频器，控制频宽达 600Hz，具有速度/转矩/位置控制模式，双额定设计（一般负载/重负载），内置大容量的 PLC，DC-BUS 直流母线可并联使用，主要用于大型风机、水泵、卷绕设备、空压机、机床设备、精密加工中心及起重设备等。

8.1.1　台达 VFD-M 系列变频器概述

台达 VFD-M 系列变频器是高性能低噪声迷你型变频器，产品外形如图 8-1 所示，该系列变频器的输入电压有 115V 单相、220V 单相/三相、460V 三相共 3 个系列，功率范围为 0.2～7.5kW。台达 VFD-M 系列变频器的主要功能及特点有：

图 8-1　台达 VFD-M 系列变频器的产品外形

1）体积小，使用方便。

2）*U/f* 及无传感器矢量控制；1.0Hz，150% 以上额定转矩输出。

3）内置 PID 功能。

4）计数器功能。

5）多段速及自动程序运行。

6）简易定位。

7）累计电动机运行时间。

8）自动侦测电动机参数。

9）摆频功能。

10）散热风扇运行模式设定。

11）主、辅频率控制。

12）睡眠功能。

13）节能运行。

14）RS485 通信接口，支持 MODBUS 协议等。

台达 VFD-M 系列变频器的功能特性见表 8-1。

表 8-1　台达 VFD-M 系列变频器的功能特性

控制特性	控制方式	正弦波 PWM 方式（*U/f* 及矢量控制）
	输出频率范围/Hz	0.1～400
	频率设定分辨率/Hz	0.1
	输出频率分辨率/Hz	0.1
	PWM 载波频率	可在 1～15kHz 内调整
	转矩提升	自动转矩提升及自动滑差补偿，起动转矩在 1Hz 时可达 150% 的额定转矩
	禁止设定频率	可自 0.1～400Hz 设定 3 点
	加速/减速时间	0.1～600s（两段加/减速时间可分别独立设定）
	失速防止准位	可依电动机负载特性以驱动器额定电流的 50%～200% 设定
	直流制动	停止时可自 0.1～60Hz 操作，制动电流为 0～100% 的额定电流，起动时间为 0～5s，停止时间为 0～25s
	再生制动转矩	大约 20%（外接选购的制动电阻可达 125%），内置制动晶体管
	U/f 曲线	可设定的 *U/f* 曲线

（续）

操作特性	频率设定信号	数位操作器	由▲ ▼键设定
		外部端子	DC 0～10V，DC 4～20mA，串行通信接口（RS485）
	运行操作信号	数位操作器	可由RUN STOP键执行
		外部端子	2线式（Fwd/Stop、Rev/Stop、Run/Stop、Fwd/Rev）/3线式运行，点动运行，串行通信接口（RS485）
	多功能输入端子		8段可预设速度切换，第一/第二加减速时间切换，第一/第二频率来源，选择加减速禁止，外部输出中断，外部计数器 7段可程式运行，点动运行，递增/递减频率端子设定
	多功能输出端子		运行中，频率到达输出，零速指示，计数到达指示，过转矩，外部输出中断中低电压，操作模式，故障指示
	类比信号输出		对应实际输出频率或输出电流
故障信号接点			交流驱动器故障时接点“ON”（一个“C”接点的继电器或开集电极输出）
内建功能			输出频率上下限设定，瞬时停电再起动，异常故障再起动，节能运行，外部异常、故障异常重置，加速/减速S曲线设定，自动稳压输出调节，自动调适加减速，异常记录，参数重整及锁定，禁止反转，过电压及过电流的失速防止，PID反馈控制，睡眠/苏醒功能，简易定位功能
保护功能			过电压，过电流，低电压，外部异常中断，电动机过载，接地保护，驱动器过载，驱动器过热
数位操作器			内含6个功能键，4位数的7段LED显示器，4个状态指示LED，频率设定电位器，可设定频率显示，实际输出频率，输出电流，使用者自定单位，参数浏览，修改设定及参数锁定，异常故障显示，可执行运行、停止、重置、正转/反转
环境	操作环境温度		－10～50℃（无结露、结冻）
	储存温度		－20～65℃
	污染环境程度		IP02
	操作环境湿度		95% RH以下（无结露）
	安装高度		海拔1000m以下，无腐蚀性气体、液体、粉尘
	振动		20Hz以下为9.80665m/s^2（1g），20～50Hz为5.88m/s^2（0.6g）

台达VFD-M系列变频器的外观示意图如图8-2所示。

8.1.2 变频器的储存及安装

1. 变频器的储存

变频器在安装之前必须置于包装箱内，若变频器暂不使用，储存时务必注意下列事项：

1）必须置于无尘垢、干燥的位置。

2）储存位置的环境温度必须在－20～65℃内。

3）储存位置的相对湿度必须在0～95%内，且无结露。

4）避免储存于含有腐蚀性气、液体的环境中。

5）最好适当包装后存放在架子或台面上。

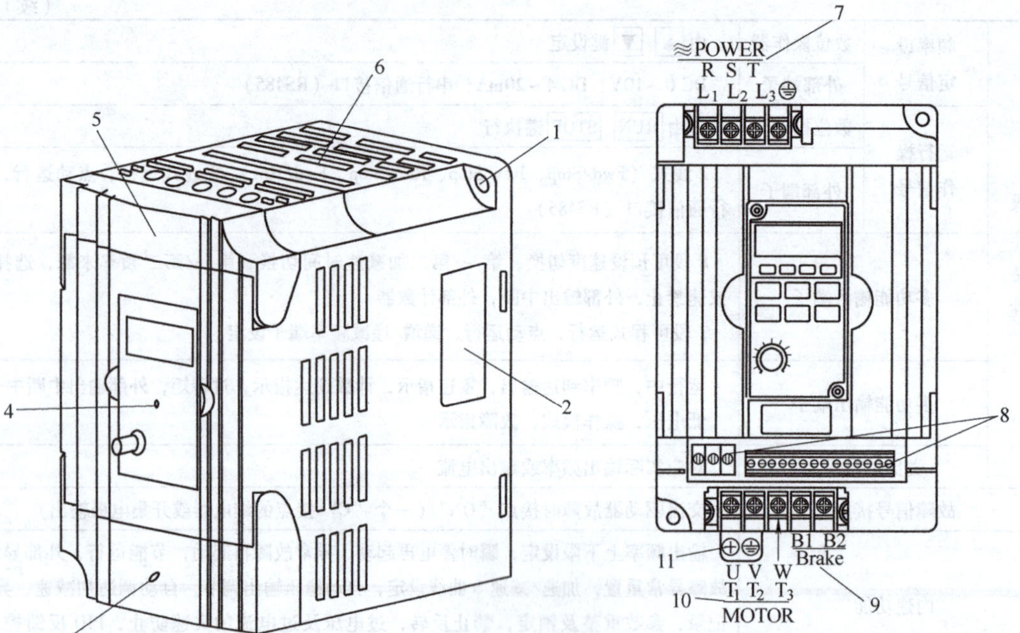

图 8-2　台达 VFD-M 系列变频器的外观示意图

1—固定螺钉孔　2—规格品牌　3—电动机输出端下盖　4—数字操作器 LC-M2E
5—电源输入端子上盖　6—散热通风口　7—电源输入端子　8—外部输入/输出端子
9—制动电阻接线端　10—电动机输出端子　11—接地端子

2. 变频器的安装

为了使冷却循环效果良好，必须将变频器安装在垂直方向，因变频器底部装有冷却风扇以强制风冷，其上下左右与相邻的物品和挡板(墙)必须保持足够的空间，如图 8-3 所示。

变频器的安装环境应满足以下条件：

1）无水滴、蒸气、灰尘及油性灰尘之场所。

2）无腐蚀、易燃性之气、液体。

3）无漂浮性的尘埃及金属微粒。

4）坚固无振动之场所。

5）无电磁干扰之场所。

6）使用环境温度为 -10 ~50℃。若环境温度超过 40℃时，请置于通风良好的场所。

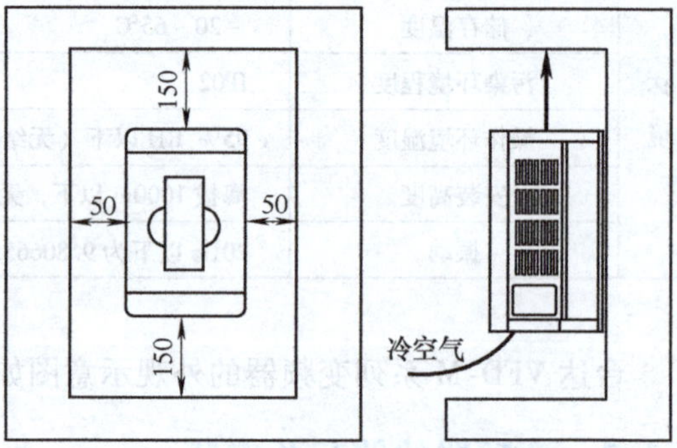

图 8-3　变频器的安装位置示意图

8.1.3　变频器的配线

变频器配线分为主电路配线及控制电路配线。用户可将输入、输出端子的盖子打开，此时可看到主电路端子及控制电路端子。配线作业应由专业人员进行，在确认电源断开(OFF) 后才可作业，否则可能发生触电事故。若要改变接线，应先关掉运行的变频器电源，因为内部电路直流部分滤波电容器完全放电需要一定时间。为避免危险，用直流电压表量测输入端子，确认电压值小于 DC25V 安全电压值后，才能开始进行配线。若使用者未让变频器充分放电，内部会有残留电压，此时进行配线会造成电路短路或产生火花，所以请使用者最好在无电压条件下进行作业，以确保自身安全。

图 8-4 为 VFD-M 系列变频器出厂时的标准配线图。若仅用数字控制面板（LC-M2E）操作，则只有主电路端子配线。VFD-M 系列变频器的系统配线如图 8-5 所示，控制端子配线如图 8-6 所示。

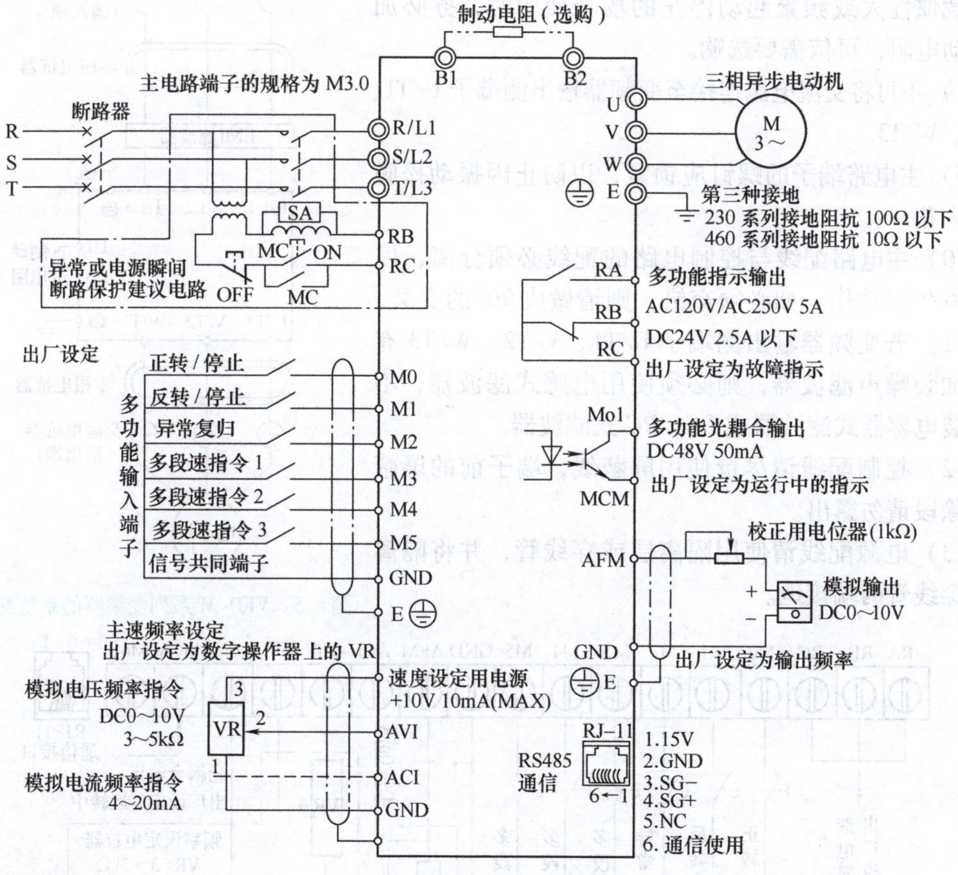

图 8-4　VFD-M 系列变频器出厂时的标准配线图

图 8-4 中，◎为主电路端子，◦为控制电路端子，⬭应使用带防护的屏蔽线。若为单相机种，则主电路端子可任选两个端子作为输入电源端；单相机也可输入三相电源。

变频器配线时应注意以下事项：

1）三相交流输入电源与主电路端子（R/L1、S/L2、T/L3）之间的连线一定要接一个无熔丝开关（如断路器）。另外串接一电磁接触器以在变频器保护功能动作时可同时切断电源。

2）输入电源 R/L1、S/L2、T/L3 并无相序分别，可任意连接使用。

3）接地端子 E 应可靠接地，接地阻抗在 100Ω 以下。

4）变频器接地线不可与电焊机、大功率电动机等大电流负载共同接地，而必须分别接地。接地配线必须越短越好。多台变频器被安装在一起时，所有变频器必须直接连接到共同接地端。请参考图 8-7 并确定接地端子间不会形成回路。

5）确定电源电压及可供应的最大电流。

6）当“数字操作器”显示时，请勿连接或拆卸任何配线。

7）VFD-M 系列变频器内部没有安装制动电阻，在负载惯性大或频繁起动停止的场合使用时，务必加装制动电阻，可依需要选购。

8）不可将交流电源连接至变频器输出侧端子 U/T1、V/T2、W/T3。

9）主电路端子的螺钉应锁紧，以防止因振动松脱产生火花。

10）主电路配线与控制电路的配线必须分离，以防止发生误动作。如必须交错，则请做成 90°的交叉。

11）若变频器输出侧端子 U/T1、V/T2、W/T3 有必要加装噪声滤波器，则必须使用电感式滤波器，不可加装电容器式滤波器或 *LC*、*RC* 式滤波器。

12）控制配线请尽量使用屏蔽线，端子前的屏蔽网剥除段请勿露出。

13）电源配线请使用隔离层或穿线管，并将隔离层或穿线管两端接地。

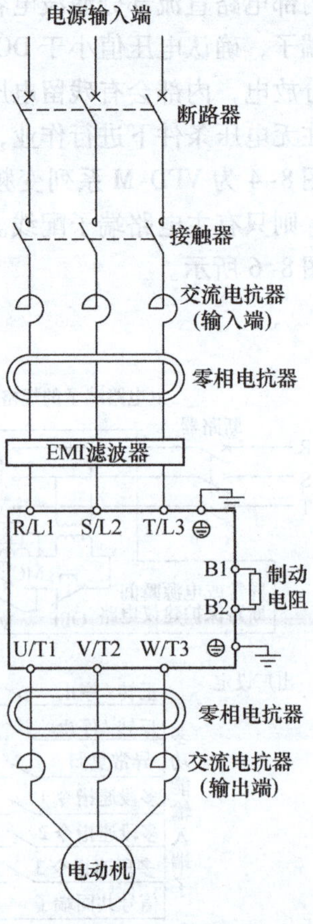

图 8-5　VFD-M 系列变频器的系统配线图

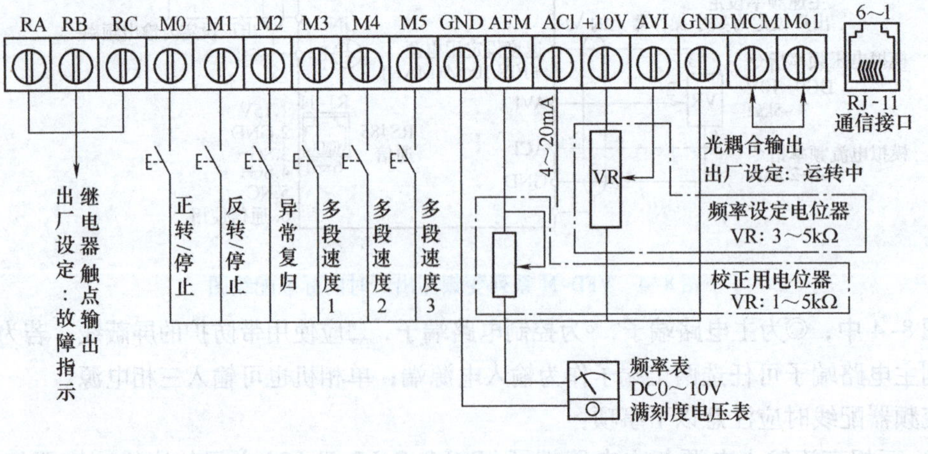

图 8-6　VFD-M 系列变频器控制端子配线图

14）如果变频器的安装场所对干扰相当敏感，则请加装 RFI 滤波器，加装位置离变频器越近越好。PWM 的载波频率越低，干扰越少。

15）变频器若加装有漏电断路器以作为漏电故障保护时，为防止漏电断路器误动作，请选择额定剩余动作电流在 200mA 以上，动作时间为 0.1s 以上者。

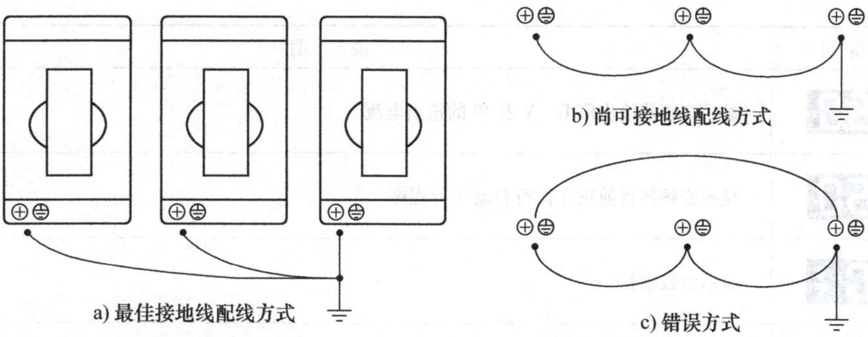

图 8-7　变频器共同接地示意图

8.1.4　数字操作器的使用

台达 VFD-M 系列变频器使用 LC-M2E 数字操作器进行参数设置和控制，数字操作器位于变频器中央位置，可分为两部分：显示区和按键控制区。按键控制区是使用者与变频器进行沟通的接口。显示区提供参数设定规划模式及显示不同的运行状态。数字操作器的布局及按键功能说明如图 8-8 所示。显示区功能显示项目说明见表 8-2。

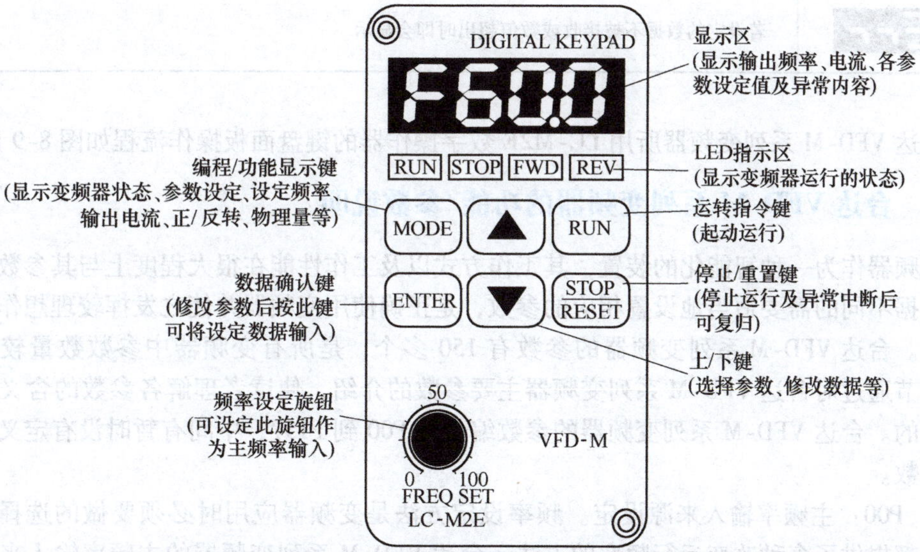

图 8-8　数字操作器的布局及按键功能说明

表 8-2　显示区功能显示项目说明

显 示 项 目	说　明
F60.0	显示变频器目前的设定频率
H60.0	显示变频器实际输出到电动机电压的频率
u600.	显示用户定义的物理量（V）（其中 $V = H \times P65$）

（续）

显示项目	说　明
A 5.0	显示变频器输出侧 U、V 及 W 的输出电流
1 50	显示变频器目前正在执行自动运行程序
P 01	显示参数项目
01	显示参数内容值
Frd	目前变频器正处于正转状态
rEv	目前变频器正处于反转状态
End	若由显示区读到 End 的信息（如左图所示）大约 1s，表示数据已被接收并自动存入内部存储器
Err	若设定的数据不被接收或数值超出时即会显示

台达 VFD-M 系列变频器所用 LC-M2E 数字操作器的键盘面板操作流程如图 8-9 所示。

8.1.5　台达 VFD-M 系列变频器的功能/参数说明

变频器作为一种智能化的装置，其工作方式以及工作性能在很大程度上与其参数设置有关。根据不同的需要适当地设置相应的参数，是正确使用变频器并使之发挥较理想作用的必要步骤。台达 VFD-M 系列变频器的参数有 150 多个，是所有变频器中参数数量较少的一种。本节通过对台达 VFD-M 系列变频器主要参数的介绍，使读者理解各参数的含义以及设置的目的。台达 VFD-M 系列变频器的参数编号从 P00 到 P157，中间有暂时没有定义功能的保留参数。

1）P00：主频率输入来源设定。频率设定方法是变频器应用时必须要做的选择，多数变频器都提供了多种改变运行频率的方法。台达 VFD-M 系列变频器的主频率输入来源设定可通过三种途径，共分为 5 种方式。三种途径是：操作面板控制、模拟输入控制、通信链路控制（RS485）。操作面板上有上/下键控制和模拟电位器控制两种方式；模拟输入控制有模拟电压信号 0～10V 输入（AVI）和模拟电流信号输入 DC 4～20mA（ACI）两种方式。

2）P01：运行信号来源设定。本参数定义了变频器起动/停止的控制模式，可以设置为控制面板控制、外部端子控制和通信控制三种途径，细分为 5 种方式。在控制面板控制时，可以通过编程键结合上/下键来改变电动机的转向。

3）P02：电动机停车方式设定。当交流电动机驱动器接收到“停止”信号后，变频器将依此参数的设定控制电动机停止的方式。此参数设置为“00”时，电动机以减速制动方式停止，交流电动机驱动器根据 P11 或 P13 所设定的减速时间，逐步减速至最低输出频率

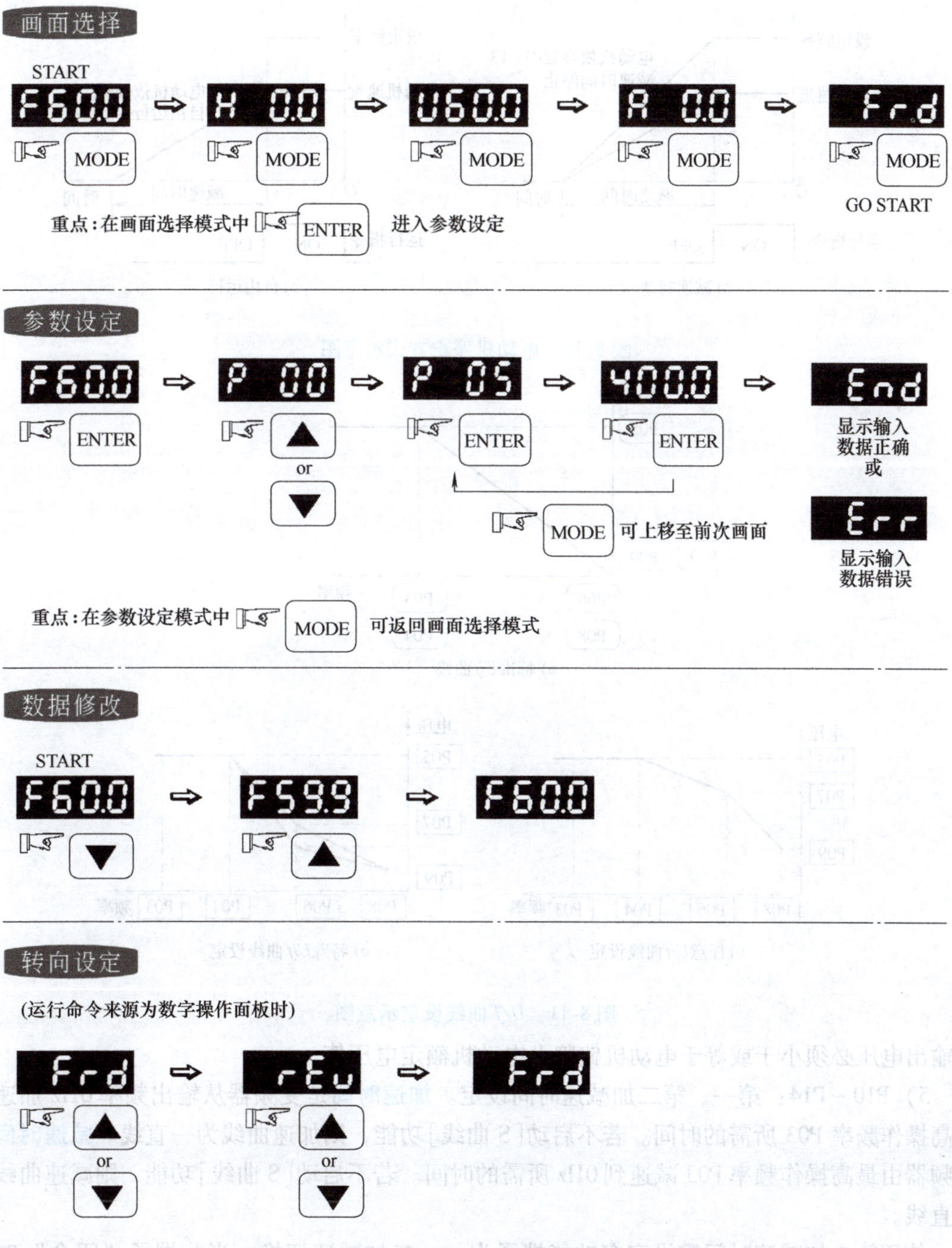

图 8-9 键盘面板操作流程

(由参数 P08 设定）后停止；此参数设置为“01”时，电动机以自由运行方式停止，变频器立即停止输出，电动机依负载惯性自由运行至停止。电动机停止方式示意图如图 8-10 所示。

4）P03 ~ P09：*U/f* 曲线设定。这几个参数的说明参见附录 A，这些参数定义了电压/频率控制的控制模式，参数的设定值取决于所拖动电动机的参数，其作用如图 8-11 所示。在参数设置中，最大电压频率和最高输出电压均不能高于最高操作频率和最高输出电压，且最

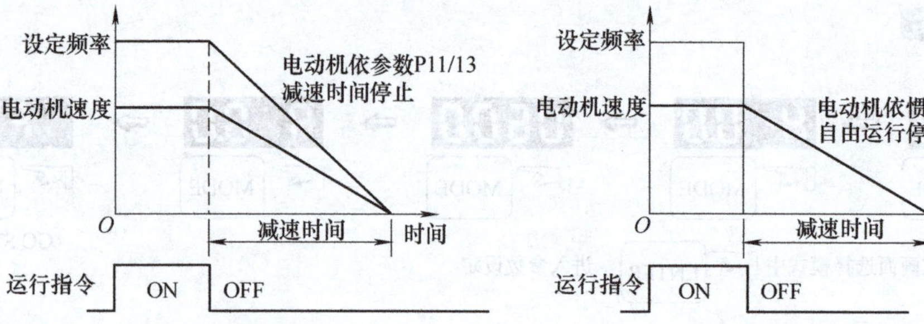

a) 减速制动　　b) 自由运行

图 8-10　电动机停止方式示意图

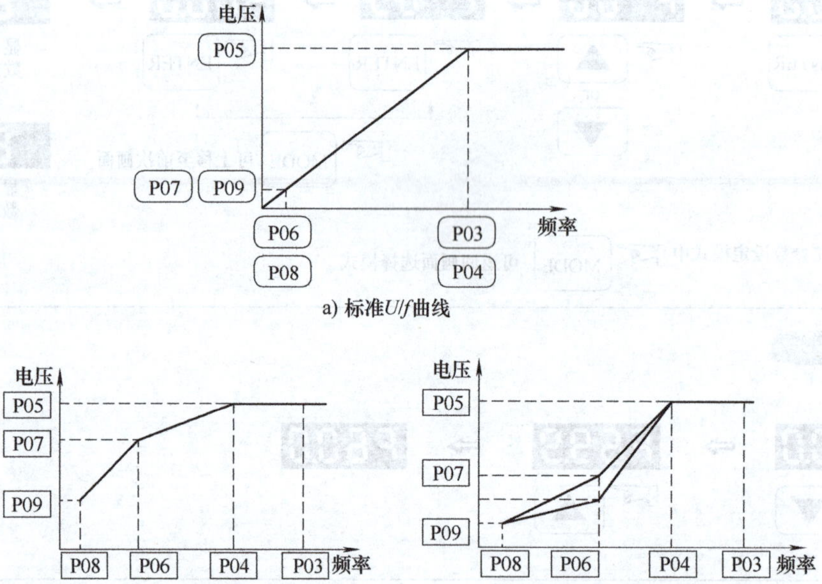

a) 标准U/f曲线

b) 任意U/f曲线设定　　c) 特殊U/f曲线设定

图 8-11　U/f 曲线设定示意图

高输出电压必须小于或等于电动机铭牌上电动机额定电压值。

5）P10～P14：第一、第二加减速时间设定。**加速时间**是变频器从输出频率 0Hz 加速到最高操作频率 P03 所需的时间。若不启动[S 曲线]功能，则加速曲线为一直线。**减速时间**是变频器由最高操作频率 P03 减速到 0Hz 所需的时间。若不启动[S 曲线]功能，则减速曲线为一直线。

使用第二加减速时间需设定多功能端子为一、二加减速切换；当此端子“闭合”时运行第二加减速指令。

6）P17～P23：多段速频率设定。利用多功能输入端子(参考 P38、P39、P40、P41、P42)可选择多段速运行(最多为 7 段速)，段速频率分别由 P17～P23 设定。配合参数 P78 还可作可程序控制自动运行。

7）P38：多功能输入端子（M0、M1）功能选择。此参数用来设定由外部端子控制电动机起动/停止时采用二线式或三线式的操作模式。二线式操作模式比较简单，三线式操作时设定参数 P38 为 02，使用端子 M0、M1、M2，三线式操作原理如图 8-12 所示。

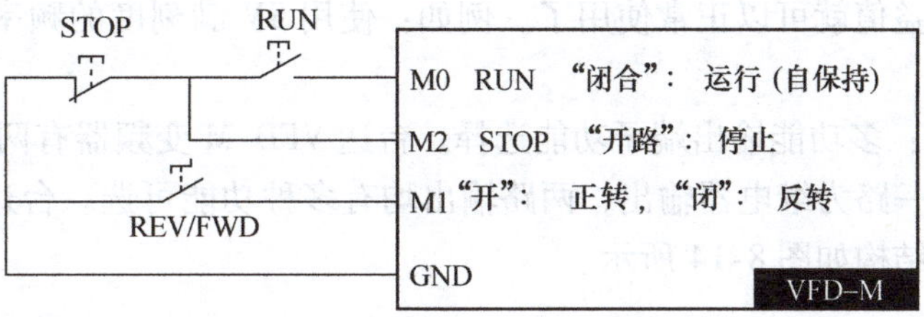

图 8-12　三线式操作原理图

8）P39 ~ P42：多功能输入端子 M2 ~ M5 功能选择。变频器的开关量输入端子一般具有多种功能，有时也称为智慧型输入端子。台达 VFD-M 系列变频器的多功能输入端子 M2 ~ M5 的功能分别由参数 P39 ~ P42 定义。可选的功能参见附录 A。利用多功能输入端子 M2 ~ M5 中三个端子可进行多段速运行控制。利用选定的三个端子的输入组合可实现 7 种速度控制，若配合主速及点动速度可实现 9 种速度控制。相关配合的参数有 P17、P18、P19、P20、P21、P22、P23。多段速运行除了相关的参数设定外，还需配合运行指令才会运行。多功能输入端子 M2 ~ M5 用于控制变频器做程序控制自动运行，此时需参数 P78、P79、P81、P82、P83、P84、P85、P86、P87 配合使用。图 8-13 给出了变频器做多段速运行的例子，从图中可以看出输入端子的信号组合与多段速度之间的关系。

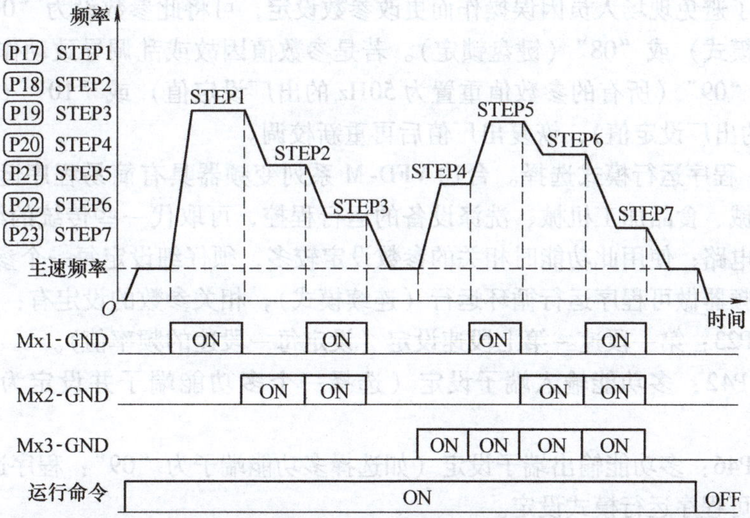

图 8-13　多段速运行示例

9）P43：模拟输出信号选择。台达 VFD-M 系列变频器有一个模拟量输出端子 AFM，可输出 DC0 ~ +10V 电压信号。参数 P43 用来选择变频器模拟输出信号对应于变频器的输出频率、输出电流、PID 反馈信号或输出功率。

10）P44：模拟输出增益设定。此参数用来调整变频器模拟信号输出端子 AFM 输出至模拟表头的电压增益。特别说明：不论模拟输出信号对应的是频率或是满载电流，所选择的表头都应该是 0 ~ 10V 满刻度的电压表头，这些表头间的不同之处，只是显示面板的单位及刻度不同，所以这个模拟输出不但可接频率表、电流表，还可接转速表、米速表、电压表等，只要是0～10V满刻度的电压表头均可使用。若使用的电压表头不是10V满刻度，只要调整参数P44的增益值就可以正常使用了。例如：使用5V满刻度的频率表，此时参数P44调整为50%即可。

11）P45、P46：多功能输出端子功能选择。台达VFD-M变频器有两路开关量输出，一路为晶体管输出，一路为继电器输出，两路输出均有多种功能可选。台达VFD-M变频器的开关量输出电路的结构如图8-14所示。

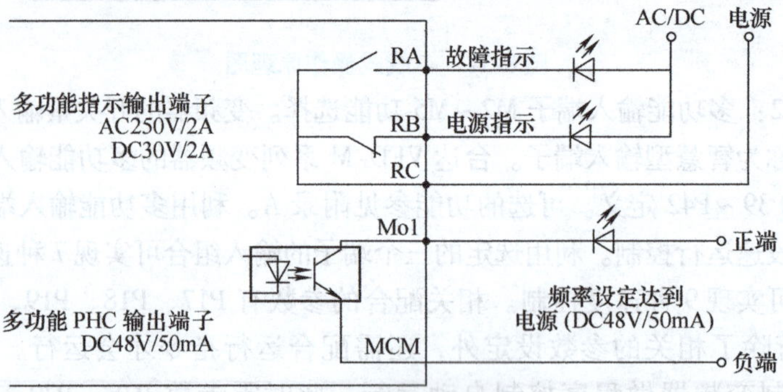

图8-14　台达VFD-M变频器的开关量输出电路结构图

12）P76：参数锁定及重置设定。此参数的设计是为了锁定参数或重置参数。当设备调试完毕后，为了避免现场人员因误操作而更改参数设定，可将此参数设为“01”（所有的参数设定为只读模式）或“08”（键盘锁定）。若是参数值因故或乱调导致动作不正常时，可将此参数设为“09”（所有的参数值重置为50Hz的出厂设定值）或“10”（所有的参数值重置为60Hz的出厂设定值），恢复出厂值后再重新校调。

13）P78：程序运行模式选择。台达VFD-M系列变频器具有简易程序运行功能，可用于一般小型机械、食品加工机械、洗涤设备的运行程控，可取代一些传统的继电器、开关、定时器等控制电路；使用此功能时相关的参数设定较多，须仔细设定每一个参数。

例如，变频器做可程序运行循环运行（连续模式），相关参数的设定有：

① P17～P23：第一段速～第七段速设定（设定每一段速的频率值）。

② P38～P42：多功能输入端子设定（选择一个多功能端子并设定为“16”：可程序自动运行）。

③ P45～P46：多功能输出端子设定（如选择多功能端子为“09”：程序运行中指示）。

④ P78：可程序运行模式设定。

⑤ P79：第一段速～第七段速运行方向设定（设定每一段速的运行方向）。

⑥ P81～P87：第一段速～第七段速运行时间设定（设定每一段速的运行时间）。

设定参数与运行曲线的对应关系如图8-15所示，由图可以看出，自动程序运行指令一下达，交流电动机驱动器就依照各参数的设定运行，直到第七段速完成后再自动从第一段速继续运行，直到自动程序运行指令OFF才停止。

14）P88～P92：通信参数设置。台达VFD-M系列变频器支持RS485通信，变频器作为RS485通信的从站。参数P88设置作为从站的变频器的通信地址，P89设置通信速率，P92设置通信资料格式（通信协议），P91设置传输超时检出，P92设置传输错误处理方式。

15）P115～P135：PID控制相关参数设置。PID控制是变频器的相对复杂的应用之一，

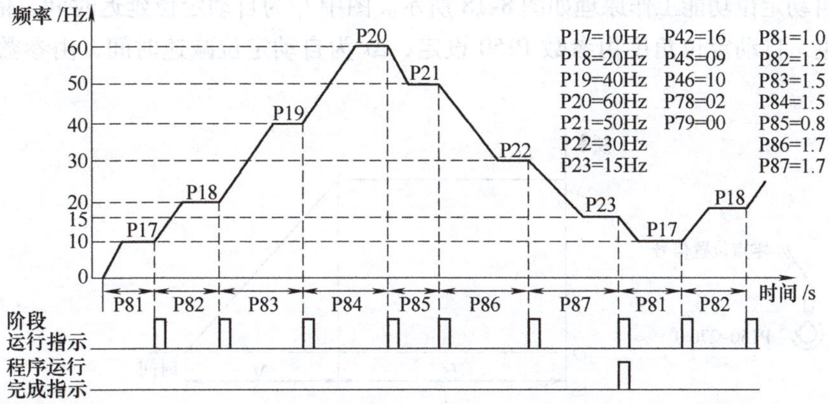

图 8-15 可程序运行循环运行（连续模式）示意图

注：图中运行时间为 P81 ~ P87 设定值 ×10，单位为 s

借助变频器高速运算功能可以实现响应速度很高的闭环控制，其性能甚至是许多专用调节器所不能达到的。该部分参数对 PID 应用的相关项进行了定义。PID 控制框图如图 8-16 所示，从图中可以看出相关参数在 PID 控制中的作用。

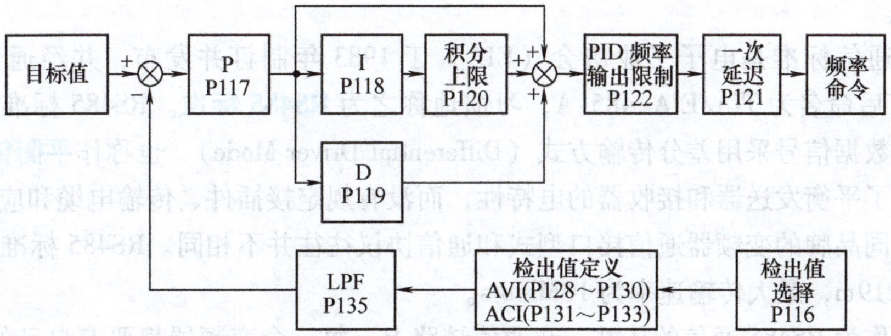

图 8-16 PID 控制框图

16）P136 ~ P138：睡眠功能相关参数设置。当把变频器用于恒压供水系统时，为了节约电能，可在用水量较小时使变频器进入睡眠方式工作。台达 VFD-M 系列变频器的睡眠功能工作原理如图 8-17 所示。

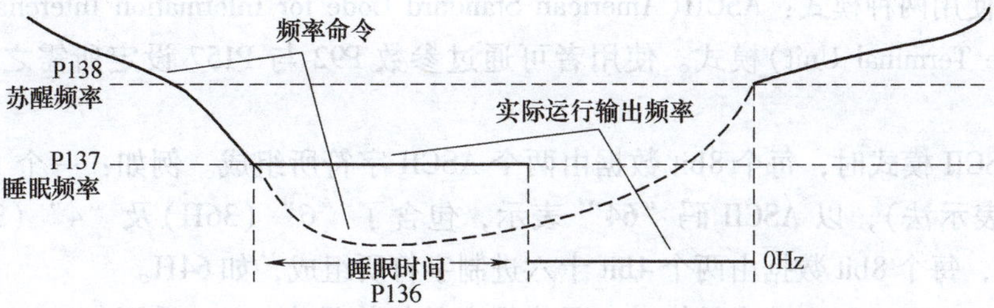

图 8-17 台达 VFD-M 系列变频器的睡眠功能示意图

17）P148 ~ P151：简易自动定位参数设置。对于一些准确度要求不太高的定位系统，可利用变频器的简易定位功能来完成。自动定位功能必须配合多功能输入端子（对应参数选择功能号 31：简易定位零点位置信号输入），才能实现定位的功能应用。台达 VFD-M 系列变频器的简易自动定位功能工作原理如图 8-18 所示。图中 t_f 为自动定位延迟时间，依据定位的角度自动产生，自动定位角度由参数 P150 设定；Δt 为自动定位减速时间，由参数 P151 设定。

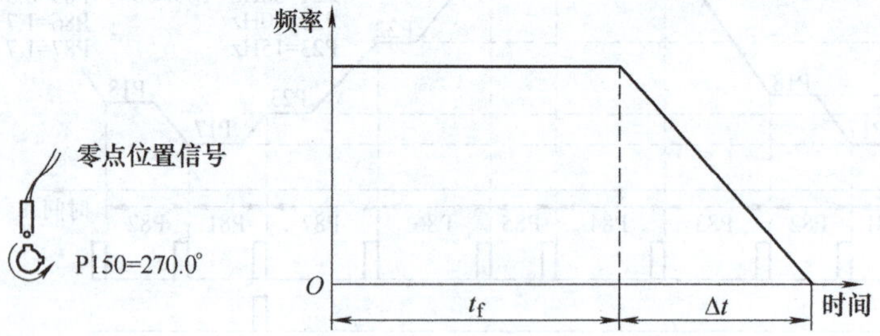

图 8-18　台达 VFD-M 系列变频器的简易自动定位功能工作原理

8.1.6　台达 VFD-M 系列变频器的通信控制

目前，多数变频器都配置有串行通信接口。通过串行通信接口，可用计算机或 PLC 等对变频器进行远程通信控制。台达 VFD-M 系列变频器内置 RS485 串行通信接口，支持 RS485 通信。

RS485 通信标准是电子工业协会（EIA）于 1983 年制订并发布，并经通信工业协会（TIA）修订后命名为 TIA/EIA-485-A，习惯地称之为 **RS485 标准**。RS485 标准基于半双工方式工作，数据信号采用差分传输方式（Differential Driver Mode），也称作**平衡传输**。RS485 标准只规定了平衡发送器和接收器的电特性，而没有规定接插件、传输电缆和应用层通信协议，因此不同品牌的变频器通信接口型式和通信协议往往并不相同。RS485 标准的最大传输距离约为 1219m，最大传输速率为 10Mbit/s。

变频器作为 RS485 通信的从站，在通信链路上，每一个变频器都要有自己的通信地址。台达 VFD-M 系列变频器由参数 P88 设置作为从站的变频器的通信地址。合法的通信地址范围为 0～254。通信地址为 0 表示对所有变频器进行广播，在此情况下，变频器将不会回传任何信息给主站。

台达 VFD-M 系列变频器设定为以 Delta ASCII 与 MODBUS NETWORKS 通信，其中 MODBUS 可使用两种模式：ASCII（American Standard Code for Information Interchange）模式或 RTU（Remote Terminal Unit）模式。使用者可通过参数 P92 与 P157 设定所需之模式及通信协议。

采用 ASCII 模式时，每个 8bit 数据由两个 ASCII 字符所组成。例如：一个 1B 数据 64H（十六进制表示法），以 ASCII 码“64”表示，包含了“6”（36H）及“4”（34H）。采用 RTU 模式时，每个 8bit 数据由两个 4bit 十六进制字符所组成，如 64H。

采用 MODBUS ASCII 模式通信时，通信报文的结构见表 8-3，采用 MODBUS RTU 模式通信时，通信报文的结构见表 8-4。

台达 VFD-M 系列变频器支持 MODBUS 协议中的指令码 03H（读出寄存器内容）、06H（写入一组数据至寄存器）和 10H（写入多组数据至寄存器）。采用这些指令码可以完成对变频器参数的读写和对变频器的运行速度进行控制。变频器的所有参数在变频器内都有对应的地址单元，对变频器的控制和监视可通过将相应的数据写入通信协议的参数地址来完成。通信协议的参数地址定义参见附录B。

表8-3　MODBUS ASCII模式通信报文的结构

STX	起始字符“:”(3AH)
ADR 1	通信地址：8bit地址包含了两个ASCII码
ADR 0	
CMD 1	命令码：8bit命令包含了两个ASCII码
CMD 0	
DATA（n-1）	数据内容：n×8bit数据包含了2n个ASCII码 n≤25，最多有50个ASCII码
⋮	
DATA 0	
LRC CHK 1	校验值：8bit校验值包含了两个ASCII码
LRC CHK 0	
EDN 1	结束字符：END1=CR（0DH），END0=LF（0AH）
END 0	

表8-4　MODBUS RTU模式通信报文的结构

START	超过10ms之静止时段	DATA 0	数据内容：n×8bit数据，n≤25
ADR	通信地址：8bit地址	CRC CHK Low	CRC校验值：16bit校验值由两个8bit字符组成
CMD	命令码：8bit命令	CRC CHK High	
DATA（n-1）	数据内容：n×8bit数据，n≤25	END	超过10ms之静止时段
⋮			

［**例8-1**］　从地址为01H的变频器的起始地址2102H连续读取2个字。

采用MODBUS RTU模式通信，指令码为03H。发送的命令信息数据结构见表8-5，回应信息数据结构见表8-6。

表8-5　指令码为03H时命令信息数据结构

ADR	01H	数据数（以字计算）	00H
CMD	03H		02H
起始数据地址	21H	CRC CHK Low	6FH
	02H	CRC CHK High	F7H

表8-6　指令码为03H时回应信息数据结构

ADR	01H	数据地址 2103H内容	00H
CMD	03H		00H
数据数（以字节计算）	04H	CRC CHK Low	FEH
起始数据地址 2102H内容	17H	CRC CHK High	5CH
	70H		

［**例8-2**］　将6000(1770H)写到地址为01H交流电动机驱动器的0042H地址。

采用MODBUS RTU模式通信，指令码为06H。发送的命令信息数据结构见表8-7，回应信息数据结构见表8-8。

表8-7 指令码为06H时命令信息数据结构

ADR	01H	数据内容	17H
CMD	06H		70H
数据地址	00H	CRC CHK Low	27H
	42H	CRC CHK High	CAH

表8-8 指令码为06H时回应信息数据结构

ADR	01H	数据内容	17H
CMD	06H		70H
数据地址	00H	CRC CHK Low	27H
	42H	CRC CHK High	CAH

[例8-3] 变更变频器(地址01H)的多段速设定P17 = 50.00 (5000 = 1388H)，P18 = 40.00 (4000 = 0FA0H)。

采用MODBUS RTU模式通信，指令码为10H。发送的命令信息数据结构见表8-9，回应信息数据结构见表8-10。

表8-9 指令码为10H时命令信息数据结构

ADR	01H	第一组数据	13H
CMD	10H		88H
数据起始地址	00H	第二组数据	0FH
	11H		A0H
数据量（字）	00H	CRC Check Low	B2H
	02H	CRC Check High	49H
数据量（字节）	04H		

表8-10 指令码为10H时回应信息数据结构

ADR	01H	数据量（字）	00H
CMD	10H		02H
数据起始地址	00H	CRC Check Low	11H
	11H	CRC Check High	CDH

8.1.7 错误信息指示与故障排除

变频器本身有过电压、低电压及过电流等多项报警信息及保护功能，一旦异常故障发生，保护功能动作，变频器停止输出，异常触点动作，电动机自由运行停止。依据变频器的异常显示内容可查找异常原因，及时消除故障。异常记录会储存在变频器内部存储器中(可记录最近三次异常信息)，可经由数字操作面板读出。

需注意的是，异常发生后，变频器处于故障报警状态，必须先将异常状况排除，变频器才能够恢复到正常操作状态。消除报警原因后，可按面板上的重置键(RESET 键)、将外部端子设定为“异常复归指令”并连通此端子或以通信方式传送异常复归指令，则可解除报警状态。任何异常报警解除前，应使运行信号为开路(OFF)状态，以防止异常信号复归后立即重新运行而导致机械损害或人员伤亡。

台达 VFD-M 系列变频器发生故障时显示的符号含义及故障处置方法参见附录 C。

8.2 三菱 FR－E700 系列变频器的操作与控制

8.2.1 三菱 FR－700 系列变频器概述

三菱变频器是日本三菱电机株式会社的产品，国内市场应用较多。三菱电机公司在中国大连设有生产厂，专门生产 FR 系列的变频调速器。三菱变频调速器进入中国有 20 多年的历史，目前三菱电机公司在中国市场上销售较多的是 FR－700 系列变频器，包括 FR－A700、FR－D700、FR－E700、FR－F700 以及新推出的 FR－L700 等系列。

（1）FR－A700 高性能矢量型变频器　FR－A700 系列变频器适合于各类对负载要求较高的设备，如起重、电梯、印包、印染、材料卷取及其他通用场合。FR－A700 系列变频器具有高水准的驱动性能；具有独特的无传感器矢量控制模式，在不需要采用编码器的情况下可以使各式各样的机械设备在超低速区域高精度地运行；带有转矩控制模式，并且在速度控制模式下可以使用转矩限制功能；具有矢量控制功能（带编码器），可以实现位置控制和快响应、高精度的速度控制（零速控制、伺服响应等）及转矩控制。

（2）FR－D700 紧凑型多功能变频器　FR－D700 系列变频器是多功能产品，具有磁通矢量控制方式，在 1Hz 情况下可以使转矩提高到 150%；扩充了浮辊控制和三角波功能；带有安全停止功能，实现紧急停止有两种方法，即通过控制接触器来切断输入电源或对变频器内部逆变模块驱动回路进行直接切断，以符合欧洲标准的安全功能，目的是节约设备投入。

（3）FR－E700 经济型变频器　FR－E700 系列变频器是可实现高驱动性能的经济型产品，具有磁通矢量控制方式，在 0.5Hz 情况下，使用先进磁通矢量控制模式可以使转矩提高到 200%（3.7kW 以下）。短时超载增加到 200% 时允许持续时间为 3s；误报警将更少发生；经过改进的限制转矩及限电流功能可以为机械提供必要的保护。FR－E700 经济型变频器的产品外形如图 8-19 所示。

图 8-19　FR－E700 经济型变频器的产品外形

（4）FR－F700 轻载节能型变频器　FR－F700 系列变频器为节能型产品，除了应用在很多通用场合外，特别适用于风机、水泵、空调等行业。FR－F700 系列变频器具有丰富的功能，除了具有与其他变频器相同的常规PID控制功能外，还扩充了多泵控制功能。FR－F700系列变频器是一款注重节能的产品，具有最佳励磁控制功能，除恒速时可以使用外，在加减速时也可以使用，可以进一步优化节能效果；具有节能监视功能，可以通过操作面板、输出端子（端子CA、AM）和通信来确认节能效果。

（5）FR－L700专业化多用途矢量型变频器　FR－L700系列变频器是高性价比产品，拥有先进的控制模式，能广泛应用于各种专业用途，特别适用于印刷包装、线缆/材料、纺织印染、橡胶轮胎、物流机械等行业。FR－L700系列变频器采用高性能变频驱动技术，具有高标准的驱动性能。进行无传感器矢量控制时，可以驱动不带编码器的普通电动机实现高精度控制和高响应速度；作为高精度转矩控制（使用在线自动调整）时，可以减小运行时由于电动机温度变化而导致的电动机转子参数变动所造成的影响，该功能尤其适用于需要进行张力控制的机械，如拉丝机等。变频器内置张力控制功能，特别添加了收/放卷的张力控制功能，可实现速度张力控制、转矩张力控制、恒张力控制等多种控制方式；FR－L700系列变频器内置PLC编程功能，可降低成本、简化结构，取代“PLC主机＋I/O＋模拟量＋变频器”的经济型配置，特别适合小型设备的简易应用，便于安装调试及维护。

1. 变频器型号说明

以FR－E740型变频器为例，三菱FR－E700系列变频器的型号说明如图8-20所示。

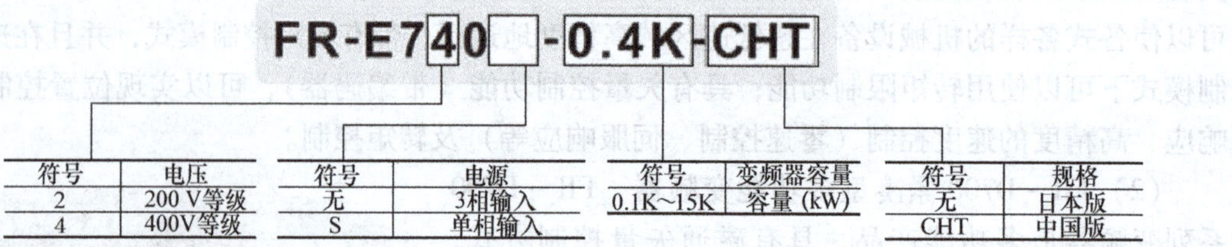

图8-20　FR－E700系列变频器的型号说明

2. 变频器主要技术参数

三菱FR－700系列变频器最早发布的4个子系列产品的主要技术指标见表8-11。

表8-11　三菱FR－700系列变频器的主要技术指标

项　目		FR-A700	FR-F700	FR-E700	FR-D700
容量范围/kW	三相200V	0.4～90	0.75～110	0.1～15	0.1～15①
	三相400V	0.4～500	0.75～S630	0.4～15	0.4～15②
	单相200V	—	—	0.1～2.2①	0.1～2.2
控制方式		U/f控制、先进磁通矢量控制、无传感器矢量控制、矢量控制（需选件FR-A7AP）	U/f控制、最佳励磁控制、简易磁通矢量控制	U/f控制、先进磁通矢量控制、通用磁通矢量控制、最佳励磁控制	U/f控制、通用磁通矢量控制、最佳励磁控制
转矩限制		○	×	○	×
内置制动晶体管		0.4～22kW设置	—	0.4～15kW设置	0.4～7.5kW设置
内置制动电阻		0.4～7.5kW设置	—	—	—

（续）

项	目	FR-A700	FR-F700	FR-E700	FR-D700
瞬时停电	再起动功能	有频率搜索方式	有频率搜索方式	有频率搜索方式	有频率搜索方式
	停电时继续	○	○	○	○
	停电时减速	○	○	○	○
运行特性	多段速	15 速	15 速	15 速	15 速
	极性可逆	○	○	×	×
	PID 控制	○	○	○	○
	工频运行切换功能	○	○	×	×
	制动序列功能	○	×	○	×
	高速频率控制	○	×	×	×
	挡块定位控制	○	×	○	×
	输出电流检测	○	○	○	○
	冷却风扇 ON-OFF 控制	○	○	○	○
	异常时再试功能	○	○	○	○
	再生回避功能	○	×	×	×
	零电流检测	○	○	○	○
	机械分析器	○[3]	×	×	×
	其他功能	最短加减速、最佳加减速、升降机模式、节电模式	节电模式、最佳励磁控制	最短加减速、节电模式、最佳励磁控制	节电模式、最佳励磁控制
操作面板，参数单元	标准配置	FR-DU07	FR-DU07	操作面板固定	操作面板固定
	复制功能	○	○	×	×
	FR-PU04	△（参数不能复制）	△（参数不能复制）	△（参数不能复制）	△（参数不能复制）
	FR-DU04	△（参数不能复制）	△（参数不能复制）	△（参数不能复制）	△（参数不能复制）
	FR-PU07	○（可保存三台变频器参数）	○（可保存三台变频器参数）	○（可保存三台变频器参数）	○（可保存三台变频器参数）
	FR-DU07	○（参数能复制）	○（参数能复制）	×	×
	FR-PA07	△（有些功能不能使用）	△（有些功能不能使用）	○	○

（续）

项目		FR-A700	FR-F700	FR-E700	FR-D700
通信	RS485	○标准2个	○标准2个	○标准1个	○标准1个
	MODBUS-RTU	○	○	○	○
	CC-LINK	○（选件FR-A7NC）	○（选件FR-A7NC）	○（选件FR-A7NC E kit）	—
	PROFIBUS-DP	○（选件FR-A7NP）	○（选件FR-A7NP）	○（选件FR-A7NP E kit）	—
	DEVICE Net	○（选件FR-A7ND）	○（选件FR-A7ND）	○（选件FR-A7ND E kit）	—
	LONWORKS	○（选件FR-A7NL）	○（选件FR-A7NL）	○（选件FR-A7NL E kit）	—
	USB	○	—	○	—
构造	控制电路端子	螺纹式端子	螺纹式端子	螺纹式端子	压接式端子
	主电路端子	螺纹式端子	螺纹式端子	螺纹式端子	螺纹式端子
	控制电路电源与主电路分开	○	○	×	×
	冷却风扇更换方式	○（风扇位于变频器上部）	○（风扇位于变频器上部）	○（风扇位于变频器上部）	○（风扇位于变频器上部）
	可脱卸端子排	○	○	○	×
内置EMC滤波器		○	△（55kW以下不带）	—	—
内置选件		可插3个不同性能的选件卡	可插1个选件卡	可插1个选件卡	—
设置软件		FR Configurator（FR-SW3、FR-SW2）	FR Configurator（FR-SW3、FR-SW2）	FR Configurator（FR-SW3）	FR Configurator（FR-SW3）
高次谐波对策	交流电抗器	○（选件）	○（选件）	○（选件）	○（选件）
	直流电抗器	○（选件，75kW以上标准配备）	○（选件，75kW以上标准配备）	○（选件）	○（选件）
	高功率因数变流器	○（选件）	○（选件）	○（选件）	○（选件）

注：① 尚未发布。

② 11kW、15 kW 未发布。

③ 使用 FR－Configurate（SW2）时具有此功能。

8.2.2 FR－E700系列变频器的接线

1. FR－E700系列变频器标准接线及注意事项

三菱FR－E700系列变频器标准接线如图8-21所示。使用操作面板操作时，只需连接主电路部分线路。制动单元（或制动电阻器）根据变频器的使用场合或负载工作性质选择连接。

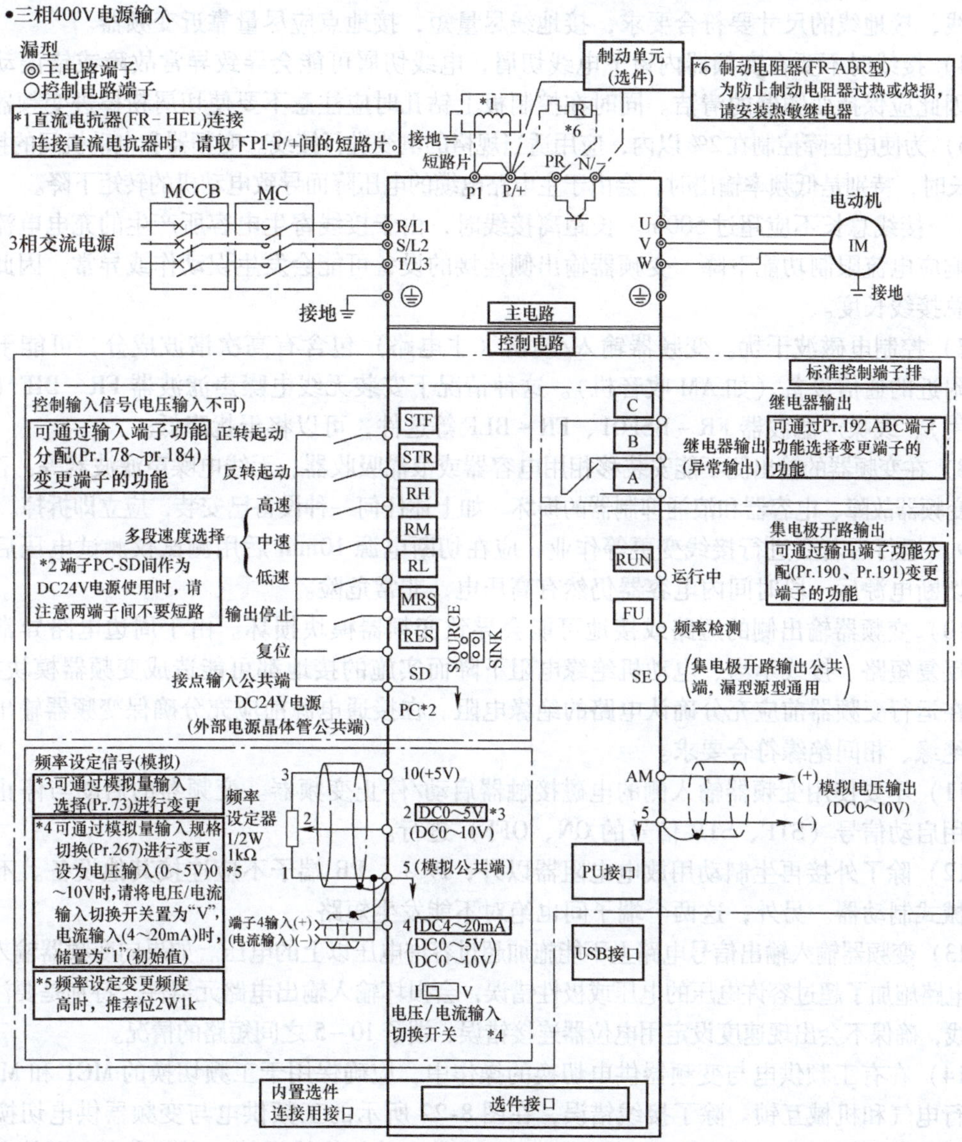

图 8-21　三菱 FR－E700 系列变频器标准接线图

三菱 FR－E700 系列变频器是可靠性很高的产品，但周边电路的连接方法错误以及运行、使用方法不当也会导致产品寿命缩短或损坏，因此需要选择合适的变频器选件并正确接线。

变频器接线时及运行前应注意下列事项：

1）三菱 FR－E700 系列变频器的线路包括主电路部分和控制电路部分。为了防止线路干扰可能导致的错误动作发生，控制电路的信号线要离主电路的动力线 10cm 以上。

2）电源线必须连接至主电路输入端子 R/L1、S/L2、T/L3，绝对不能接输出端子 U、V、W，否则会损坏变频器，因此务必防止这种形式的接线。输入电源 R/L1、S/L2、T/L3 无相序分别，可任意连接使用。电源及电动机接线的压接端子推荐使用带绝缘套管的端子。

3）由于变频器内有漏电流，为了防止触电，变频器和电动机必须接地。接地时必须遵循国家及当地安全法规和电气规范的要求。变频器接地应使用专用的接地端子。接地线尽量用粗线，接地线的尺寸要符合要求，接地线尽量短，接地点应尽量靠近变频器。

4）接线时不要在变频器内留下电线切屑，电线切屑可能会导致异常故障或错误动作发生，因此应保持变频器的清洁。同时在控制板上钻孔时应注意不要使切屑粉掉进变频器内。

5）为使电压降控制在2%以内，应用适当规格的电线进行接线。变频器和电动机间的接线距离较长时，特别是低频率输出时，会由于主电路电缆的电压降而导致电动机的转矩下降。

6）接线总长不应超过500m。长距离接线时，由于接线寄生电容所产生的充电电流会引起高响应电流限制功能下降，变频器输出侧连接的设备可能会发生误动作或异常，因此务必注意总接线长度。

7）控制电磁波干扰。变频器输入/输出（主电路）包含有高次谐波成分，可能干扰变频器附近的通信设备（如AM收音机）。这种情况下安装无线电噪声滤波器FR－BIF（输入侧专用）、线噪声滤波器FR－BSF01、FR－BLF等选件，可以将干扰降低。

8）在变频器的输出侧不能安装移相用电容器或浪涌吸收器、无线电噪声滤波器等，否则将导致变频器故障、电容器和浪涌抑制器的损坏。如上述任何一种设备已安装，应立即拆掉。

9）运行后若要进行接线变更等作业，应在切断电源10min后用测试仪测试电压后再进行。切断电源后一段时间内电容器仍然有高压电，非常危险。

10）变频器输出侧的短路或接地可能会导致变频器模块损坏。由于周边电路异常而引起的反复短路、接线不当、电动机绝缘电阻下降而实施的接地都可能造成变频器模块损坏，因此在运行变频器前应充分确认电路的绝缘电阻。在接通电源前应充分确保变频器输出侧的对地绝缘、相间绝缘符合要求。

11）不要使用变频器输入侧的电磁接触器启动/停止变频器。变频器的启动与停止请务必使用启动信号（STF、STR信号的ON、OFF）进行。

12）除了外接再生制动用放电电阻器以外，P/＋、PR端子不应连接其他设备。不应连接机械式制动器。另外，这两个端子间也绝对不能发生短路。

13）变频器输入输出信号电路上不能施加超过容许电压以上的电压。如果向变频器输入输出信号电路施加了超过容许电压的电压或极性错误，会损坏输入输出电路元器件。特别是要注意确认接线，确保不会出现速度设定用电位器连接错误、端子10－5之间短路的情况。

14）在有工频供电与变频器供电切换的操作中，应确保用于工频切换的MC1和MC2可以进行电气和机械互锁。除了接线错误，在图8-22所示的工频供电与变频器供电切换电路时，可能会因为切换时的电弧或顺控错误时造成的电路切换错误等，引起来自电源的电流损坏变频器。

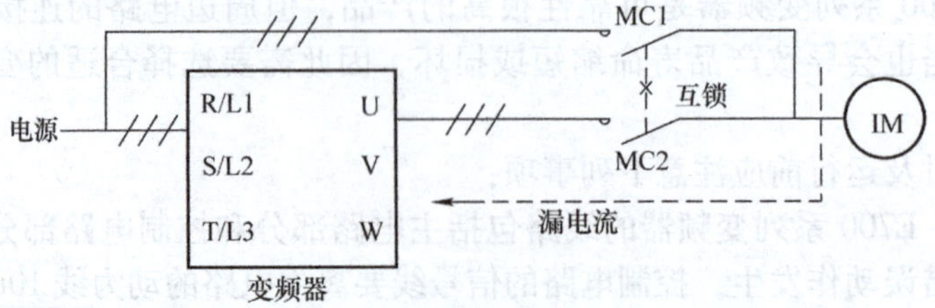

图8-22 工频供电与变频器供电切换电路

15）需要防止停电后恢复供电时设备的再起动时，应在变频器输入侧安装电磁接触器，同时不要将顺控设定为起动信号ON的状态。若起动信号（起动开关）保持ON的状态，通电恢复后变频器将自动重新起动。

16）频繁过负载运行会降低变频器的使用寿命。变频器运行、停止的频度过高时，因大电流反复流过，变频器的晶体管器件会反复升温、降温，从而可能会因热疲劳导致寿命缩短。热疲劳的程度受电流大小的影响，因此减小堵转电流及起动电流可以延长寿命。但由于电流不足可能引起转矩不足，从而导致无法启动的情况发生，因此，这种情况下可采取增大变频器容量（提高2级左右），使电流保持一定裕量的策略。

17）应充分确认电源电压及可提供的最大电流符合变频器及系统的要求。

18）控制电路端子的接线应使用屏蔽线或双绞线，而且必须与主电路，强电电路分开接线。控制电路的电线长度不要超过30m。连接控制电路端子的电线建议使用直径为0.3～0.75mm^2的电线。若使用直径为1.25mm^2或以上的电线，在接线数量多时或者由于接线方法不当，会发生前盖板松动，操作面板接触不良的情况。

19）不应向控制电路的接点输入端子（例如：STF）输入电压。

20）控制电路端子SD、SE以及端子5是输入输出信号的公共端端子。不应将该公共端端子接大地。

21）使用端子4输入模拟量控制信号时，应正确设定电压/电流输入切换开关。如果电压/电流输入切换开关设定错误，将导致变频器工作异常、产生故障或误动作。

22）通过模拟信号使电动机转速可变后使用时，为了防止变频器发出的噪声导致频率设定信号发生变动以及电动机转速不稳定等情况，应采取下列对策：

① 避免信号线和动力线（变频器输入输出线）平行接线和成束接线；

② 信号线尽量远离动力线（变频器输入输出线）；

③ 信号线使用屏蔽线；

④ 信号线上设置铁氧体磁心。

2. 控制逻辑的切换

三菱FR－700系列变频器的开关量信号端子可根据控制需要切换为漏型逻辑和源型逻辑。

漏型逻辑是指信号输入端子有电流流出时信号为ON的逻辑。此时，端子SD是接点输入信号的公共端端子，端子SE是集电极开路输出信号的公共端端子。

源型逻辑是指信号输入端子中有电流流入时信号为ON的逻辑。此时，端子PC是接点输入信号的公共端端子，端子SE是集电极开路输出信号的公共端端子。

输入信号出厂设定为漏型逻辑（SINK）。为了切换控制逻辑，需要切换控制端子上方的跨接器。使用镊子或尖嘴钳可将漏型逻辑（SINK）上的跨接器转换至源型逻辑（SOURCE）上。跨接器的转换应在未通电的情况下进行。

选择漏型逻辑（SINK）或源型逻辑（SOURCE）时有关输入输出信号的电流流向如图8-23所示。

3. 输入输出端子功能分配

三菱FR－E700系列变频器具有7个数字量输入端子，3路数字量输出端子，变频器的数字量输入输出端子都是多功能端子。三菱FR－E700系列变频器标准接线图中所标示的各端子功能只是变频器出厂预设的功能。除此以外，这些端子还可以设定为其他多种控制功能。

数字量输入端子的功能通过参数Pr.178～Pr.184分别设定，可选择的功能参见表8-12；

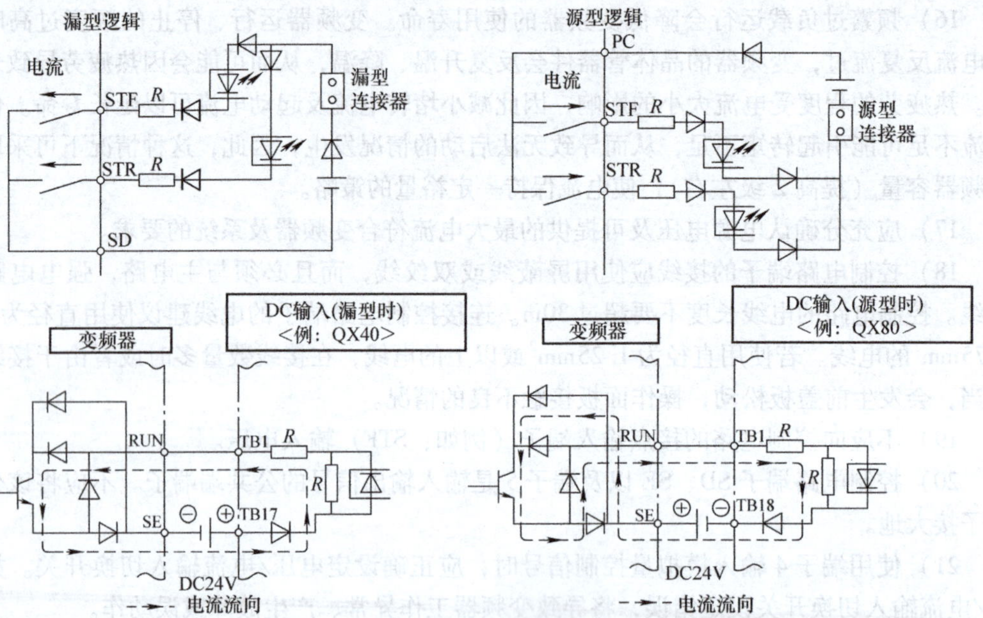

a) 选择漏型逻辑时有关输入输出信号的电流流向　　b) 选择源型逻辑时有关输入输出信号的电流流向

图 8-23　选择漏型逻辑或源型逻辑时有关输入输出信号的电流流向

数字量输出端子的功能通过参数 Pr. 190 ~ Pr. 192 分别设定，可选择的功能参见表 8-13。

通过给数字量输入输出端子分配不同的功能，可对变频器实现多种形式的控制。

表 8-12　数字量输入端子功能分配表

功能	参数	名称	单位	初始值	范围	内容
输入端子的功能分配	178	STF 端子功能选择	1	60	0 ~ 5、7、8、10、12、14 ~ 16、18、24、25、60、62、65 ~ 67、9999	0：低速运行指令 1：中速运行指令 2：高速运行指令 3：第 2 功能选择 4：端子 4 输入选择 5：点动运行选择 7：外部热敏继电器输入 8：15 速选择 10：变频器运行许可信号（FR - HC/FR - CV 连接） 12：PU 运行外部互锁 14：PID 控制有效端子 15：制动器开放完成信号 16：PU - 外部运行切换 18：V/F 切换 24：输出停止 25：起动自保持选择 60：正转指令（只能分配给 STF 端子（Pr. 178）） 61：反转指令（只能分配给 STR 端子（Pr. 179）） 62：变频器复位 65：PU - NET 运行切换 66：外部 - 网络运行切换 67：指令权切换 9999：无功能
	179	STR 端子功能选择	1	61	0 ~ 5、7、8、10、12、14 ~ 16、18、24、25、61、62、65 ~ 67、9999	
	180	RL 端子功能选择	1	0	0 ~ 5、7、8、10、12、14 ~ 16、18、24、25、62、65 ~ 67、9999	
	181	RM 端子功能选择	1	0		
	182	RH 端子功能选择	1	0		
	183	MRS 端子功能选择	1	0		
	184	RES 端子功能选择	1	0		

表 8-13 数字量输出端子功能分配表

功能	参数	名称	单位	初始值	范围	内容
输出端子的功能分配	190	RUN 端子功能选择	1	0	0、1、3、4、7、8、11 ~ 16、20、25、26、46、47、64、90、91、93、95、96、98、99、100、101、103、104、107、108、111 ~ 116、120、125、126、146、147、164、190、191、193、195、196、198、199、9999	0、100：变频器运行中 1、101：频率到达 3、103：过负载警报 4、104：输出频率检测 7、107：再生制动预报警 8、108：电子过电流保护预报警 11、111：变频器运行准备完毕 12、112：输出电流检测 13、113：零电流检测 14、114：PID 下限 15、115：PID 上限 16、116：PID 正、反转动作输出 20、120：制动器开放请求 25、125：风扇故障输出 26、126：散热片过热预报警 46、146：停电减速中（保持到解除） 47、147：PID 控制动作中 64、164：再试中 90、190：寿命警报 91、191：异常输出 3（电源切断信号） 93、193：电流平均值监视信号 95、195：维修时钟信号 96、196：远程输出 98、198：轻故障输出 99、199：异常输出 9999、—：无功能 0 ~ 99：正逻辑，100 ~ 199：负逻辑
	191	FU 端子功能选择	1	4		
	192	ABC 端子功能选择	1	99	0、1、3、4、7、8、11 ~ 16、20、25、26、46、47、64、90、91、95、96、98、99、100、101、103、104、107、108、111 ~ 116、120、125、126、146、147、164、190、191、195、196、198、199、9999	

8.2.3 FR – E700 系列变频器的操作面板

使用变频器之前，首先要熟悉它的操作面板，并且按照使用现场的控制要求合理设置变频器参数。FR – E700 系列变频器出厂时标配的操作面板不能从变频器上直接拆下。除此以外，在 FR – E700 系列变频器的表面还有一个 PU 接口，可以连接另外选择的操作面板，如 FR – PU04、FR – PA07、FR – PU07、FR – PU07BB 等型号的操作面板。

FR – PU07 和 FR – PU07BB 型操作面板带有数字按键，带操作状态指示和帮助功能，可用数字键盘直接输入参数值，使用更加方便；这两种型号操作面板可以储存最多三套变频器的参数值，方便变频器参数复制。FR – PU07BB 型操作面板可以使用电池供电，在变频器不通电时也可以进行参数设定和复制。

1. FR－E700 型变频器操作面板的名称和功能

FR－E700 型变频器的操作面板如图 8-24 所示，其上半部为面板显示器，下半部为各种按键。各按键和显示的功能如图中所述。

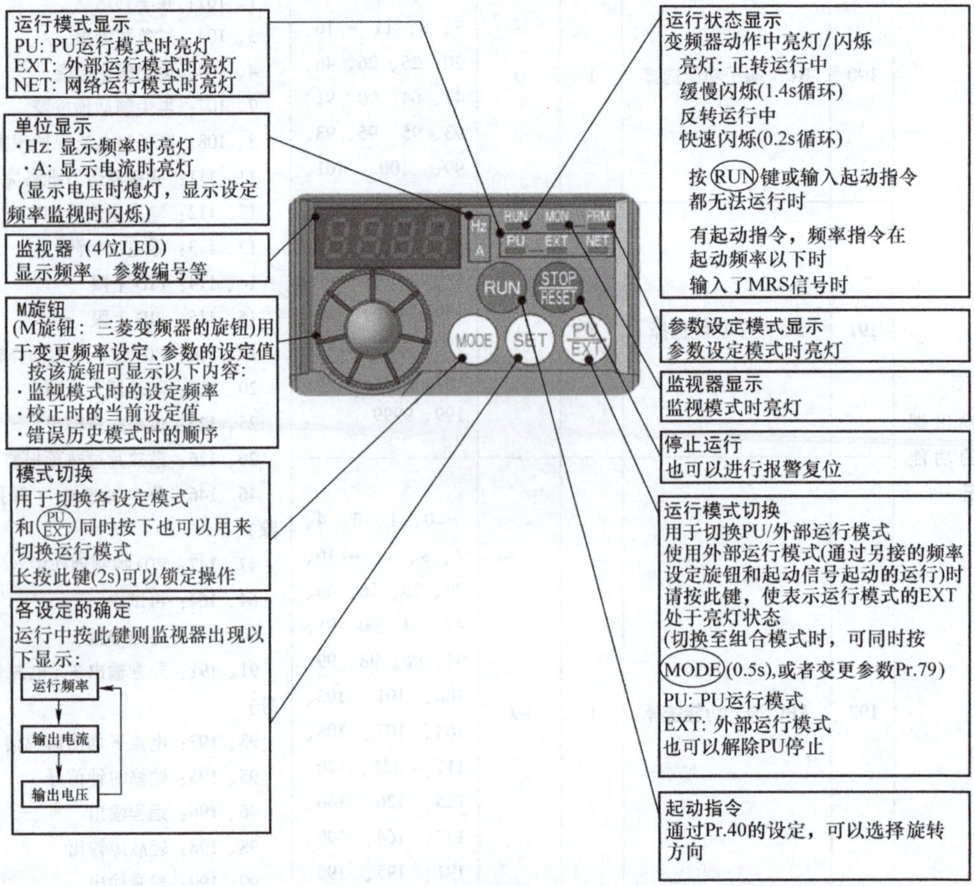

图 8-24　FR－E700 系列变频器的操作面板

2. FR－E700 系列变频器操作面板的使用

用操作面板可以切换运行模式、切换监视模式、设定运行频率、设定参数、查看报警记录、清除报警记录、进行参数清除、参数复制等操作。FR－E700 系列变频器操作面板的基本操作如图 8-25 所示。

8.2.4　运行操作模式

在进行变频器的操作之前，必须要了解变频器的各种操作模式，方能进行各项操作。三菱 FR－E700 系列变频器的运行控制和频率设定可分别通过操作面板、外部端子及通信端口操作，操作模式细分为 8 种，用参数 Pr. 79 进行设定，见表 8-14，出厂预设外部/PU 切换模式为 Pr. 79＝0。

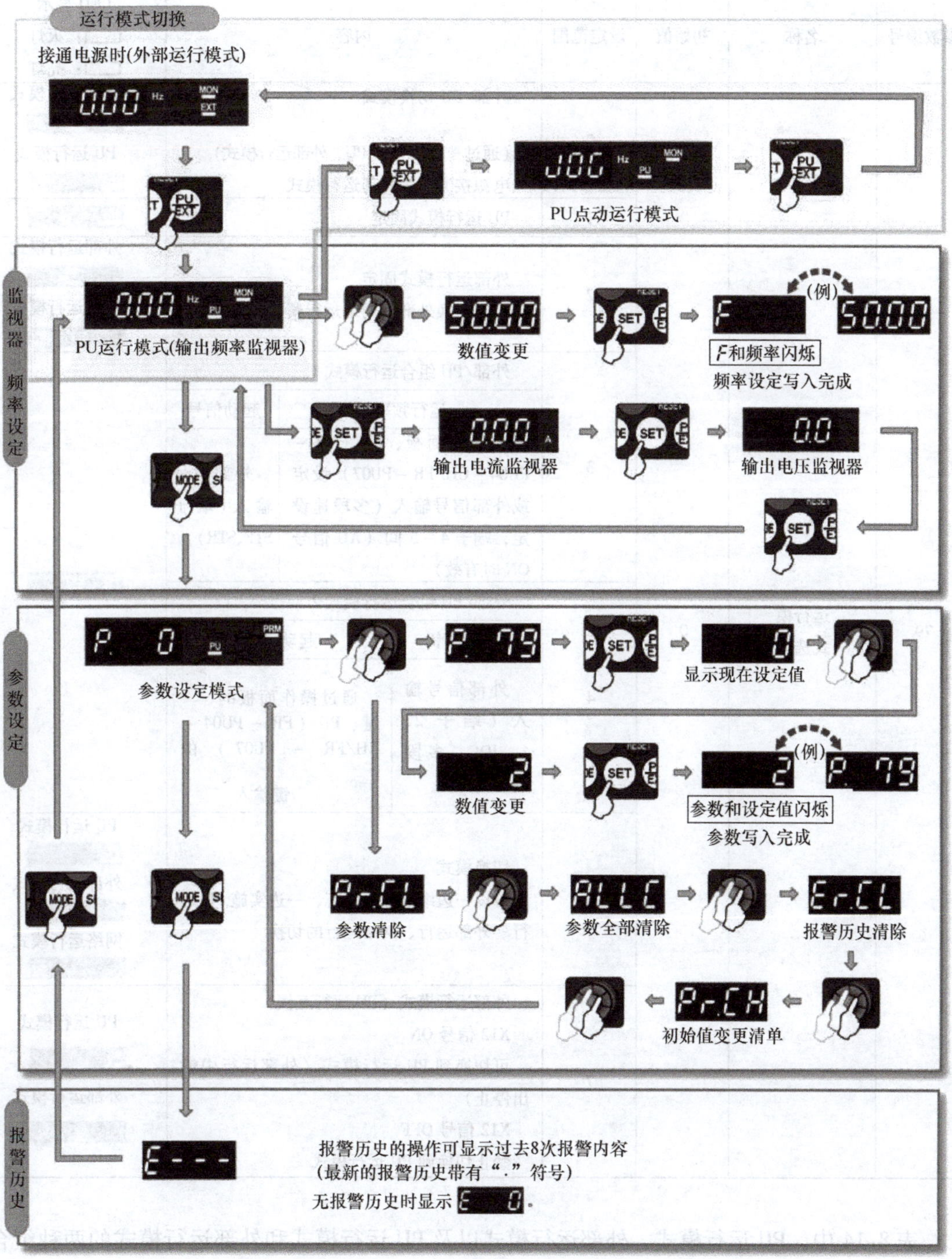

图 8-25 FR－E700 系列变频器操作面板的基本操作

表 8-14　三菱 FR－E700 系列变频器运行模式设定表

参数编号	名称	初始值	设定范围	内容	LED 显示 ▭：灭灯 ▬：亮灯
79	运行模式选择	0	0	外部/PU 切换模式 （通过 PU/EXT 可切换 PU、外部运行模式） 电源接通时为外部运行模式	外部运行模式 FWD PU 运行模式 REV
			1	PU 运行模式固定	PU
			2	外部运行模式固定 可以切换外部、网络运行模式进行运行	外部运行模式 EXT 网络运行模式 NET
			3	外部/PU 组合运行模式 1 运行频率：用操作面板、PU（FR－PU04－CH/FR－PU07）设定或外部信号输入（多段速设定，端子 4－5 间（AU 信号 ON 时有效） 起动信号：外部信号输入（端子 STF、STR）	PU　EXT
			4	外部/PU 组合运行模式 2 运行频率：外部信号输入（端子 2、4、JOG、多段速选择等） 起动信号：通过操作面板的 RUN 键、PU（FR－PU04－CH/FR－PU07）的 FWD、REV 键输入	
			6	切换模式 可以一边继续运行状态，一边实施 PU 运行、外部运行、网络运行的切换	PU 运行模式 PU 外部运行模式 EXT 网络运行模式 NET
			7	外部运行模式（PU 运行互锁） X12 信号 ON 可切换到 PU 运行模式（外部运行中输出停止） X12 信号 OFF 禁止切换到 PU 运行模式	PU 运行模式 PU 外部运行模式 EXT

表 8-14 中，PU 运行模式、外部运行模式以及 PU 运行模式和外部运行模式的两种组合运行模式是常用的 4 种基本运行模式。可通过简单的操作来完成基本运行模式的设定，同时按住 PU/EXT 键和 MODE 键 0.5s，可直接进入参数 Pr. 79 的简单设定界面，旋转“M 旋钮”可设定 4 种基本运行模式中的一种。

三菱 FR－E700 系列变频器的基本运行模式下的操作控制与一般变频器的操作控制基本

相同，如果只是作为简单的调速控制，可以在初始设定值不作任何改变的状态下实现单纯的变频器可变速运行，请根据负荷或运行规格等设定必要的参数。简单模式下涉及的参数设置参见表 8-15。

表 8-15 简单模式参数一览表

参数编号	名称	单位	初始值	范围	用途
0	转矩提升	0.1%	6%/4%/3%	0～30%	V/F 控制时，在需要进一步提高起动时的转矩、以及负载后电动机不转动、输出报警（OL）且（OC1）发生跳闸的情况下使用 ＊初始值根据变频器容量不同而不同（0.75kW 以下/1.5～3.7kW/5.5kW/7.5kW）
1	上限频率	0.01Hz	120Hz	0～120Hz	想设置输出频率的上限时使用
2	下限频率	0.01Hz	0Hz	0～120Hz	想设置输出频率的下限时使用
3	基准频率	0.01Hz	50Hz	0～400Hz	确认电动机的额定频率
4	3 速设定（高速）	0.01Hz	50Hz	0～400Hz	想用参数预先设定运行速度，用端子切换速度时使用
5	3 速设定（中速）	0.01Hz	30Hz	0～400Hz	
6	3 速设定（低速）	0.01Hz	10Hz	0～400Hz	
7	加速时间	0.1s	5s/10s*	0～3600s	可以设定加减速时间 ＊初始值根据变频器容量不同而不同（3.7kW 以下/5.5kW、7.5kW）
8	减速时间	0.1s	5s/10s*	0～3600s	
9	电子过电流保护	0.01A	变频器额定电流	0～500A	用变频器对电动机进行热保护 设定电动机的额定电流
79	操作模式选择	1	0	0、1、2、3、4、6、7	选择起动指令场所和频率设定场所
125	端子 2 频率设定增益	0.01Hz	50Hz	0～400Hz	改变电位器最大值（5V 初始值）的频率
126	端子 4 频率设定增益	0.01Hz	50Hz	0～400Hz	可变更电流最大输入（20mA 初始值）时的频率
160	用户参数组读取选择	1	0	0、1、9999	可以限制通过操作面板或参数单元读取的参数

1. PU 运行模式

将操作模式参数 Pr. 79 设为“1”时，进入 PU 运行模式。PU 运行模式指借助于变频器的操作面板来运行变频器的工作模式。利用变频器操作面板上的（“M 旋钮”），可设定变频器的运行频率，利用变频器操作面板上的和键可起动和停止变频器的运行。

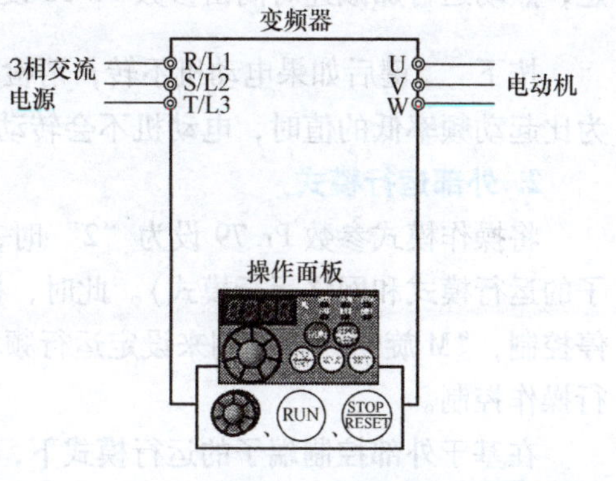

图 8-26 在 PU 运行模式下变频器的电路连接

在 PU 运行模式下，变频器的电路连接如图 8-26 所示，以 30.00Hz 运行的具体操作步骤见表

8-16。

表 8-16 PU 运行模式操作步骤

步骤	操作	显示状态
1	电源接通时显示的监视器画面	
2	按 PU/EXT 键，进入 PU 运行模式	
3	旋转 M 旋钮，显示想要设定的频率闪烁约 5s	 闪烁约5s
4	在数值闪烁期间按 SET 键设定频率（若不按 SET 键，数值闪烁约 5s 后显示将变为“0.00”（0.00Hz）。这种情况下请返回“步骤 3”重新设定频率）	
5	闪烁约 3s 后显示将返回“0.00”（监视显示），通过 RUN 键运行	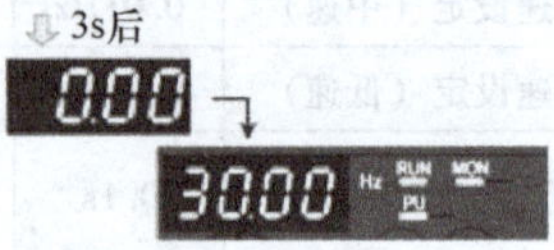
6	要变更设定频率，请执行第 3、4 步操作（从之前设定的频率开始）	
7	按 STOP/RESET 键停止	

在 PU 运行模式下，按 PU/EXT 键，当显示器显示  时进入点动运行模式。此时，按 RUN 键，电动机起动运行；松开 RUN 键，电动机停止运行。点动运行频率由参数 Pr. 15 设定，点动运行加减速时间由参数 Pr. 16 设定。

按下 RUN 键后如果电动机不转，请检查 Pr. 13（起动频率）的设定值。在点动频率设定为比起动频率低的值时，电动机不会转动。

2. 外部运行模式

将操作模式参数 Pr. 79 设为“2”时，进入固定的外部运行模式（包括基于外部控制端子的运行模式和网络运行模式）。此时，操作面板上的起动、停止按键不能用于电动机的起停控制，“M 旋钮”不能用来设定运行频率，只能通过外部控制端子或通信网络对变频器进行操作控制。

在基于外部控制端子的运行模式下，可以通过数字量输入端子来起动或停止变频器，通过数字量输入端子来设定多段速运行频率或通过模拟量输入端子来调节变频器的运行频率。

三菱 FR－E700 型变频器有两路模拟量信号输入通道，模拟量信号输入端子 2 固定用于直流电压输入，模拟量信号输入端子 4 可选择输入直流电流或直流电压信号。

端子 2 输入的直流电压为 DC0～5V（或 0～10V），在 5V（10V）时为最大输出频率，输入输出成正比。通过 Pr. 73 进行 DC0～5V（初始设定）和 DC0～10V 输入的切换操作。

端子 4 输入的信号为 DC4～20mA（或 0～5V，0～10V），在 20mA 时为最大输出频率，输入输出成比例。只有 AU 信号为 ON 时端子 4 的输入信号才会有效（端子 2 的输入将无效）。通过 Pr. 267 进行 4～20mA（初始设定）和 DC0～5V、DC0～10V 输入的切换操作。端子 4 输入的信号选择为电压输入（0～5V/0～10V）时，请将电压/电流输入切换开关切换至“V”位置。

下面给出了一个用外接电位器控制电动机运行速度的外部运行模式的操作实例。变频器的电路连接如图 8-27 所示，具体操作步骤见表 8-17。

图 8-27 所示电路也可控制电动机的点动运行。点动运行选择所使用的端子，请通过将 Pr. 178～Pr. 184（输入端子功能选择）设定为“5”来分配功能。

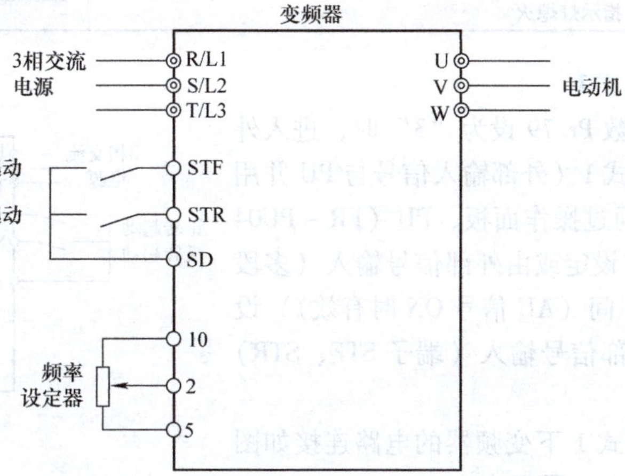

图 8-27　外部运行模式下变频器的电路连接

表 8-17　外部运行模式操作步骤

步骤	操作	显示状态
1	电源 ON→运行模式确认 在初始设定的状态下将电源设置为 ON，将变为外部运行模式［EXT］。请确认运行指令是否显示为［EXT］。若不是显示为［EXT］，请使用键设为外部［EXT］运行模式。上述操作仍不能切换运行模式时，请通过参数 Pr. 79 设为外部运行模式	
2	起动 请将起动开关（STF 或 STR）设置为 ON 无频率指令时［RUN］按钮会快速闪烁	闪烁 

（续）

步骤	操作	显示状态
3	加速→恒速 将电位器（频率设定器）缓慢向右拧到底。显示屏上的频率数值随 Pr. 7 加速时间而增大，变为“50.00”（50.00Hz） ［RUN］按钮在正转时亮灯，反转时缓慢闪烁	
4	减速 将电位器（频率设定器）缓慢向左拧到底 显示屏上的频率数值随 Pr. 8 减速时间而减小，变为“0.00”（0.00Hz），电动机停止运行。［RUN］按钮快速闪烁	闪烁 
5	停止 请将起动开关（STF 或 STR）设置为 OFF ［RUN］指示灯熄灭	

3. 组合运行模式 1

将操作模式参数 Pr. 79 设为“3”时，进入外部/PU 组合运行模式 1（外部输入信号与 PU 并用运行）。运行频率通过操作面板、PU（FR－PU04－CH/FR－PU07）设定或由外部信号输入（多段速设定，端子 4－5 间（AU 信号 ON 时有效））设定，起动信号由外部信号输入（端子 STF、STR）控制。

在组合运行模式 1 下变频器的电路连接如图 8-28 所示，具体操作步骤见表 8-18。

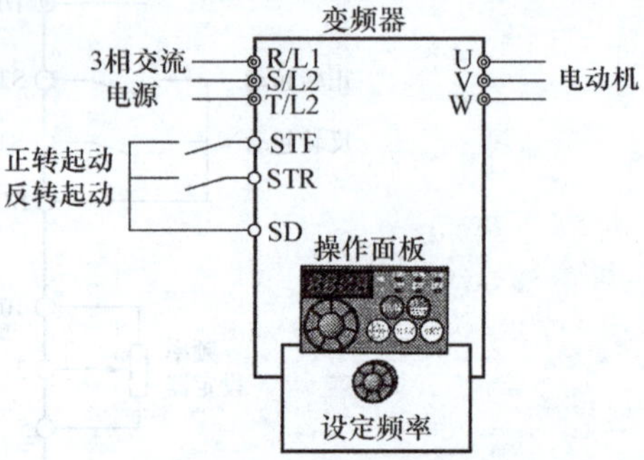

图 8-28 组合运行模式 1 下变频器的电路连接

表 8-18 外部/PU 组合运行模式 1 操作步骤

步骤	操作	显示状态
1	电源接通时显示的监视器画面	
2	将 Pr. 79 变更为“3” ［PU］和［EXT］指示灯亮	
3	请将起动开关（STF 或 STR）设置为 ON ［RUN］指示灯在正转时亮灯，反转时闪烁 电动机以在操作面板的频率设定模式中设定的频率运行	
4	旋转改变运行频率。想要设定的频率将在显示部显示 设定值将闪烁约 5s	

（续）

步骤	操作	显示状态
5	在数值闪烁期间按 SET 键确定频率 （若不按 SET 键，数值闪烁约 5s 后显示将变为“0.00”（0.00Hz）。这种情况下请返回步骤 3 重新设定频率）	 交替闪烁，表明频率设定完成
6	请将起动开关（STF 或 STR）设置为 OFF。电动机将随 Pr. 8 减速时间减速并停止 ［RUN］指示灯熄灭	

4. 组合运行模式 2

将操作模式参数 Pr. 79 设为“4”时，进入外部/PU 组合运行模式 2（外部输入信号与 PU 并用运行）。运行频率由外部信号输入（端子 2、4、JOG、多段速选择等），起动信号通过操作面板的 RUN 键、PU（FR－PU04－CH/FR－PU07）的 FWD、REV 键来输入。

在组合运行模式 2 下变频器的电路连接如图 8-29 所示，具体操作步骤见表 8-19。图 8-30 是变频器做 7 段速运行时的速度选择示意图。

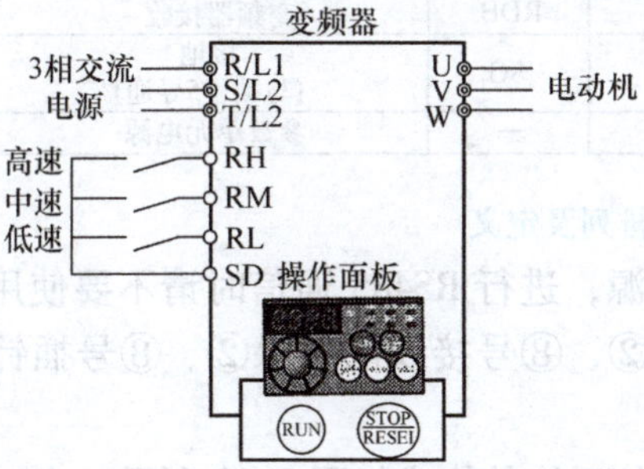

图 8-29 组合运行模式 2 下变频器的电路连接

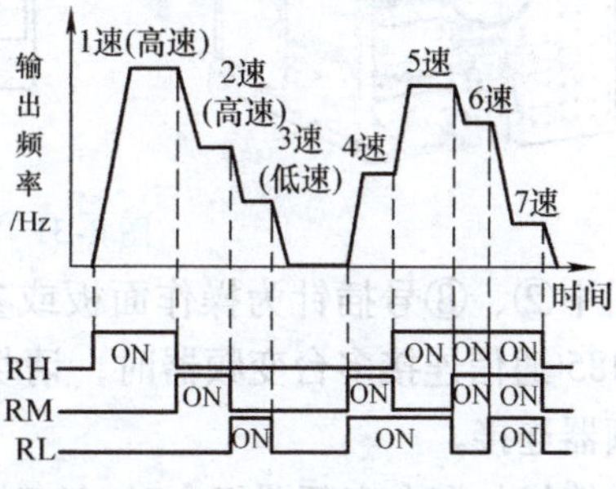

图 8-30 7 段速运行时速度选择

表 8-19 外部/PU 组合运行模式 2 操作步骤

步骤	操作	显示状态
1	电源接通时显示的监视器画面	
2	将 Pr. 79 变更为“4” ［PU］和［EXT］指示灯亮	
3	按运行起动键 RUN 无频率指令时［RUN］按钮会快速闪烁	
4	将低速信号（RL）设置为 ON 输出频率随 Pr. 7 加速时间而上升，变为 10Hz ［RUN］指示灯在正转时亮灯，反转时缓慢闪烁	

（续）

步骤	操作	显示状态
5	将低速信号（RL）设置为 OFF 输出频率随 Pr. 8 减速时间而下降，变为 0Hz ［RUN］按钮快速闪烁	闪烁 
6	按停止键 STOP RESET ［RUN］指示灯熄灭	

8.2.5　FR－E700 系列变频器的通信控制

在 FR－E700 系列变频器的表面还有一个 PU 接口，除了可以连接另外选择的操作面板外，此 PU 接口还可用于与计算机或 PLC 进行通信。用户可以使用通信电缆连接 PU 接口与个人计算机或 FA 等，通过客户端程序对变频器进行运行监视以及参数读写。FR－E700 系列变频器的 PU 接口标准为 RS485 标准，PU 接口的插针排列及定义如图 8-31 所示。

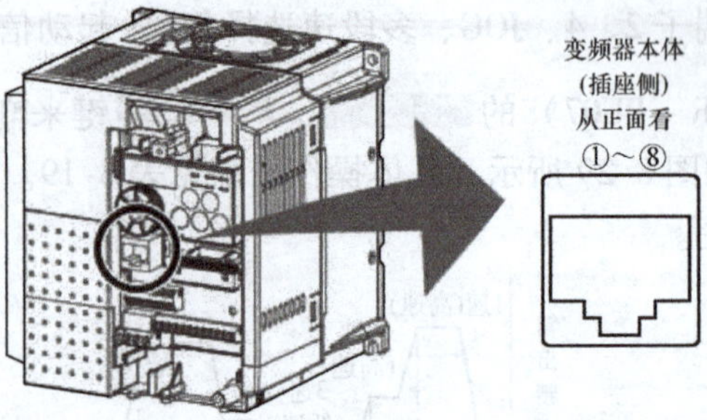

插针编号	名称	内容
①	SG	接地（与端子5导通）
②	—	参数单元电源
③	RDA	变频器接收+
④	SDB	变频器发送−
⑤	SDA	变频器发送+
⑥	RDB	变频器接收−
⑦	SG	接地（与端子5导通）
⑧	—	参数单元电源

图 8-31　PU 接口的插针排列及定义

图中②、⑧号插针为操作面板或参数单元用电源，进行 RS485 通信时请不要使用。通过 RS485 通信连接多台变频器时，请切断电缆的第②、⑧号接线以确保②、⑧号插针不会与变频器连接。

计算机与多台变频器组合时（1 对 n 连接），通信系统的构成如图 8-32 所示。有时会由于传送速度、距离而受到反射的影响，当反射影响到通信时，请安装终端电阻（终端电阻值为 100Ω）。使用 PU 接口进行连接时不能安装终端电阻，此时请使用分配器。终端电阻请只与离计算机最远的变频器连接。

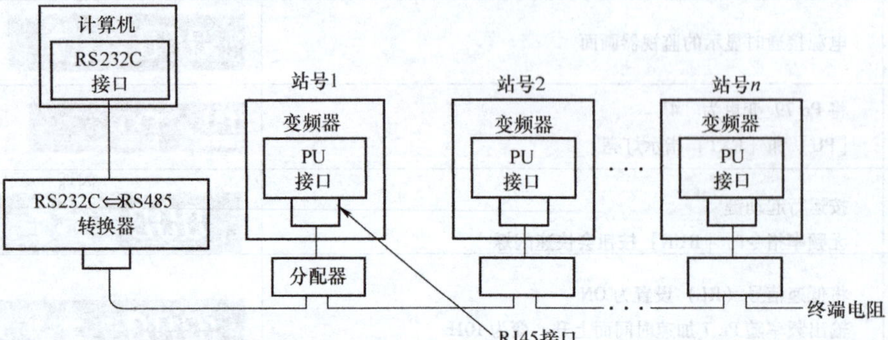

图 8-32　计算机与多台变频器通信的系统结构图

计算机侧的 RS485 接口为 2 线式时，可以通过对 PU 接口插针的接收端子和发送端子进行跨接接线来实现 2 线式连接，如图 8-33 所示。

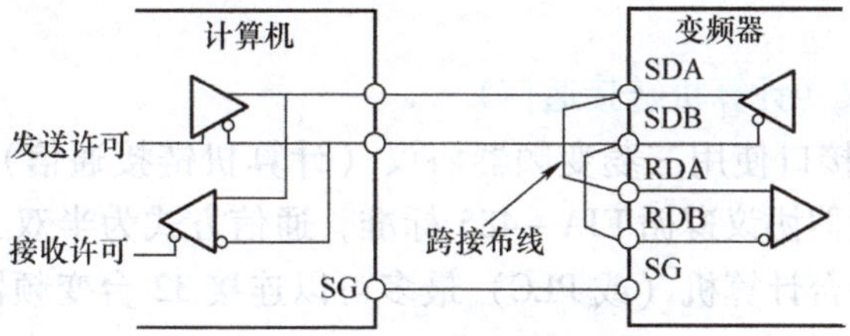

图 8-33　2 线式 RS485 通信连接图

三菱 FR－E700 系列变频器的 PU 接口采用 RS485 标准，支持的通信协议有三菱变频器协议和 Modbus－RTU 协议两种。使用三菱变频器协议或 Modbus－RTU 协议，可以进行参数设定、运行、监视等操作。

为了使计算机能够与变频器通信，必须在变频器上进行通信规格的初始设定。如果不进行初始设定或设定不当，将无法进行数据交换。与通信有关的基本参数设定见表 8-20。表中参数在 Pr. 160（用户参数组读取选择）＝“0”时可以设定。括号内的设定值为对应于 Modbus－RTU 协议的参数设定。

表 8-20　与通信有关的基本参数设定表

<table>
<tr><th>参数编号</th><th>名称</th><th>初始值</th><th>设定范围</th><th colspan="2">内容</th></tr>
<tr><td>117</td><td>PU 通信站号</td><td>0</td><td>0～31（0～247）</td><td colspan="2">变频器站号指定</td></tr>
<tr><td>118</td><td>PU 通信速率</td><td>192</td><td>48、96、192、384</td><td colspan="2">通信速率
设定值×100 即通信速率
例：设定为 192 时通信速率为 19200bit/s</td></tr>
<tr><td rowspan="5">119</td><td rowspan="5">PU 通信停止位长</td><td rowspan="5">1</td><td></td><td>停止位长</td><td>数据位长</td></tr>
<tr><td>0</td><td>1bit</td><td rowspan="2">8bit</td></tr>
<tr><td>1</td><td>2bit</td></tr>
<tr><td>10</td><td>1bit</td><td rowspan="2">7bit</td></tr>
<tr><td>11</td><td>2bit</td></tr>
<tr><td rowspan="3">120</td><td rowspan="3">PU 通信奇偶校验</td><td rowspan="3">2</td><td>0</td><td colspan="2">无奇偶校验</td></tr>
<tr><td>1</td><td colspan="2">奇校验</td></tr>
<tr><td>2</td><td colspan="2">偶校验</td></tr>
<tr><td rowspan="2">123</td><td rowspan="2">PU 通信等待时间设定</td><td rowspan="2">9999</td><td>0～150ms</td><td colspan="2">设定向变频器发出数据后信息返回的等待时间</td></tr>
<tr><td>9999</td><td colspan="2">用通信数据进行设定</td></tr>
<tr><td rowspan="3">124</td><td rowspan="3">PU 通信有无 CR/LF 选择</td><td rowspan="3">1</td><td>0</td><td colspan="2">无 CR、LF</td></tr>
<tr><td>1</td><td colspan="2">有 CR</td></tr>
<tr><td>2</td><td colspan="2">有 CR、LF</td></tr>
<tr><td rowspan="2">549</td><td rowspan="2">协议选择</td><td rowspan="2">0</td><td>0</td><td colspan="2">三菱变频器（计算机链接）协议</td></tr>
<tr><td>1</td><td colspan="2">Modbus－RTU 协议</td></tr>
</table>

在各参数的初始设定之后，请务必进行变频器复位。在更改通信相关的参数后，不进行复位将无法通信。

1. 三菱变频器协议（计算机链接通信）

通过变频器的 PU 接口使用三菱变频器协议（计算机链接通信），可以进行参数设定、监视等操作。三菱变频器协议遵循 EIA－485 标准，通信方式为半双工方式。使用三菱变频器协议进行通信时，一台计算机（或 PLC）最多可以连接 32 台变频器，支持的通信速率在 4800～38400bit/s 间。

计算机（PLC）与变频器的数据通信过程如图 8-34 所示，整个通信过程分 5 个步骤进行，分析如下：

1）从计算机（PLC）发送请求数据到变频器（变频器不会主动发送数据）。

2）等待变频器回复数据时间，即通信等待时间。由变频器参数 Pr. 123 选择。

3）针对计算机（PLC）发送的数据请求，变频器将回复数据发送给计算机。

4）计算机（PLC）处理延迟时间。

5）计算机（PLC）针对变频器回复的数据 3）发出应答（这部分数据即使未被发送，以后的通信仍可以正常进行）。

如果在通信过程中发生数据错误而需要再试时，应通过客户端程序来执行再试动作。连续再试次数超过参数的设定值时，变频器会报警并停止。

接收到发生数据错误的信息后，变频器会重新向计算机发送回复数据 3），数据错误连续发生的次数超过参数的设定值时，变频器会报警并停止。

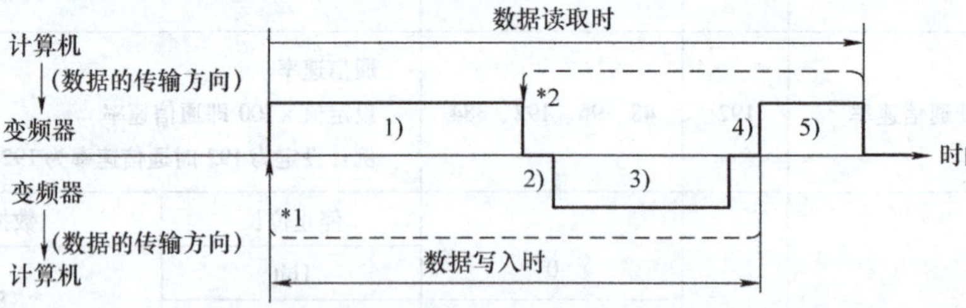

图 8-34 计算机（或 PLC）与变频器的数据通信过程

从计算机发送到变频器的通信请求数据格式如图 8-35 所示，读取数据时从变频器回复给计算机的数据如图 8-36 所示，写入数据时从变频器回复给计算机的数据如图 8-37 所示，读取数据时计算机返回给变频器的响应数据如图 8-38 所示。

格式	字符数														
	1	2	3	4	5	6	7	8	9	10	11	12	13	14	15
A（数据写入）	ENQ *1	变频器站号 *2		命令代码		等待时间 *3	数据				求和校验		*4		
A′（数据写入）	ENQ *1	变频器站号 *2		命令代码		等待时间 *3	数据		求和校验		*4				
A″（数据写入）	ENQ *1	变频器站号 *2		命令代码		等待时间 *3	数据						求和校验		*4
B（数据读取）	ENQ *1	变频器站号 *2		命令代码		等待时间 *3	求和校验		*4						

图 8-35 计算机发送到变频器的通信请求数据格式

格式	字符数												
	1	2	3	4	5	6	7	8	9	10	11	12	13
E（无数据错误）	STX *1	变频器站号*2		读取的数据				ETX *1	求和校验		*4		
E′（无数据错误）	STX *1	变频器站号*2		读取的数据		ETX *1	求和校验		*4				
E″（无数据错误）	STX *1	变频器站号*2		读取的数据						ETX *1	求和校验		*4
D（有数据错误）	NAK *1	变频器站号*2		错误代码	*4								

图 8-36 读取数据时从变频器返回的数据格式

格式	字符数				
	1	2	3	4	5
C（无数据错误）	ACK *1	变频器站号*2		*4	
D（有数据错误）	NAK *1	变频器站号*2		错误代码	*4

图 8-37 写入数据时从变频器返回的数据格式

格式	字符数			
	1	2	3	4
C（无数据错误）	ACK *1	变频器站号*2		*4
F（有数据错误）	NAK *1	变频器站号*2		*4

图 8-38 计算机返回给变频器的响应数据格式

图 8-35～图 8-38 中：

“*1”代表控制码。

“*2”表示变频器站号以 16 进制码在 H00～H1F（0～31 站）范围内指定。

“*3”表示设定 Pr. 123（等待时间设定）≠9999 时，制作通信请求数据时请将数据格式设为无“等待时间”（字符数减少 1 位。）

“4”表示 CR、LF 代码。从计算机发送数据到变频器时，有的计算机可以自动设定数据群末尾的 CR（回车）、LF（换行）代码。此时，变频器也有必要对计算机进行设定。另外，通过 Pr. 124（有无 CR/LF 选择），可以选择 CR、LF 代码的有无。

计算机发送给变频器的数据和从变频器返回的数据都具有一定的功能，控制码用来定义每一帧数据的功能或表明数据的长度等。控制码的定义见表 8-21。

表 8-21 控制码的定义

信号名	ASCII 码	内容
STX	H02	Start Of Text（数据开始）
ETX	H03	End Of Text（数据结束）
ENQ	H05	Enquiry（通信请求）
ACK	H06	Acknowledge（无数据错误）
LF	H0A	Line Feed（换行）
CR	H0D	Carriage Return（回车）
NAK	H15	Negative Acknowledge（有数据错误）

命令代码是在计算机发送给变频器的数据帧中，要求变频器执行某个动作或返回某项数据的指令代码，计算机可依此控制和监视变频器的运行。三菱变频器协议中命令代码的功能参见表 8-22。

表 8-22 三菱变频器协议中命令代码的功能

No.	项目		读取/写入	命令代码	数据内容	数据位数（格式）
1	运行模式		读取	H7B	H0000：网络运行 H0001：外部运行 H0002：PU 运行	4 位 （B，E/D）
			写入	HFB		4 位 （A，C/D）
2	监视器	输出频率/转速	读取	H6F	H0000 ~ HFFFF：输出频率，单位 0.01Hz 转速，单位 0.001（Pr. 37 =0.01 ~9998 时） 将 Pr. 37 设定为“0.01 ~ 9998”，并将命令代码 HFF 设定为“01”时，数据格式为“E” 设定 Pr. 52 = “100”时，停止中与运行中的监视值不同	4 位、6 位 （B，E，E″/D）
		输出电流	读取	H70	H000 ~ HFFF：输出电流（16 进制），单位 0.01A	4 位 （B，E/D）
		输出电压	读取	H71	H000 ~ HFFF：输出电压（16 进制），单位 0.1V	4 位 （B，E/D）
		特殊监视器	读取	H72	H000 ~ HFFF：通过命令代码 HF3 选择的监视器数据	4 位、6 位 （B，E，E″/D）
		特殊监视器选择 No.	读取	H73	H01 ~ H3C：监视器选择数据	2 位 （B，E′/D）
			写入	HF3		2 位 （A′、C/D）
		异常内容	读取	H74 ~ H77	H0000 ~ HFFFF：过去 2 次的异常内容 b15 b8b7 b0 H74 1次前的异常 最新异常 H75 3次前的异常 2次前的异常 H76 5次前的异常 4次前的异常 H77 7次前的异常 6次前的异常	4 位 （B，E/D）
3	运行指令（扩展）		写入	HF9	正转信号（STF）以及反转信号（STR）等的控制输入指令	4 位 （A，C/D）
	运行指令		写入	HFA		2 位 （A′，C/D）
4	变频器状态监视器（扩展）		读取	H79	监视正转、反转中以及变频器运行中（RUN）等的输出信号的状态	4 位 （B，E/D）
	变频器状态监视器		读取	H7A		4 位 （B，E′/D）
5	设定频率（RAM）		读取	H6D	设定频率/从 RAM 或 EEPROM 读取转速 H0000 ~ HFFFF：设定频率，单位 0.01Hz 转速，单位 0.001（Pr. 37 = 0.01 ~ 9998 时） 将 Pr. 37 设定为“0.01 ~9998”，并将命令代码 HFF 设定为“01”时，数据格式为 E″	4 位、6 位 （B，E，E″/D）
	设定频率（RAM，EEPROM）			H6E		

（续）

<table>
<tr><th>No.</th><th>项目</th><th>读取/写入</th><th>命令代码</th><th>数据内容</th><th>数据位数（格式）</th></tr>
<tr><td rowspan="2">5</td><td>设定频率（RAM）</td><td rowspan="2">写入</td><td>HED</td><td rowspan="2">设定频率/将转速写入到 RAM 或 EEPROM
H0000 ~ HFFFF：设定频率，单位 0.01Hz
转速，单位 0.001（Pr. 37 = 0.01 ~ 9998 时）
将 Pr. 37 设定为“0.01 ~ 9998”，并将命令代码 HFF 设定为“01”时，数据格式为 A″。
● 需要连续变更设定频率时，写入到参数的 RAM 中（命令代码 HED）</td><td rowspan="2">4 位、6 位
（B，E，E″/D）</td></tr>
<tr><td>设定频率
（RAM，EEPROM）</td><td>HEE</td></tr>
<tr><td rowspan="2">6</td><td rowspan="2">变频器复位</td><td rowspan="2">写入</td><td rowspan="2">HFD</td><td>H9696：变频器复位
● 通过计算机进行通信后、变频器会复位，因此无法向计算机发送回复数据</td><td>4 位
（A，C/D）</td></tr>
<tr><td>H9966：变频器复位
● 正常发送时，变频器在向计算机回复 ACK 数据后复位</td><td>4 位
（A，D）</td></tr>
<tr><td>7</td><td>异常内容一次性清除</td><td>写入</td><td>HF4</td><td>H9696：异常历史的一次性清除</td><td>4 位
（A，C/D）</td></tr>
<tr><td>8</td><td>参数全部清除</td><td>写入</td><td>HFC</td><td>各参数将返回到初始值
对应不同数据，共有 4 种全部清除方式：
<table>
<tr><th>Pr.／数据</th><th>通信用 Pr.</th><th>校正 Pr.</th><th>其他 Pr.</th><th>HEC
HF3
HFF</th></tr>
<tr><td>H9696</td><td>○</td><td>×</td><td>○</td><td>○</td></tr>
<tr><td>H9966</td><td>○</td><td>○</td><td>○</td><td>○</td></tr>
<tr><td>H5A5A</td><td>×</td><td>×</td><td>○</td><td>○</td></tr>
<tr><td>H55AA</td><td>×</td><td>○</td><td>○</td><td>○</td></tr>
</table>
使用 H9696、H9966 执行参数全部清除后，通信相关的参数设定也会恢复到初始值，因此重新开始运行时必须重新设定参数</td><td>4 位
（A，C/D）</td></tr>
<tr><td>9</td><td rowspan="2">参数</td><td>读取</td><td>H00 ~ H63</td><td rowspan="2">参照命令代码，根据需要进行写入、读取设定 Pr. 100 以后的参数时，需要进行链接参数扩展设定 Pr. 37 读取、写入的数据格式 E″、A″</td><td>4 位、6 位
（B，E，E″/D）</td></tr>
<tr><td>10</td><td>写入</td><td>H80 ~ HE3</td><td>4 位、6 位
（A，A″，C/D）</td></tr>
<tr><td rowspan="2">11</td><td rowspan="2">链接参数扩展设定</td><td>读取</td><td>H7F</td><td rowspan="2">根据 H00 ~ H09 的设定，进行参数内容的切换
具体设定值参照命令代码</td><td>2 位
（B，E′/D）</td></tr>
<tr><td>写入</td><td>HFF</td><td>2 位
（A′，C/D）</td></tr>
<tr><td rowspan="2">12</td><td rowspan="2">第 2 参数切换
（命令代码 HFF = 1、9）</td><td>读取</td><td>H6C</td><td rowspan="2">设定校正参数时
H00：频率 *1
H01：通过参数设定的模拟值
H02：通过端子输入的模拟值
*1　增益频率也可以通过 Pr. 125（命令代码 H99）、Pr. 126（命令代码 H9A）写入</td><td>2 位
（B，E′/D）</td></tr>
<tr><td>写入</td><td>HEC</td><td>2 位
（A′，C/D）</td></tr>
</table>

为了保证通信数据在传输过程中的正确性，通信数据帧的末尾一般附加有校验码。三菱变频器协议采用简单的求和校验法，求和校验法是将对象数据转换为ASCII码后的代码按十六进制累加后，将其结果（求和）的后1字节（8位）转换为ASCII码（16进制）。三菱变频器协议校验码的计算如图8-39所示。

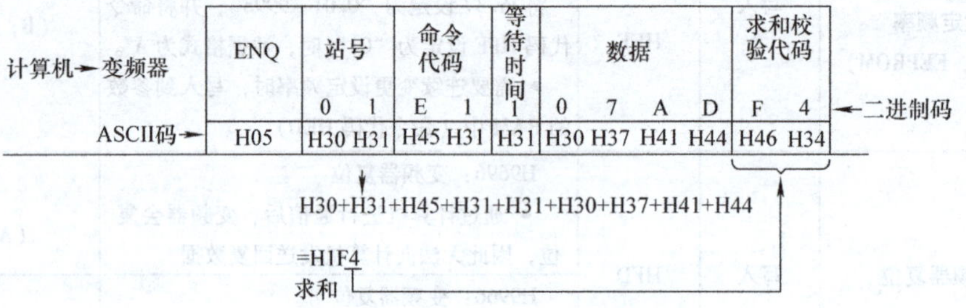

图8-39 三菱变频器协议校验码的计算

［例8-4］ 从地址为01的三菱FR-E720型变频器中读取设定频率（RAM中数据）。

采用三菱变频器协议进行通信，命令代码为H6D（十六进制6D），计算机发送给变频器的数据信息帧的结构见表8-23，变频器回传给计算机的数据信息帧的结构见表8-24，表中数据均为十六进制。

表8-23 命令代码为H6D时计算机发送给变频器的数据信息帧的结构

ENQ	05	等待时间	31
变频器站号	30	和校验码	30
	31		43
命令代码	36		
	44		

表8-24 命令代码为H6D时变频器回传给计算机的数据信息帧的结构

STX	02	ETX	31
变频器站号	30	和校验码	34
	31		41
读取的数据	30		
	33		
	45		
	38		

［例8-5］ 向地址为02的三菱FR-E720型变频器发送运行指令，起动电动机正转运行。

采用三菱变频器协议进行通信，命令代码为HFA（十六进制FA），计算机发送给变频器的数据信息帧的结构见表8-25，变频器返回给计算机的数据信息帧的结构见表8-26，表中数据均为十六进制。

表 8-25　命令代码为 HFA 时计算机发送给变频器的数据信息帧的结构

ENQ	05	等待时间	31
变频器站号	30	数据	30
	32		32
命令代码	46	和校验码	37
	41		43

表 8-26　命令代码为 HFA 时变频器返回给计算机的数据信息帧的结构

无错误时返回数据		有错误时返回数据	
ACK	06	NAK	15
变频器站号	30	变频器站号	30
	32		32
		错误代码	41

2. Modbus – RTU 通信协议

三菱 FR – 700 系列变频器除了支持三菱变频器协议外，还支持 Modbus – RTU 通信协议，可以通过变频器的 PU 接口使用 Modbus – RTU 通信协议，进行通信运行以及参数设定。

Modbus 通信模式有 ASCII（American Standard Code for Information Interchange）模式和 RTU（Remote Terminal Unit）模式两种类型，三菱 FR – 700 系列变频器仅支持直接传输单字节（8 位）数据的 RTU 模式。

Modbus – RTU 通信协议遵循 EIA – 485 标准，通信方式为半双工方式。使用 Modbus – RTU 通信协议进行通信，一台计算机（或 PLC）最多可以连接 32 台变频器，变频器地址可在1 ~ 247 间设定，三菱 FR – 700 系列变频器支持的通信速率在 4800 ~ 38400bit/s 间。Modbus – RTU 通信协议的数据结构在本书 8. 1. 6 节已有介绍，此处不再赘述。

对三菱 FR – 700 系列变频器进行 Modbus – RTU 通信控制时，变频器的相关参数设置参考表 8- 20，与 Modbus – RTU 通信相关的系统环境变量寄存器参见表 8- 27，变频器状态/控制字定义见表 8- 28。

表 8-27　系统环境变量寄存器定义

寄存器	定义	读取/写入	备　注
40002	变频器复位	写入	写入值任意设定
40003	参数清除	写入	写入值请设定为 H965A
40004	参数全部清除	写入	写入值请设定为 H99AA
40006	参数清除	写入	写入值请设定为 H5A96
40007	参数全部清除	写入	写入值请设定为 HAA99
40009	变频器状态/控制输入命令	读取/写入	参照以下内容
40010	运行模数/变频器设定	读取/写入	参照以下内容
40014	运行频率（RAM 值）		根据 Pr. 37 的设定，可切换频率和转速的转速单位是 1r/min
40015	运行频率（EEPROM 值）	写入	

表 8-28 变频器状态/控制字定义

bit	定义	
	控制输入命令	变频器状态
0	停止指令	RUN（变频器运行中）
1	正转指令	正转中
2	反转指令	反转中
3	RH（高速指令）	SU（频率到达）
4	RM（中速指令）	OL（过载）
5	RL（低速指令）	0
6	0	FU（频率检测）
7	RT（第 2 功能选择）	ABC（异常）
8	AU（电流输入选择）	0
9	0	0
10	MRS（输出停止）	0
11	0	0
12	RES（复位）	0
13	0	0
14	0	0
15	0	异常发生

8.2.6 FR－E700 系列变频器的故障诊断

变频器发生异常（重故障）时保护功能会起动，报警并停止，PU 的显示部将会自动切换为错误（异常）显示。变频器的异常显示大体可以分为以下几种：

（1）错误信息　显示有关操作面板或参数单元（FR－PU04－CH/FR－PU07）的操作错误或设定错误的信息，变频器不会切断输出。

（2）报警　操作面板显示报警信息时，虽然变频器不会切断输出，但如果不采取处理措施，便可能会引发重故障。

（3）轻故障　变频器不会切断输出。通过参数设定也可以输出轻故障信号。

（4）重故障　通过启动保护功能来切断变频器输出，并输出异常信号。

根据 PU 显示的错误（异常）信息代码可判断出故障的严重性，实际操作时可据此采取相应的处理对策。三菱 FR－E700 系列变频器异常显示参见附录 D。

8.3 西门子 MM440 型变频器的操作与控制

西门子自动化与驱动集团(A&D)是德国西门子股份公司中最大的集团之一。西门子自动化与驱动集团的自动化产品涉及工业自动化、运动控制系统、工业传动、低压开关柜、电气安装工程、过程仪表及分析仪表及软件系统等领域。西门子通用变频器产品包括标准变频器和大型变频器。MICROMASTER4 系列变频器是西门子标准变频器中较为成熟的产品。MICROMASTER4 系列标准变频器包括 MICROMASTER 440（简称 MM440，下同）矢量型变频器、MICROMASTER 430 节能型变频器、MICROMASTER 420 基本型变频器和 MICROMASTER 410 紧凑型变频器共 4 种型号。MICROMASTER4 系列变频器采用模块化设计，使用极其灵活，适合用于多个领域。

8.3.1 MM440 型变频器概述

MM440 型变频器是一种具有广泛用途的多功能标准变频器，它采用高性能的矢量控制技术，提供低速、高转矩输出并具有良好的动态特性，同时具备超强的过载能力，可适用于多种应用场合。MM440 型变频器是用于控制三相交流电动机速度的变频器系列，本系列有多种型号可供用户选用，恒定转矩（CT）控制方式额定功率范围为 120W～200kW，可变转矩（VT）控制方式可达到 250kW。MM440 型变频器的外观如图 8-40 所示。

MM440 型变频器由微处理器控制，采用具有现代先进技术水平的绝缘栅双极型晶体管（IGBT）作为功率输出器件。因此，它们具有很高的运行可靠性和功能的多样性，其脉冲宽度调制的开关频率是可选的，因而降低了电动机运行的噪声，其全面而完善的保护功能为变频器和电动机提供了良好的保护。

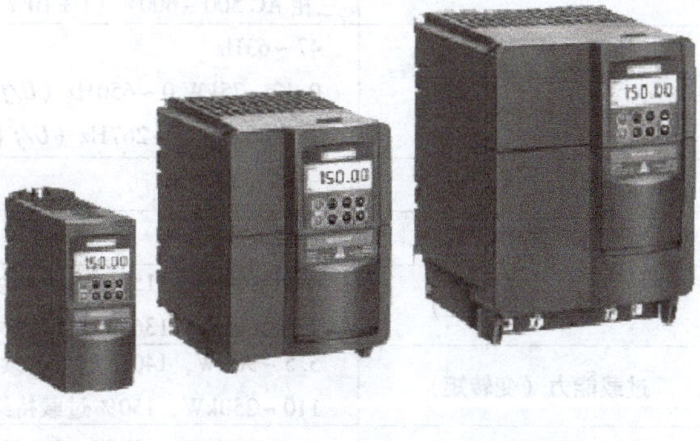

图 8-40 MM440 型变频器外观图

MM440 型变频器具有默认的工厂设置参数，它是给数量众多的简单的电动机控制系统供电的理想变频驱动装置。由于 MM440 型变频器具有全面而完善的控制功能，在设置相关参数以后，它可用于更高级的电动机控制系统中。

MM440 型变频器既可用于单机驱动系统，也可集成到自动化系统中。

MM440 型变频器具有以下控制和保护功能：

1）线性 U/f 控制，二次方 U/f 控制，可编程多点设定 U/f 控制，无传感器磁通电流矢量控制，闭环矢量控制，闭环转矩控制，节能控制模式。

2）标准参数结构，标准调试软件。

3）数字量输入 6 个，模拟量输入 2 个，模拟量输出 2 个，继电器输出 3 个。

4）独立 I/O 端子板，方便维护。

5）采用 BiCo 技术，实现 I/O 端口自由连接。

6）内置 PID 控制器，参数自整定。

7）集成 RS485 通信接口，可选 PROFIBUS-DP/DEVICE NET 通信模块。

8）具有 15 个固定频率，4 个跳转频率，可编程。

9）可实现主/从控制及转矩控制方式。

10）在断电或故障时具有“自动再起动”功能。

11）灵活的斜坡函数发生器，带有起始段和结束段的平滑特性。

12）快速电流限制（FCL），防止运行中不应有的跳闸。

13）有直流制动和复合制动方式提高制动性能。

14）过载能力为 200% 额定负载电流持续时间 3s 和 150% 额定负载电流持续时间 60s。

15）过电压、欠电压保护。

16）变频器、电动机过热保护。

17）接地故障保护，短路保护。

18）闭锁电动机保护，防止失速保护。

19）采用 PIN 编号实现参数联锁。

MM440 型变频器的主要技术指标见表 8-29。

表 8-29 MM440 型变频器的主要技术指标

	输入电压	恒转矩负载下功率	变转矩负载下功率
电源电压及功率范围	单相 AC 200～240V（1±10%）	0.12～3kW	无
	三相 AC 200～240V（1±10%）	0.12～45kW	5.5～45kW
	三相 AC 380～480V（1±10%）	0.37～200kW	7.5～250kW
	三相 AC 500～600V（1±10%）	0.75～75kW	1.5～90kW
输入频率 输出频率	47～63Hz 0.12～75kW 0～650Hz（*U/f* 控制方式）/0～200Hz（矢量控制方式） 90～200kW 0～267Hz（*U/f* 控制方式）/0～200Hz（矢量控制方式）		
功率因数	大于 0.95		
变频器效率	96%～97%		
过载能力（恒转矩）	0.12～75kW，150% 过载持续时间 60s，200% 过载持续时间 3s 重复周期 300s 90～200kW，136% 过载持续时间 57s，160% 过载持续时间 3s 重复周期 300s		
过载能力（变转矩）	5.5～90kW，140% 过载持续时间 3s，110% 过载持续时间 60s 重复周期 300s 110～250kW，150% 过载持续时间 1s，110% 过载持续时间 59s 重复周期 300s		
控制方式	矢量控制，*U/f* 控制，转矩控制，二次方 *U/f* 控制等		
频率设定分辨率	数字输入和串行通信输入为 0.01Hz，10 位二进制模拟输入		
通信接口	RS485 标配、RS 232 可选，另有 PROFIBUS、DEVICENET、CANOPER 选件		
电动机电缆长度	不带输出电抗器 0.12～75kW 最长 50m（屏蔽电缆），最长 100m（非屏蔽电缆） 90～250kW 最长 200m（屏蔽电缆），最长 300m（非屏蔽电缆） 带输出电抗器参照相关选件		
防护等级	IP20		
工作温度	0.12～75kW，－10～50℃（恒转矩），－10～40℃（变转矩） 90～200kW，不降容 0～40℃		
存放温度	－40～70℃		
相对湿度	小于 95% RH 无结露		
工作地区海拔	0.12～75kW 海拔 1000m 以下无需降额使用 90～200kW 海拔 2000m 以下无需降额使用 最高可在海拔 4000m 的环境中使用		
保护功能	过电压，欠电压，过载，接地，短路，过热		

8.3.2 MM440 型变频器的电路结构

MM440 型变频器的电路结构如图 8-41 所示。主电路由电源输入单相或三相工频正弦交流电压，经整流电路转换成恒定的直流电压，供给逆变电路。逆变电路在 CPU 的控制下，将恒定的直流电压逆变成电压和频率均可调的三相交流电供给电动机负载。MM440 型变频器主电路的中间直流环节采用大容量电解电容进行滤波。

控制电路由 CPU、模拟输入、模拟输出、数字输入、继电器输出及操作面板等组成。当采用模拟电压信号输入方式输入给定频率时，为了提高交流变频调速系统的控制精度，必须配备一个高精度的直流稳压电源作为模拟电压输入的直流电源。在图 8-41 中，端子 1、2 是 MM440 型变频器为用户提供的 10V 高精度直流稳压电源输出端。

模拟输入端子 3、4 和 10、11 为用户提供了两路模拟信号输入通道，输入的直流电压可作为频率给定信号。数字输入端子 5、6、7、8、16、17 为可编程多功能输入端子，端子 9、28 是 24V 直流电源输出端子，可为变频器的数字输入电路提供直流工作电源。

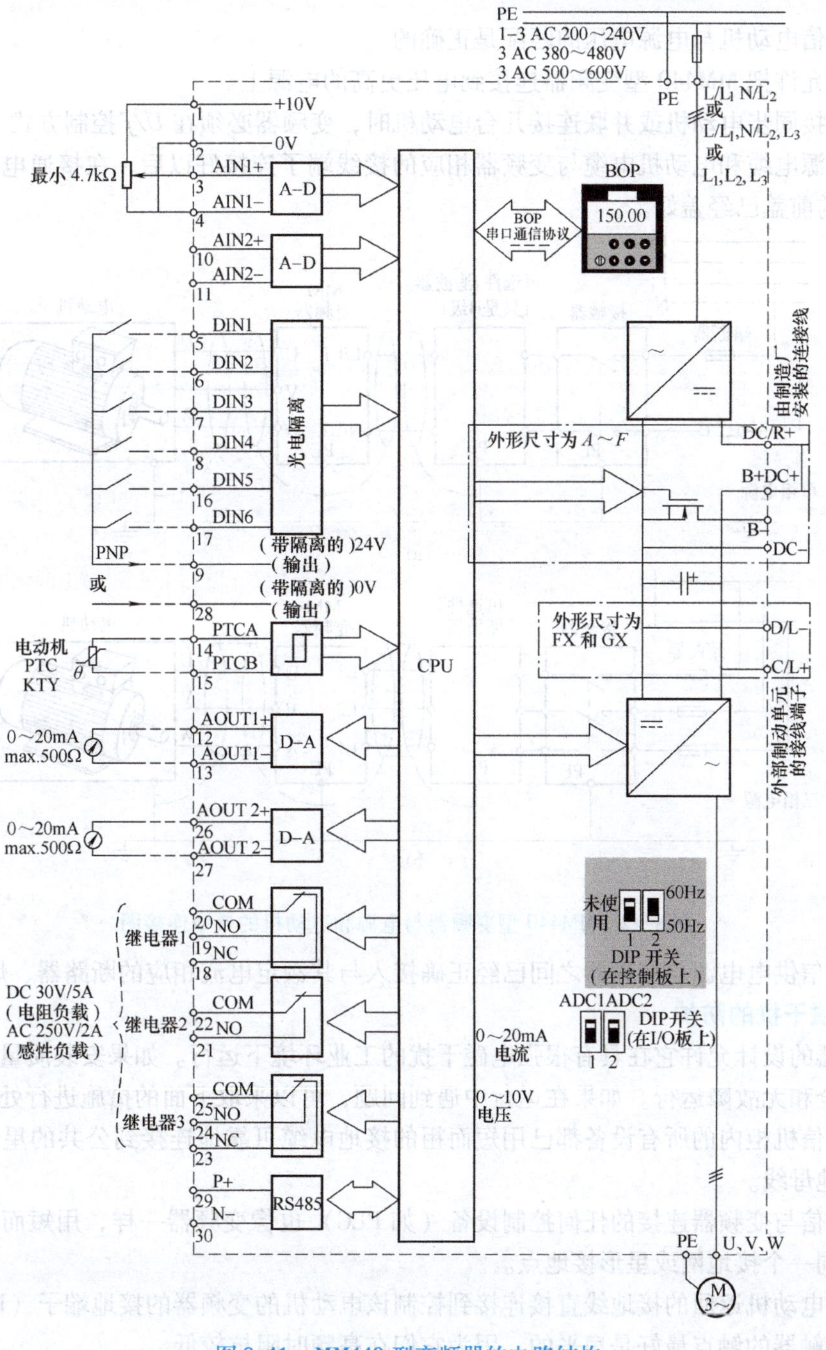

图 8-41　MM440 型变频器的电路结构

8.3.3　MM440 型变频器的电气安装

1. 电源和电动机的连接

MM440 型变频器与电源和电动机的典型连接如图 8-42 所示。

在变频器与电源和电动机连接时必须注意：

1）变频器必须接地。

2）在变频器与电源线连接前，应首先完成电源线的绝缘测试。

3）确信电动机与电源电压的匹配是正确的。

4）不允许把MM440型变频器连接到电压更高的电源上。

5）连接同步电动机或并联连接几台电动机时，变频器必须在*U/f*控制方式下。

6）电源电缆和电动机电缆与变频器相应的接线端子连接好以后，在接通电源时必须确信变频器的前盖已经盖好。

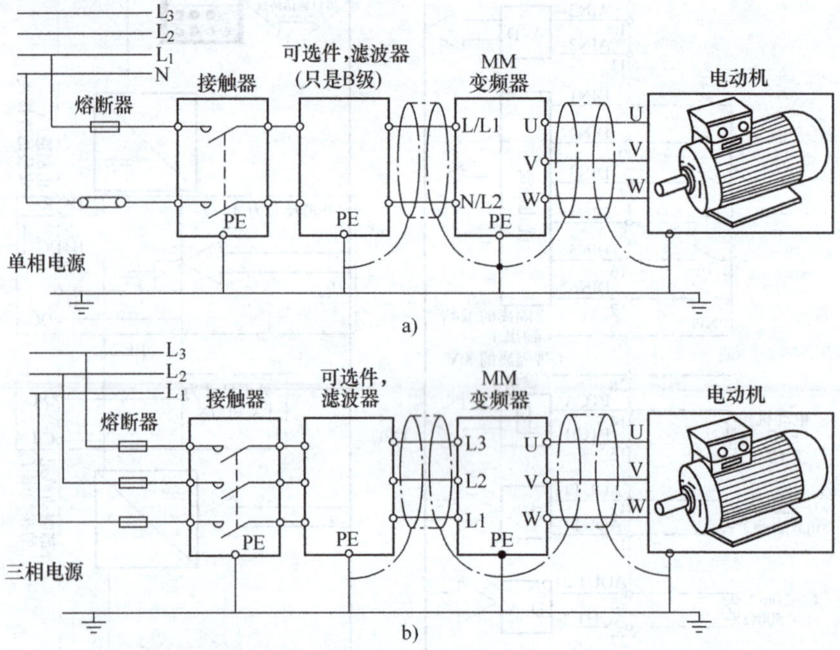

图8-42 MM440型变频器与电源和电动机的典型连接图

7）确信供电电源与变频器之间已经正确接入与其额定电流相应的断路器、熔断器。

2. 电磁干扰的防护

变频器的设计允许它在具有很强电磁干扰的工业环境下运行。如果安装质量良好，就可以确保安全和无故障运行。如果在运行中遇到问题，可以采取下面的措施进行处理：

1）确信机柜内的所有设备都已用短而粗的接地电缆可靠地连接到公共的星形接地点或公共的接地母线。

2）确信与变频器连接的任何控制设备（如PLC）也像变频器一样，用短而粗的接地电缆连接到同一个接地网或星形接地点。

3）把电动机返回的接地线直接连接到控制该电动机的变频器的接地端子（PE）上。

4）接触器的触点最好是扁平的，因为它们在高频时阻抗较低。

5）截断电缆的端头时应尽可能整齐，保证未经屏蔽的线段尽可能短。

6）控制电缆的布线应尽可能远离供电电源线，并使用单独的走线槽，在必须与电源线交叉时，相互间应采取90°直角交叉。

7）无论何时与控制电路的连接线都应采用屏蔽电缆。

8）确信机柜内安装的接触器应是带阻尼的，即在交流接触器的线圈上连接有*RC*阻尼电路；在直流接触器的线圈上连接有续流二极管。

9）接到电动机的连接线应采用屏蔽的或带有铠甲的电缆，并用电缆接线卡子将屏蔽层的两端接地。

8.3.4 MM440 型变频器的可选件

西门子公司为用户提供了 MM440 变频器各种独立的和各种附属的可选件，用户可根据实际情况选择。

1. 各种独立的可选件

（1）基本操作板（BOP）和高级操作板（AOP） MM440 型变频器在标准供货方式时装有状态显示板（SDP），对于很多用户来说，利用 SDP 和制造厂的默认设置值，就可以使变频器成功地投入运行。如果工厂的默认设置值不适合用户的设备情况，可以利用基本操作板（BOP）或高级操作板（AOP）修改参数，使之匹配起来。BOP 和 AOP 是作为可选件供货的。

基本操作板（BOP）用于设定各种参数的数值，数值的大小和单位用 5 位数字显示，一个 BOP 可供多台变频器共用，它可以直接安装在变频器上，也可以利用一个安装组合件安装在控制柜的柜门上。

高级操作板（AOP）可以读出变频器参数设定值，也可以将参数设定值写入变频器。AOP 最多可以储存 10 组参数设定值，还可以用几种语言相互切换显示说明文本。一个 AOP 通过 USS 协议最多可以控制 31 台变频器，它可以直接插装在变频器上，也可以利用安装组合件安装在控制柜的柜门上。

适用于 MM440 型变频器的三种显示操作板如图 8-43 所示。

a）状态显示板　　b）基本操作板　　c）高级操作板

图 8-43 适用于 MM440 型变频器的三种显示操作板

（2）PROFIBUS 模块 PROFIBUS 的通信速率可达 12Mbit/s，AOP 和 BOP 可以插在 PROFIBUS 模板上。PROFIBUS 模板可以用外接的 24V 电源供电，这样，当电源从变频器上卸掉时，总线仍然是激活的。

（3）PC 至变频器的连接件 如果 PC 已经安装了相应的软件（如 Drive Monitor），就可以从 PC 直接控制变频器。带隔离的 RS232 适配器板可实现与 PC 的点对点控制。

（4）PC 至 AOP 的连接件 PC 至 AOP 的连接件用于 AOP 与 PC 的连接，由此可以进行变频器的离线编程和参数设定。连接件包括一个 AOP 的桌面安装组合附件、一条 RS232 标准电缆和一个通用电源。

（5）柜门上安装 BOP/AOP 的组合件 适用于单台变频器的控制，此组合件用于控制柜的柜门上安装 BOP 或 AOP，还有一个电缆匹配板，用于同用户电缆的连接。

（6）柜门上安装 AOP 的组合件 适用于多台变频器的控制，此组合件用于在控制柜的柜门上安装 AOP。利用 RS485、USS 协议，AOP 可实现与若干台变频器的通信。

(7) 调试工具 Starter 和 Drive Monitor 软件　在计算机上使用的 Starter 软件用于西门子部分传动装置的现场调试，能够实现在线监控、修改装置参数、故障检测和复位，以及跟踪记录等强大调试功能。Starter 软件运行在 Windows NT/2000/XP 以上操作系统环境，适用于 MICROMASTER 变频器，可以对参数表进行读出、修改、存储、输入和打印等操作。

Drive Monitor 是实现对西门子传动设备现场调试的一个工具软件，可以进行参数设定、故障分析和跟踪记录等功能。Drive Monitor 软件适用于 Windows 95/98/NT/2000/XP 操作系统环境。

2. 各种附属的可选件

(1) EMC 滤波器　包括各种 A 级 EMC 滤波器和 B 级 EMC 滤波器。

在异步电动机的变频调速系统中，通用变频器大多运行在恶劣的电磁环境下，内部器件和电路会受到外界的电磁干扰。另外，通用变频器的输入和输出侧的电压、电流含有丰富的谐波，运行时既要防止外界的电磁干扰，又要防止变频器干扰外界其他设备，即所谓的电磁兼容性（EMC）。国际电工委员会（IEC）对电磁兼容性的定义是**"电磁兼容性是电子设备的一种功能，电子设备在电磁环境中能完成其功能而不产生不能容忍的干扰"。**显然，电磁兼容性含有"抗干扰性和干扰性"双重含义。如果在系统设计和安装时，没有充分考虑电磁兼容的问题，小则造成设备不能稳定运行，大则造成设备损坏，所以 EMC 已成为电气系统设计时必须重视的问题。西门子变频器具有多种 EMC 滤波器可选件，可根据需要选择。

(2) 线路换流电抗器　线路换流电抗器用于滤掉电压峰值或桥式整流换相产生的电压凹陷。此外线路换流电抗器可以降低谐波对变频器和供电电源的影响。如果线路阻抗电压降小于 1%，建议采用线路换流电抗器以降低电流尖峰值。

(3) 输出电抗器　当电动机电缆长度大于 50m（屏蔽线）或 100m（非屏蔽线）时，使用输出电抗器能降低容性电流和电压变化率 dU/dt。

(4) 密封盖板　密封盖板可以对电力电缆和控制电缆的连接加以屏蔽，以保证变频器具有优良的 EMC 性能。

8.3.5 MM440 型变频器的参数介绍

1. MM440 型变频器的参数结构

MM440 型变频器有两种参数类型：以字母 P 开头的参数，这些是用户可修改的参数；以字母 r 开头的参数，表示本参数为只读参数。

所有参数分成命令参数组（CDS）以及与电动机、负载相关的驱动参数组（DDS）两大类。每个参数组又分为三组，其结构如图 8-44 所示。

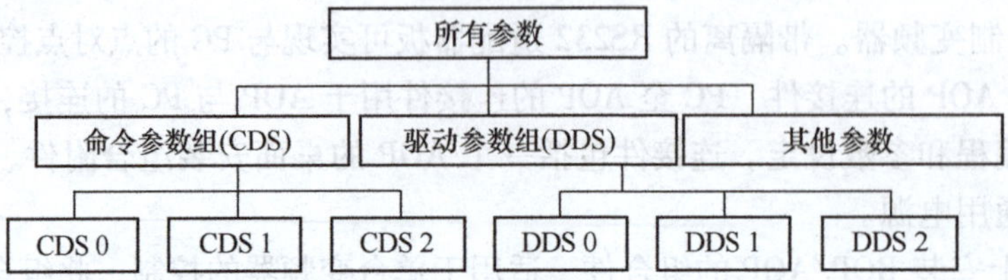

图 8-44　MM440 型变频器的参数结构图

默认状态下使用的当前参数组是第 0 组参数，即 CDS0 和 DDS0。后面如果没有特殊说明，所访问的参数都是指当前参数组。

例如，P1000 的第 0 组参数，在 BOP 上显示 in000，书本中常写作 P1000.0、P1000 [0] 或者 P1000in000 等形式。本书中为了一致，均以 P1000 [0] 的形式表示 P1000 的第 0 组参数。

将参数按照命令参数组和驱动参数组两大类分为三组，使得用户可以根据不同的需要在一个变频器中设置多种驱动和控制的配置，并在适当的时候根据需要进行切换，这给变频器的使用带来了极大的灵活性。

命令参数组（CDS）由参数 P0810 和 P0811 作为切换命令源来选择三组中的一组参数，驱动参数组（DDS）由参数 P0820 和 P0821 作为切换命令源来选择三组中的一组参数。参数值切换真值表见表 8-30。

表 8-30 参数值切换真值表

CDS			DDS		
P0810	P0811	参 数 组	P0820	P0821	参 数 组
0	0	0	0	0	0
1	0	1	1	0	1
×	1	2	×	1	2

2. 用户访问级 P0003 和参数过滤器 P0004

（1）用户访问级 P0003　参数 P0003 用于定义用户访问参数组的等级，对于大多数简单的运用对象，采用默认设定值（标准模式）就可以满足要求了。

参数 P0003 可能的设定值如下：

P0003 = 0 用户定义的参数表；

P0003 = 1 标准级，可以访问最经常使用的参数；

P0003 = 2 扩展级，允许扩展访问参数的范围；

P0003 = 3 专家级，只供专家使用；

P0003 = 4 维修级，只供授权的维修人员使用，具有密码保护。

（2）参数过滤器 P0004　参数 P0004 的作用是按功能的要求筛选（过滤）出与该功能相关的参数，这样可以更方便地进行调试。参数过滤器 P0004 可能的设定值：

P0004 = 0，全部参数；

P0004 = 2，变频器参数；

P0004 = 3，电动机参数；

P0004 = 4，速度传感器；

P0004 = 5，工艺应用对象或装置；

P0004 = 7，命令、二进制 I/O；

P0004 = 8，ADC（模-数转换）和 DAC（数-模转换）；

P0004 = 10，设定值通道/斜坡函数发生器；

P0004 = 12，驱动装置的特征；

P0004 = 13，电动机的控制；

P0004 = 20，通信；

P0004 = 21，报警/警告/监控；

P0004 = 22，工艺参量控制器（例如 PID）。

（3）P0003 和 P0004 的使用 参数过滤器 P0004 的设定值决定了访问参数的功能和类型，用户访问级 P0003 的设定值决定了由 P0004 限定的参数类型的访问等级。配合使用参数 P0003 和 P0004 可以快速找到需要访问和设置的参数。

3. 其他常用参数

西门子 MM440 型变频器的参数较多，详细的参数说明可参阅 MM440 型变频器用户手册。本书之后的操作和例子中给出了 MM440 型变频器的部分常用参数，可供一般应用时参考。

8.3.6 MM440 型变频器的操作与控制

1. 基本操作板的使用

利用基本操作板（BOP）可以更改变频器的各个参数。为了用 BOP 设置参数，用户首先必须将状态显示板（SDP）从变频器上拆卸下来，然后装上基本操作板（BOP）。基本操作板（BOP）的按键布局如图 8-45 所示。

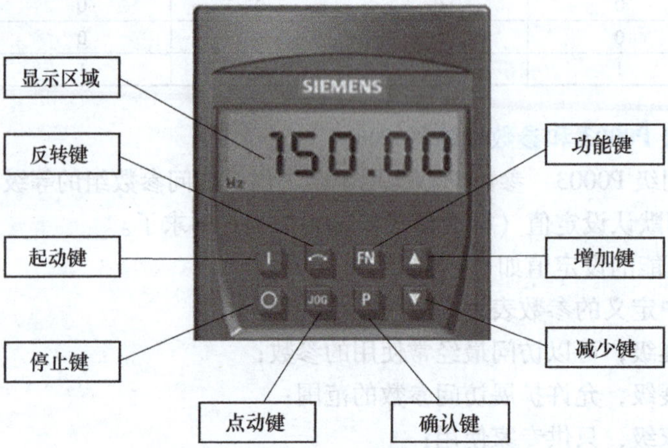

图 8-45 基本操作板（BOP）的按键布局图

BOP 具有 5 位数字的七段显示，用于显示参数的序号和数值、报警和故障信息，以及该参数的设定值和实际值。BOP 不能储存参数的信息。

BOP 有根据需要显示速度、频率、电动机方向和电流等功能。对于现场控制场合，BOP 直接安装在变频器的前面板上。利用可选件基本操作板（BOP）调试时，可以改变工厂的默认设置值，以满足特定的应用需要。

利用 BOP 可以更改变频器的各参数。例如要修改参数 P1000 的第 0 组参数，即设置参数 P1000［0］=1，具体操作步骤见表 8-31。

表 8-31 参数修改操作步骤

操作步骤		BOP 显示结果	操作步骤		BOP 显示结果
1	按 [P] 键，访问参数	r0000	3	按 [P] 键，显示 in000，即 P1000 的第 0 组值	in000
2	按 [▲] 键，直到显示 P1000	P1000	4	按 [P] 键，显示当前值 2	2

（续）

操作步骤		BOP 显示结果	操作步骤		BOP 显示结果
5	按▼键，达到所要求的数值 1	1	7	按 FN 键显示 r0000	r0000
6	按 P 键，存储当前设置	P1000	8	按 P 键，显示频率	50.00

使用 BOP 还可以控制变频器的运行，具体操作步骤见表 8-32。

表 8-32 通过 BOP 控制变频器运行的操作步骤

操作步骤	设置参数	功能解释	操作步骤	设置参数	功能解释
1	P0700	=1 起停命令源于面板	4	I	起动变频器
2	P1000	=1 频率设定源于面板	5	▲ ▼	通过增减键修改运行频率
3	5.00	返回监视状态	6	O	停止变频器

2. 参数复位操作

参数复位是将变频器的参数恢复到出厂时的参数默认值。在变频器初次调试或者参数设置混乱时，需要执行该操作，以便于将变频器的参数值恢复到一个确定的默认状态。

使用基本操作板（BOP）和高级操作板（AOP）或通信选件，可以将变频器的参数恢复为工厂默认设置值，参数设置如下：

1）设置 P0010 = 30。

2）设置 P0970 = 1。

复位过程约需 3min 才能完成。

3. 快速调试

快速调试指通过设置电动机参数和变频器的命令源及频率给定源，从而达到简单、快速运行电动机的一种操作模式。按照表 8-33 的步骤设置参数，即可完成快速调试过程。完成快速调试后，变频器就可以正常驱动电动机，之后就可以根据需要设置变频器的控制方式和各种工艺参数了。

表 8-33 MM440 型变频器的快速调试步骤

参数号	参数描述	推荐设置
P0003	设置参数访问等级 =1 标准级（只需要设置最基本的参数） =2 扩展级 =3 专家级	3
P0010	=1 开始快速调试 注意： 1. 只有在 P0010 = 1 的情况下，电动机的主要参数才能被修改，如：P0304、P0305 等 2. 只有在 P0010 = 0 的情况下，变频器才能运行	1

（续）

参数号	参数描述	推荐设置
P0100	选择电动机的功率单位和电网频率 =0 单位 kW，频率 50Hz =1 单位 hP，频率 60Hz =2 单位 kW，频率 60Hz	0
P0205	变频器应用对象 =0 恒转矩（压缩机、传送带等） =1 变转矩（风机、泵类等）	0
P0300［0］	选择电动机类型 =1 异步电动机 =2 同步电动机	1
P0304［0］	电动机额定电压 注意电动机实际接线（Y/△）	根据电动机铭牌
P0305［0］	电动机额定电流 注意：电动机实际接线（Y/△） 如果驱动多台电动机，P0305 的值要大于电流总和	根据电动机铭牌
P0307［0］	电动机额定功率 如果 P0100=0 或 2，单位是 kW 如果 P0100=1，单位是 hP	根据电动机铭牌
P0308［0］	电动机功率因数	根据电动机铭牌
P0309［0］	电动机的额定效率 注意：如果 P0309 设置为 0，则变频器自动计算电动机效率 如果 P0100 设置为 0，则看不到此参数	根据电动机铭牌
P0310［0］	电动机额定频率 通常为 50/60Hz 非标准电动机，可以根据电动机铭牌修改	根据电动机铭牌
P0311［0］	电动机的额定速度 矢量控制方式下，必须准确设置此参数	根据电动机铭牌
P0320［0］	电动机的磁化电流 通常取默认值	0
P0335［0］	电动机冷却方式 =0 利用电动机轴上风扇自冷却 =1 利用独立的风扇进行强制冷却	0
P0640［0］	电动机过载系数 以电动机额定电流的百分比来限制电动机的过载电流	150
P0700［0］	选择命令给定源（起动/停止） =1 BOP（基本操作板） =2 I/O 端子控制 =4 经过 BOP 链路（RS232）的 USS 控制 =5 通过 COM 链路（端子 29、30） =6 PROFIBUS（CB 通信板） 注意：改变 P0700 设置，将复位所有的数字输入输出至出厂设定	2
P1000［0］	设置频率给定源 =1 BOP 电动电位计给定（基本操作板） =2 模拟输入 1 通道（端子 3、4） =3 固定频率 =4 BOP 链路的 USS 控制 =5 COM 链路的 USS（端子 29、30） =6 PROFIBUS（CB 通信板） =7 模拟输入 2 通道（端子 10、11）	2

（续）

参 数 号	参 数 描 述	推 荐 设 置
P1080［0］	限制电动机运行的最小频率	0
P1082［0］	限制电动机运行的最大频率	50
P1120［0］	电动机从静止状态加速到最大频率所需时间	10
P1121［0］	电动机从最大频率降速到静止状态所需时间	10
P1300［0］	控制方式选择 =0 线性 *U/f*，要求电动机的压频比准确 =2 二次方曲线的 *U/f* 控制 =20 无传感器矢量控制 =21 带传感器的矢量控制	0
P3900	结束快速调试 =1 电动机数据计算，并将除快速调试以外的参数恢复到出厂设定 =2 电动机数据计算，并将 I/O 设定恢复到出厂设定 =3 电动机数据计算，其他参数不进行出厂复位	3
P1910	=1 使能电动机识别，出现 A0541 报警，马上起动变频器	1

4. 变频器外部端子功能设置

（1）开关量输入功能　MM440 型变频器包含了 6 个数字开关量的输入端子，每个端子都有一个对应的参数用来设定该端子的功能。开关量输入端子功能说明见表 8-34。

表 8-34　开关量输入端子功能说明

数字输入	端子编号	参数编号	出厂设置	功 能 说 明
DIN1	5	P0701	1	=1 接通正转/断开停车 =2 接通反转/断开停车 =3 断开按惯性自由停车 =4 断开按第二降速时间快速停车 =9 故障复位 =10 正向点动 =11 反向点动 =12 反转（与正转命令配合使用） =13 电动电位计升速 =14 电动电位计降速 =15 固定频率直接选择 =16 固定频率选择 + ON 命令 =17 固定频率编码选择 + ON 命令 =25 使能直流制动 =29 外部故障信号触发跳闸 =33 禁止附加频率设定值 =99 使能 BICO 参数化
DIN2	6	P0702	12	
DIN3	7	P0703	9	
DIN4	8	P0704	15	
DIN5	16	P0705	15	
DIN6	17	P0706	15	
	9	公共端		

说明：

1. 开关量的输入逻辑可以通过 P0725 改变
2. 开关量输入状态由参数 r0722 监控，开关闭合时相应笔划点亮

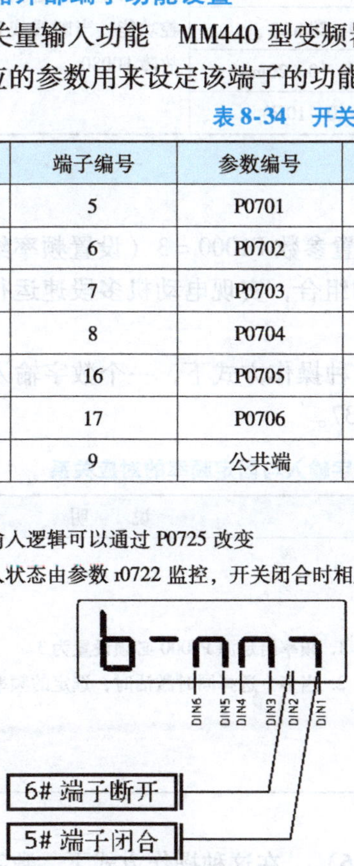

（2）开关量输出功能 MM440型变频器内置三个继电器，可以将变频器当前的状态以开关量的形式输出，方便用户通过输出继电器的状态来监控变频器的内部状态量。而且每个输出逻辑都可以进行取反操作，即通过操作P0748的每一位更改。继电器输出端子功能说明见表8-35。

表8-35 继电器输出端子功能说明

继电器编号	对应参数	默认值	功能解释	输出状态
继电器1	P0731	=52.3	故障监控	继电器失电
继电器2	P0732	=52.7	报警监控	继电器得电
继电器3	P0733	=52.2	变频器运行中	继电器得电

（3）模拟量输入功能 MM440型变频器有两路模拟量输入，可以通过参数P0756（ADC类型）分别设置每个通道输入信号的类型。参数P0756［0］对应于模拟输入1（ADC1），参数P0756［1］对应于模拟输入2（ADC2）。参数P0756的功能说明见表8-36。

表8-36 参数P0756的功能

参数号码	设定值	参数功能	说明
P0756	=0	单极性电压输入（0～10V）	"带监控"是指模拟通道具有监控功能，当断线或信号超限时，报故障F0080
	=1	带监控的单极性电压输入（0～10V）	
	=2	单极性电流输入（0～20mA）	
	=3	带监控的单极性电流输入（0～20mA）	
	=4	双极性电压输入（-10～10V）	

5. 多段速运行

多段速运行也称为固定频率运行，就是在设置参数P1000=3（设置频率给定源为固定频率）的条件下，用开关量端子选择固定频率的组合，实现电动机多段速运行。多段速运行可通过如下三种方法实现。

（1）直接选择（P0701-P0706=15） 在这种操作方式下，一个数字输入选择一个固定频率。数字输入与固定频率的对应关系见表8-37。

表8-37 多段速运行（方式1）时数字输入与固定频率的对应关系

端子编号	对应参数	对应频率设置	说明
5	P0701	P1001	1. 频率给定源P1000必须设置为3 2. 当多个选择同时激活时，选定的频率是它们的总和
6	P0702	P1002	
7	P0703	P1003	
8	P0704	P1004	
16	P0705	P1005	
17	P0706	P1006	

（2）直接选择+ON命令（P0701-P0706=16） 在这种操作方式下，数字量输入既选

择固定频率，又具备起动功能。

（3）二进制编码选择 + ON 命令（P0701 – P0704 =17）　使用这种方法最多可以选择15个固定频率。各个固定频率的数值可根据表8-38选择。

表8-38　多段速运行（方式3）时数字输入与固定频率的对应关系

频率设定	端子8	端子7	端子6	端子5
P1001				1
P1002			1	
P1003			1	1
P1004		1		
P1005		1		1
P1006		1	1	
P1007		1	1	1
P1008	1			
P1009	1			1
P1010	1		1	
P1011	1		1	1
P1012	1	1		
P1013	1	1		1
P1014	1	1	1	
P1015	1	1	1	1

6. 停车和制动

停车指的是将电动机的转速降到零速的操作，MM440型变频器支持的停车方式包括OFF1、OFF2和OFF3共三种方式。三种停车方式工作原理见表8-39。

表8-39　MM440型变频器的三种停车方式工作原理

停车方式	功能解释	应用场合
OFF1	变频器按照P1121所设定的斜坡下降时间由全速降为零速	一般场合
OFF2	变频器封锁脉冲输出，电动机惯性滑行状态，直至速度为零速	设备需要急停，配合机械制动
OFF3	变频器按照P1135所设定的斜坡下降时间由全速降为零速	设备需要快速停车

为了缩短电动机减速时间，可以在减速过程中加入制动，以使电动机快速停止运行。MM440型变频器支持两种制动方式：直流制动和能耗制动。直流制动和能耗制动的功能说明见表8-40。

表8-40　直流制动和能耗制动的功能说明

制动方式	功能解释	相关参数
直流制动	变频器向电动机定子注入直流	P1230 = 1 使能直流制动 P1232 = 直流制动强度 P1233 = 直流制动持续时间 P1234 = 直流制动的起始频率

（续）

制动方式	功 能 解 释	相 关 参 数
能耗制动	变频器通过制动单元和制动电阻，将电动机回馈的能量以热能的形式消耗掉	P1237 = 1 ~ 5，能耗制动的工作停止周期 P1240 = 0，禁止直流电压控制器，从而防止斜坡下降时间的自动延长

7. 矢量控制

MM440 型变频器支持多种形式的矢量控制模式，矢量控制可用在调速精度要求较高的场合。MM440 型变频器的矢量控制原理是：将测得的变频器实际输出电流按空间矢量的方式进行分解，形成转矩电流分量与磁通电流分量两个电流闭环，同时又可借助编码器或内置观测器模型来构成速度闭环，这种双闭环控制方式可以改善变频器的动态响应能力，减小滑差，保证系统速度稳定，确保低频时的转矩输出。

为了得到电动机的精确数学模型，以确保得到较为理想的矢量控制效果，必须进行电动机优化操作，其优化步骤如下：

恢复出厂设置 ⇨ 快速调试 ⇨ 电动机静态识别 ⇨ 电动机动态优化

如果已经进行了恢复出厂设置和快速调试，可以直接进行电动机的静态识别和动态优化。

注意： 电动机动态优化必须脱开机械负载。

电动机优化相关参数功能说明见表 8-41。

表 8-41　电动机优化相关参数功能说明

操　作	参　数	功 能 解 释
电动机静态识别	P1910	= 0 禁止 = 1 识别所有电动机数据并修改，并将这些数据应用于控制器 = 2 识别所有电动机数据但不进行修改，这些数据不用于控制器 = 3 识别电动机磁路饱和曲线并修改 激活电动机数据识别后将显示报警 A0541，需要马上起动变频器
电动机动态优化	P1300	= 20 选择矢量控制方式
	P1960	= 1 激活电动机动态优化后，将显示报警 A0542，需要马上起动变频器，电动机会突然加速

8. 通信控制

MM440 型变频器本身具备 RS485 通信端口，用户可根据 USS 协议通过西门子 S7-200 PLC 控制变频器，也可以根据 USS 协议自行编制程序，对变频器而言无需增加任何硬件，即可构成一个控制系统。

MM440 型变频器还可以通过 PROFIBUS 模块、DEVICENET 模块、CANOPEN 模块连接到相应的控制系统当中。

对 MM440 型变频器的通信控制在本书的第 9 章有详细介绍，此处不再赘述。

8.3.7　MM440 型变频器的故障诊断

MM440 型变频器非正常运行时，会发生故障或者报警。当发生故障时，变频器停止运行，面板显示以 F 字母开头的相应故障代码，需要故障复位才能重新运行。当发生报警时，变频器继续运行，面板显示以 A 字母开头的相应报警代码，报警消除后代码自然消除。

发生故障或者报警现象时，请参考附录 D 处理。

习　题

8-1　台达 VFD-M 系列变频器有哪些技术特点？

8-2　变频器的储存有哪些要求？

8-3　如何用台达 VFD-M 系列变频器驱动电动机作程序运行？

8-4　台达 VFD-M 系列变频器用于水泵电动机驱动时，应选用哪种形式的 U/f 曲线？为什么？

8-5　有一台起重设备的小车移动电动机，要求采用变频器驱动作有级调速，四级速度设定，用 PLC 作主控制器。试给出系统设计方案，相关参数应如何设置？

8-6　三菱 FR－700 系列变频器有哪几种型号？各有哪些特点？

8-7　如何快速设定三菱 FR－E700 型变频器的运行操作模式？

8-8　使用通信方式控制三菱 FR－E700 型变频器的运行，相关参数该如何设置？

8-9　西门子 MICROMASTER4 系列变频器有哪几种型号？各有哪些特点？

8-10　西门子 MM440 型变频器的基本操作板（BOP）和高级操作板（AOP）在使用上有哪些不同？

8-11　西门子 MM440 型变频器有哪些可选件？

8-12　采用西门子 MM440 变频器驱动某个电动机变速运行，要求用模拟电位器控制电动机的转速，用两个按钮分别控制电动机的运行和停止，电路应如何连接，变频器的参数如何设置？

第 9 章

变频器的联网运行

在造纸、皮革、电线电缆等生产线的驱动控制系统中，目前多采用基于变频器的交流传动系统，对变频器的控制多采用通过现场总线的网络控制方式。变频器的网络控制，相对于通过变频器的外部端子进行控制来说，可提高系统的控制精度，减少系统的布线，使电气控制系统在结构上更简洁明了，更易于安装和维护。通过变频器的总线接口，还可以实时监控变频器的运行状态，从而及时地发现和排除故障。本章以西门子变频器的 USS 通信为例，介绍变频器联网运行的原理和方法。

9.1 USS 协议

所有的标准西门子变频器都有一个串行接口，串行接口采用 RS485 双线连接，其设计标准适用于工业环境的应用对象。单一的 RS485 链路最多可以连接 31 台变频器，而且根据各变频器的地址或者采用广播信息都可以找到需要通信的变频器。链路中需要有一个主控制器（主站），而各个变频器则是从属的控制对象（从站）。

采用串行接口对变频器进行控制有很多优点：大大减少布线的数量，通过串行接口设置和修改变频器的参数，无需重新连线就可以改变控制功能，且可实时的监控传动系统。

通用串行接口协议（Universal Serial Interface Protocol，USS 协议）是 SIEMENS 公司所有传动产品的通用通信协议，它是一种基于串行总线进行数据通信的协议。USS 协议是主-从结构的协议，规定了在 USS 总线上可以有一个主站和最多 31 个从站；总线上的每个从站都有一个站地址（在从站参数中设定），主站依靠它识别每个从站；每个从站也只对主站发来的报文做出响应并回送报文，从站之间不能直接进行数据通信。此外，还有一种广播通信方式，主站可以同时给所有从站发送报文，从站在接收到报文并做出相应的响应后可不回送报文。

9.1.1 USS 协议通信报文的结构

每条报文都是以字符 STX（=02hex）开始，接着是长度的说明（LGE）和地址字节（ADR）。然后是有效的数据字符。报文以数据块的检验符（BCC）结束。报文结构如图 9-1 所示。

STX	LGE	ADR	1	2	…	n	BCC
			←有效的数据字符→				

图 9-1　通信报文的结构

1. USS 协议通信报文的结构中有关信息的详细说明

（1）STX　STX 区是一个字节的 ASCII 字符（02hex），表示一条报文信息的开始。

（2）LGE　LGE 区是一个字节，指明这一条信息中后跟的字节数目。按照 USS 的技术说明，报文的长度是可以变化的，而且报文的长度必须在报文的第 2 个字节（即 LGE）中说明。根据配置，可以把报文定义为固定的长度（参看 PKE 和 PZD 区的说明）。总线上的各个从站结点可以采用不同长度的报文。一条报文的最大长度是 256 个字节。LGE 是根据所采用的数据字符（数量为 n）数，地址字节（ADR）和数据块检验字符（BCC）确定的。显然，实际的报文总长度比 LGE 要多 2 个字节，因为字节 STX 和 LGE 没有计算在 LGE 以内。

西门子变频器 MICROMASTER4 既可以采用变化的报文长度，也可以采用固定的报文长度。采用哪种报文长度由参数 P2012 和 P2013 来定义 PZD 和 PKW 的长度。最常用的固定长度是 4 个字（8 字节）的 PKW 区和 2 个字（4 字节）的 PZD 区，共有 12 个数据字符。故得

$$LGE = 12 + 2 = 14$$

（3）ADR　ADR 区是一个字节，是从站结点（即变频器）的地址。地址（ADR）字节的结构如图 9-2 所示。

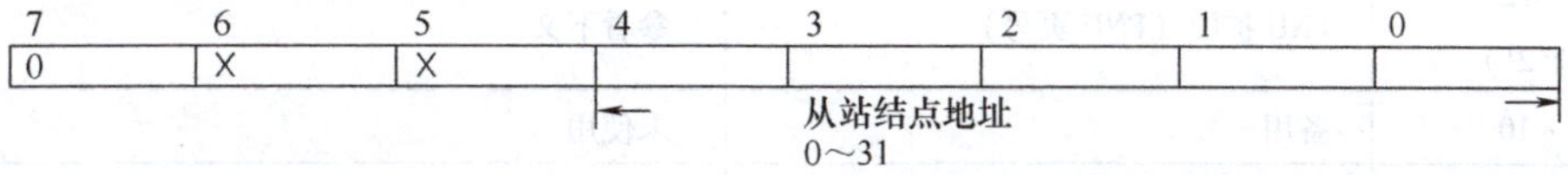

图 9-2　地址（ADR）字节的结构

图 9-2 中位 5 是广播位。如果这一位设置为 1，则该信息就是广播信息，对串行链路上的所有节点该信息都有效，此时结点号是不用判定的。位 6 表示镜像报文，结点号需要判定。如果位 6 设置为 1，则被寻址的从站会将未加更改的报文返回给主站。

地址字节中不用的位应设置为 0。

（4）BCC　BCC 区是长度为一个字节的校验结果，用于检查该信息是否有效。它是该信息中 BCC 前面所有字节"异或"运算的结果。如果根据校验结果，表明变频器接收到的信息是无效的，它将丢弃这一信息，并且不向主站发出应答信号。

2. 有效的数据字符

USS 协议通信报文中有效的数据块分成两个区域，即 PKW 区（参数识别标志 ID-数值区）和 PZD 区（过程数据），如图 9-3 所示。

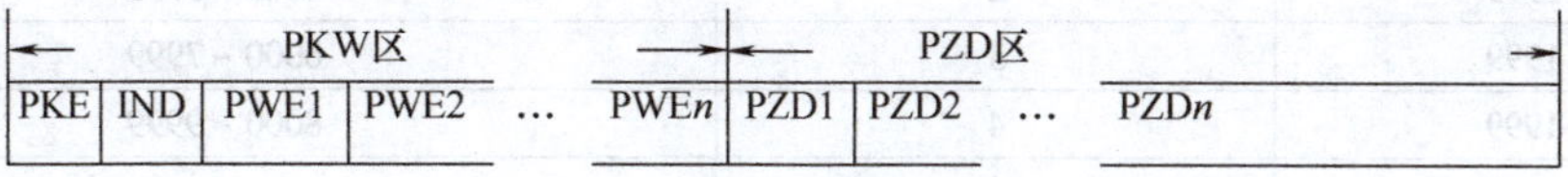

图 9-3　有效的数据字符

9.1.2　PKW 区

PKW 区说明参数识别标志 ID-数值（PKW）接口的处理方式。PKW 接口并非物理意义上的接口，而是一种机理，这一机理确定了参数在两个通信伙伴（如控制装置与变频器）之间的传输方式，例如参数数值的读和写。

1. PKW 区的信息内容

PKW 区前两个字(PKE 和 IND)的信息是关于主站请求的任务（任务识别标志 ID）或应答报文的类型（应答识别标志 ID），PKW 区第 1 个字的结构见表 9-1，PKW 区第 2 个字的结构见表 9-2。PKW 区的第 3、第 4 个字规定报文中要访问的变频器的参数号（PNU）。PNU 的编号与 MICROMASTER4 的参数号相对应。例如，1082 = P1082 = Fmax，此参数用来设定变频器可输出的最高电动机频率。

表 9-1 PKW 区第 1 个字的结构

第 1 个字（16 位） = PKE = 参数识别标志 ID		
位 15 ~ 12	AK = 任务或应答识别标志 ID	参看下文
位 11	SPM = 参数修改报告	不支持（总是 0）
位 10 ~ 00	b. PNU = 基本参数号	完整的 PNU 由基本参数号与 IND 的 15 ~ 12 位（下标）一起构成，参看下文

表 9-2 PKW 区第 2 个字的结构

第 2 个字(16 位) = IND = 参数的下标		
位 15141312 ($2^0 2^3 2^2 2^1$)	PNU 扩展（PNU 页号）	参看下文
位 11 ~ 10	备用	未使用
位 09 ~ 08	选择文本的类型 + 文本的读或写	未使用
位 07 ~ 00	下标（哪个元素）： 哪个参数值 哪个元素说明 哪个下标文本是有效的 哪个数值文本是有效的	数值 255 = 下标参数的全部数值或参数说明的全部元素 只有当 P2013 = 127 时才有可能

完整的参数号是由参数的任务/应答识别 ID（位 0 ~ 10）中的基本参数号和下标（PNU 页号）中的位 12 ~ 15 一起产生的。完整的参数号产生机理见表 9-3。

表 9-3 完整的参数号产生机理

基本参数号（任务/应答识别标志 ID 中的位 10 ~ 0）	PNU 页（下标中的位 15 ~ 12）	完整的 PNU = 基本 PNU + (PNU 页号 × 2000)
0 ~ 1999	0	0 ~ 1999
0 ~ 1999	1	2000 ~ 3999
0 ~ 1999	2	4000 ~ 5999
0 ~ 1999	3	6000 ~ 7999
0 ~ 1999	4	8000 ~ 9999
⋮	⋮	⋮
0 ~ 1999	15	30000 ~ 31999

PKW 区第 2 个字中位 15 的权是 2^0，所以，参数号 2000 至 3999 的这一位必须是 1。西门子变频器 MICROMASTER4 没有大于 3999 的参数号。

第 3 和第 4 个字 PWE1 和 PWE2，是被访问参数的数值。MICROMASTER4 的参数数值有许多不同的类型：整数（单字长或双字长）、十进制数（以 IEEE 浮点数的形式给出，永远是双字长）以及下标参数（这里称为**数组**）。参数的含义决定于参数数值的类型（中间一栏）和 P2013 的设置（右边一栏），第 3、第 4 个字的结构分别见表 9-4 及表 9-5。

表 9-4 第 3 个字的结构

第 3 个字(16 位) = PWE1 = 第 1 个参数数值		
	= 对于非数组参数，是参数的数值 = 对于数组参数是第 *n* 个参数的数值和对于第 *n* 个元素的任务	当 P2013 的值 = 3（固定长度为 3 个字）或 = 127（长度可变） 以及单字长参数时
	= 对于数组参数是第 1 个参数的数值和对于所有元素的任务	当 P2013 的值 = 127（长度可变） 以及单字长参数时
位 15 ~ 0	= 0	当 P2013 的值 = 4（固定长度为 4 个字） 以及单字长参数时
	= 参数数值的高位字（非数组参数） = 对于数组参数是参数数值的高位字和对于第 *n* 个元素任务的高位字	当 P2013 的值 = 4（固定长度为 4 个字）或 = 127（长度可变） 以及双字长参数时
	= 对于数组参数是第一个参数数值的高位字和对于所有元素任务的高位字	当 P2013 的值 = 127（长度可变） 以及双字长参数时
	错误的数值	从站→主站传送，且应答识别标志 ID = 任务不能执行时

表 9-5 第 4 个字的结构

第 4 个字（16 位）= PWE2 = 第 2 个参数的数值		
	= 对于数组参数是第 2 个参数数值和对于所有元素的任务	当 P2013 的值 = 4（固定长度为 4 个字）或 = 127（长度可变） 以及单字长参数时
	= 参数数值的低位字（非数组参数） = 对于数组参数是第 *n* 个参数数值的低位字和对于第 *n* 个元素任务的低位字	当 P2013 的值 = 4（固定长度为 4 个字）或 = 127（长度可变） 以及双字长参数时
位 15 ~ 0	= 对于数组参数是第 1 个参数数值的低位字和对于所有元素任务的低位字	当 P2013 的值 = 127（长度可变） 以及双字长参数时
	= 下一个要访问的识别符标志 ID	从站→主站传送，且应答识别标志 ID = 任务不能执行时 错误的数值 = ID 不存在或 ID 不能访问时 当 P2013 的值 = 127（长度可变）时
	= 下一个或前一个有效的数值（16 位） = 下一个或前一个有效的数值（32 位）的高位字 根据以下判定条件： 如果新值 > 实际值→下一个有效的数值 如果新值 < 实际值→前一个有效的数值	从站→主站传送，且应答识别标志 ID = 任务不能执行时 错误的数值 = 数值不可接受或有新的最大/最小值存在 当 P2013 的值 = 127（长度可变）时

如果主站请求一个参数的数值，则主站传送到变频器的报文PWE1和PWE2中的数值即不再有效。第3和第4个字，即PWE1和PWE2的含义决定于P2013选择的PKW是可变长度，还是固定长度。

2. USS的任务和应答

USS协议通信报文中PKW区第1个字（PKE）的位15~12表示的是主站发送的任务代码（任务识别标志ID）或从站回传的数据类型代码（应答识别标志ID），任务识别标志ID的定义见表9-6，应答识别标志ID的定义见表9-7。

表9-6 任务识别标志ID的定义

任务识别标志ID	含 义	应答识别标志ID	
		正	负
0	没有任务	0	—
1	请求参数数值	1或2	7
2	修改参数数值(单字)［只是修改RAM］	1	7或8
3	修改参数数值（双字）［只是修改RAM］	2	7或8
4	请求元素说明	3	7
5	修改元素说明（MICROMASTER4不可能）	—	—
6	请求参数数值（数组），即带下标的参数	4或5	7
7	修改参数数值（数组，单字）［只是修改RAM］	4	7或8
8	修改参数数值（数组，双字）［只是修改RAM］	5	7或8
9	请求数组元素的序号，即下标的序号，“no.”	6	7
10	保留，备用	—	—
11	存储参数数值（数组，双字）［RAM和EEPROM都修改］	5	7或8
12	存储参数数值（数组，单字）［RAM和EEPROM都修改］	4	7或8
13	存储参数数值（双字）［RAM和EEPROM都修改］	2	7或8
14	存储参数数值（单字）［RAM和EEPROM都修改］	1	7或8
15	读出或修改文本（MICROMASTER4不可能）	—	—

表9-7 应答识别标志ID的定义

应答识别标志ID	含 义	对任务识别标志ID的应答
0	不应答	0
1	传送参数数值(单字)	1，2或14
2	传送参数数值（双字）	1，3或13
3	传送说明元素	4
4	传送参数数值（数组，单字）	6，7或12
5	传送参数数值（数组，双字）	6，8或11
6	传送数组元素的数目	9
7	任务不能执行（有错误的数值）	1至15
8	对参数接口没有修改权	2，3，5，7，8，11至14或15（也没有文本修改权）
9~12	未使用	—
13	预留，备用	—
14	预留，备用	—
15	传送文本	15

如果变频器的参数 P2013 选择 PKW 为固定长度（3 或 4），那么，主站必须在 PKW 区正确地发送 3 或 4 个字（否则，从站将不能对报文作出响应），从站的应答 PKW 也是 3 或 4 个字。如果 MICROMASTER4 采用固定长度，则应是 4 个字，因为 3 个字不足以支持很多参数（也就是双字长的参数）。对于可变长度的 PKW（127），主站只发送 PKW 区任务所必需的字数，应答报文的长度也只是需要多长就多长。

3. PKW 实例

1）读出参数号在 0002 和 1999 之间的参数数值。

无论何时，甚至是在 P2013 = 127（PKW 长度是可变的）时，主站都可以采用 4 个字的 PKW。下面的例子中将采用 4 个字长的 PKW，并以十六进制的格式表示 PKW 数据。根据参数数值的数据类型，PKW 应答报文可以是 3 个或 4 个字长。

为了读出参数的数值，应采用任务识别标志 ID1 “请求参数数值”。应答识别标志将是 1 或 2（相应为单字或双字长）或 7（错误）。

［例 9-1］ 读出参数 P0700（700 = 2BC（hex））的数值。

USS→MICROMASTER4：12BC000000000000 ；请求参数 P0700 的数值。

MICROMASTER4→USS：12BC00000002 ；应答报文告诉我们，P0700 是一个单字长的参数，数值为 0002（hex）。

［例 9-2］ 读出参数 P1082（1082 = 43A（hex））的数值。

USS→MICROMASTER4：143A000000000000 ；请求参数 P1082 的数值。

MICROMASTER4→USS：243A000042480000 ；应答报文告诉我们，这是一个双字长参数，数值为 42480000（IEEE 浮点数）。

IEEE 浮点数的格式如下：

位 31 为符号位，

位 23 至位 30 为阶，

位 0 至位 22 为尾数。

用十进制数表示时是：

数值 = ((−1) 的‘符号’次幂) × (2 的(阶 − 127)次幂) × 1.(尾数)

在本例中：

符号为 0，

阶为 84(hex) = 132，

尾数为(1). 900000 = (1 + 9/16 + 0/256...)。

则数值等于：(1) × (32) × (1. 5625) = 50. 00。

2）读出参数号在 2000 和 3999 之间的参数数值。

为了读出 2000 和 3999 之间的参数数值，必须把第 2 个字（IND）中的‘PNU 扩展’设置为‘1’。

［例 9-3］ 读取参数 P2000（基准频率）的值。

USS→MICROMASTER4：1000800000000000 请求参数 P2000 的数值。

MICROMASTER4→USS：2000800042480000 应答报文告诉我们，这是一个双字长参数，数值为 42480000（IEEE 浮点数），

即50.00。

3）读出带下标参数的数值。

为了读出带下标参数的数值，必须对第2个PKW字（IND）的0~7位区域中的下标进行定义。

［例9-4］　读出参数P2010［下标1］（2010=00A和IND的位15）的数值。

USS→MICROMASTER4：100A800100000000　请求参数P2010［下标1］的数值。

MICROMASTER4→USS：100A80010006　应答报文告诉我们，这是一个单字长参数，数值为6（hex）。

在本例中，采用任务识别标志6也是可以的。

4）修改参数的数值［只改变RAM］。

为了写入参数数值，必须知道这一参数是单字长还是双字长，并相应地把任务识别标志取为2或3。为了找出字长，首先应通过USS读出参数的数值（有关参数字长的资料在“参数表”中也可以查到）。

［例9-5］　把参数P1082的数值修改为40.00。

第1步：通过USS读出参数数值。

USS→MICROMASTER4：143A000000000000

MICROMASTER4→USS：243A000042480000　应答识别标志2表明，这是一个双字长参数，所以我们必须采用任务识别标志3“修改参数数值（双字长）［只改变RAM］”。

第2步：把参数数值修改为40.00（=42200000（IEEE浮点数））。

USS→MICROMASTER4：343A000042200000

MICROMASTER4→USS：243A000042200000　确认这一参数的数值已修改完毕。

如果信息243A000042200000已经发送出去，而应答报文是743A00000005，则表明传送的是错误信息，错误号为5=“数据类型不正确”。变频器处在运行状态时，不能对P1082（Fmax）的参数数值进行修改。如果变频器在运行状态时发送的要求修改参数的报文是正确的，应答报文将是743A00000011，表明传送失败，错误号为17=“驱动装置变流器在这时的状态不允许设定任务”。如果希望把已修改的参数数值存入EEPROM，任务识别标志应采用13（=D(hex)）。

5）利用P2013来设定PKW的长度。

这是一个第3访问级的参数，因此，必须把P0003设定为=3才能对它进行访问。P2013可以有四种设置：0，3，4和127。对于MICROMASTER4变频器，最有用的是127=可变长度=［默认设置值］或4。必须特别注意，如果P2013设置为4，那么，读出或修改单字长的参数数值时，参数的数值将出现在PWE2中，而不是PWE1中。

［例9-6］　把P0700的数值设置为5（0700=2BC（hex））。

P2013=127：

USS→MICROMASTER4：22BC000000050000

MICROMASTER4→USS：12BC00000005

［例9-7］　把P0700的数值设置为5(0700=2BC(hex))。

P2013 =4

USS→MICROMASTER4：22BC000000000005

MICROMASTER4→USS：12BC000000000005

在上面的例子中，如果把P2013设置为3，将不允许访问双字长（即非整数）的参数数值。在MICROMASTER4变频器的系统软件版本1.05中，当P2013设置为4时，单字长的参数数值出现在PWE1，而不是PWE2中。在以后的版本中，这一点进行了修正。如果用户的软件版本是1.05（参看变频器参数r 0018），并且试图通过PKW读/写单字长的参数数值（即非BiCo整数数值的参数，如P0700等），建议不要采用P2013 =4的设置，因为，后来的软件版本不支持上述的处理错误。如果PKW只用于读/写双字长参数（如斜坡时间等），则采用P2013 =4的设置是没有问题的。

9.1.3 PZD区

通信报文的PZD区（过程数据区）是为控制和监测变频器而设计的。在主站和从站中收到的PZD总是以最高的优先级加以处理。处理PZD的优先级高于处理PKW的优先级，而且，总是传送接口上当前最新的有效数据。PZD（过程数据）区的结构见表9-8。

表9-8 PZD（过程数据）区的结构

	PZD1	PZD2	PZD3	PZD4
主站→MICROMASTER4	STW	HSW	HSW2	STW2
MICROMASTER4→主站	ZSW	HIW	ZSW2	HIW2

虽然根据P2012（访问级3）的设置，变频器也可以采用0～4个字长的PZD进行操作，但是，MICROMASTER4通常采用的是两个字长的PZD。

1. 过程数据区的任务报文（主站→MICROMASTER4）

（1）STW（变频器的控制字） PZD任务报文的第1个字是变频器的控制字（STW）。通过USS控制的变频器（参看参数P0700）所提供的控制字的含义见表9-9。

表9-9 变频器的控制字（STW）

位00	On（斜坡上升）/OFF1（斜坡下降）	0 否	1 是
位01	OFF2：按惯性自由停车	0 是	1 否
位02	OFF3：快速停车	0 是	1 否
位03	脉冲使能	0 否	1 是
位04	斜坡函数发生器（RFG）使能	0 否	1 是
位05	RFG开始	0 否	1 是
位06	设定值使能	0 否	1 是
位07	故障确认	0 否	1 是
位08	正向点动	0 否	1 是
位09	反向点动	0 否	1 是
位10	由PLC进行控制	0 否	1 是
位11	设定值反向	0 否	1 是

（续）

位12	未使用		
位13	用电动电位计（MOP）升速	0否	1是
位14	用MOP降速	0否	1是
位15	本机/远程控制	0P0719下标0	1P0719下标1

对于变频器收到的控制字，其位10必须设置为1。如果位10是0，则控制字将被弃置不顾，变频器像它从前一样的控制方式继续工作。

（2）HSW（主设定值）　PZD任务报文的第2个字是主设定值（HSW）。这就是主频率设定值，是由主设定值信号源USS提供的（参看参数P1000）。

有两种不同的方式（COM或BOP链路串行接口），按照P2009（"USS规格化"）的设置可以定义采用哪种方式。

如果P2009设置为0，则数值是以十六进制数的形式发送，即4000（hex）规格化为由P2000设定的频率。

如果P2009设置为1，则数值是以绝对十进制数的形式发送（即4000＝0FA0（hex）表示主设定值为40.00Hz。）

2. 应答报文（MICROMASTER4→主站）

（1）ZSW（变频器的状态字）　PZD应答报文的第1个字是变频器的状态字（ZSW）。变频器的状态字通常由参数r0052定义，其定义的含义见表9-10。

表9-10　变频器的状态字（ZSW）

位0	变频器准备	0否	1是
位1	变频器运行准备就绪	0否	1是
位2	变频器正在运行	0否	1是
位3	变频器故障	0是	1否
位4	OFF2命令激活	0是	1否
位5	OFF3命令激活	0否	1是
位6	禁止on（接通）命令	0否	1是
位7	变频器报警	0否	1是
位8	设定值/实际值偏差过大	0是	1否
位9	PZD1（过程数据）控制	0否	1是
位10	已达到最大频率	0否	1是
位11	电动机电流极限报警	0是	1否
位12	电动机抱闸制动投入	0是	1否
位13	电动机过载	0是	1否
位14	电动机正向运行	0否	1是
位15	变频器过载	0是	1否

如果希望选择与此不同的应答报文状态字，则可以对参数 P2016 或 P2019 的下标 0 中状态字的信号源另外进行定义。它们都是访问级 3 的参数，所以，P0003 必须设置为 =3，以便访问这些参数。

（2）HIW（主要的运行参数实际值） PZD 应答报文的第 2 个字是主要的运行参数实际值（HIW）。通常把它定义为变频器的实际输出频率。通过 P2009（如上所述）进行规格化，也适用于这一数值。

如果希望选择与此不同的运行参数实际值（PZD 应答报文中），则可以这样来做，即对参数 P2016 或 P2019 的［下标 1］中的实际值信号源重新定义（例如，设置为 27，可给出实际输出电流）。这些参数都属于访问级 3，因此，P0003 必须设置为 3，以便访问这些参数。

3. PZD 实例

［例 9-8］ 正向运行，频率为 40.00Hz。

必须设定 P0700 为 4 或 5（分别是 USS 经由 RS232 或 RS485 进行通信），设定 P1000 为 4 或 5（分别是 USS 经由 RS232 或 RS485 进行通信）。

第 1 步：

发送 PZD 命令： 047E3333（hex）

可能的应答报文应是： FA310000

现象：如果接入了 BOP，则 r0000 用闪光显示设定频率为 40.00Hz。

第 2 步：

发送 PZD 命令： 047F3333（hex）

现象：变频器应按照 P1120 设定的斜坡速率，升速运行到 40.00Hz。

第 3 步：

发送 PZD 命令： 047E0000（hex）或 047E3333

现象：变频器停止运行。

［例 9-9］ 通过 USS 使变频器点动。

必须设定 P0700 为 4 或 5（分别是 USS 经由 RS232 或 RS485 进行通信），变频器必须是停止状态，并已准备好投入运行。

第 1 步：

发送 PZD 命令： 047E0000（hex）。

变频器的应答应该是： FA310000（hex）

现象：变频器开始点动运行。

第 2 步：

发送 PZD 命令： 057E0000（hex）。

现象：变频器开始正向点动运行。

第 3 步：

发送 PZD 命令： 067E0000（hex）。

现象：变频器开始反向点动运行。

第 4 步：

发送 PZD 命令： 047E0000（hex）。

现象：变频器停止点动运行。

为了改变点动方向而又不停车，可利用控制位 8 和 9。例如，在发送了 057E0000 之后发送 067E0000，就可使变频器改变点动的方向而又不停车。

9.1.4　采用 USS 广播方式通信

采用 USS 广播方式通信时，所有的从站都通过一个简单的报文来寻址，这样，分成若干组的多台变频器可以实现同时起动和停车。

采用 USS 广播方式通信时，USS 报文的第三个字节 ADR 的位 5 必须设置为 1，其他位应设置为 0（等于从站地址 32（十进制））；USS 报文的 PKW 区必须是 4 个字长。而且，至少应使第 1 个字的位 15、位 2 和位 1 设置为“高”，也必须使第 2 个字的位 15 和位 0 设置为“高”，字 3 和字 4 随意，这就给出了如下的 PKW 报文：8006800100000000（hex），这是在 USS 通信规程中规定的。也可以在 PKW 区发送 FFFFFFFFFFFFFFFF，因为这样也可以使必须置 1 的那些位设置为“高”。

广播方式下，PKW 不能用于读/写参数的数值；通常，PZD 是两个字，通信链路上所有的变频器同时对命令和设定值作出反应。

广播方式下，各个从站不产生应答报文，不对广播的报文作出响应。

9.1.5　MICROMASTER4 有关 USS 通信的参数设置

MICROMASTER4 系列变频器有两种 USS 通信接口：RS232 和 RS485。RS232 接口用选件模块（订货号为 6SE6400-1PC00-0AA0）实现。采用 RS485 接口通信时，需将变频器的外接端子 14 和 15（MICROMASTER440 为端子 29 和 30）分别连接到 P+和 N-。

在有关参数的文献中，采用 RS485 的 USS 有时称为 USS2，而采用 RS232 的 USS 称为 USS1。无论哪种情况下，报文的结构都是相同的。通常，USS 的参数有两个下标，[下标 0] 对应于 RS485，而 [下标 1] 对应于 RS232。

1. 基本设定

为了进行 USS 通信，必须确定变频器采用的是 RS485 接口，还是 RS232 接口。据此可以确定 USS 参数应设定为哪个下标。

P0003 = 2：访问第 2 级的参数所必须的。

P2010 = USS 波特率：这一参数必须与主站采用的波特率相一致。USS 支持的最大波特率是 57600bit/s。

P2011 = USS 结点地址：这是为变频器指定的唯一从站地址。

一旦设置了这些参数，就可以进行通信了。主站可以对变频器的参数（PKW 区）进行读和写，也可以监测变频器的状态和实际的输出频率（PZD 区）。

P0700 = 4 或 5：这一设置允许通过 USS 对变频器进行控制。在“PZD 区”一节中，已给出了对每一位含义的解释。常规的正向运行（RUN）和停车（OFF1）命令分别是 047F（hex）和 047E（hex）。

P1000 = 4 或 5：这一设置允许通过 USS 发送主设定值。这是默认情况下用 P2000 进行的规格化，所以，4000（hex）= 在 P2000 中设定的数值。

说明：P0700 和 P1000 是相互独立的，必须根据需要分别设定。

2. 一般的高级设置

P1000 = x4 或 x5：允许附加设定值与 USS 主设定值相加（参看 P1000 的参数说明）。

P1000 = 4x 或 5x：允许把 USS 设定值作为附加设定值与变频器的主设定值相加（请参看 P1000 的参数说明）。

以下参数只在专家访问级有效（P0003 = 3）：

P0003 = 3，允许访问专家访问级的参数。

P2009 = USS 规格化（具有兼容性）：设置值为 0 时，根据 P2000 的基准频率进行频率设定值的规格化。设置值为 1 时，允许设定值以绝对十进制数的形式发送(例如，4000(十进制) = 0FA0(hex) = 40.00Hz)，这是为了与早期的 MICROMASTER 产品兼容。这对应答报文中的实际值（HIW）也有效。

P2014 = USS 的停止传输时间（ms）：允许用户设定一个时间，在经过这个时间以后，如果 USS 通道接收不到报文，就将产生故障信号 F070。默认设定值是 0ms，闭锁了定时器。

9.2 使用 USS 协议指令和变频器通信

在上一节介绍了西门子公司用于所有传动产品的通用通信协议 USS 协议的结构和工作原理，只要遵循 USS 协议的规定，就可以用计算机、单片机或 PLC 等作为主站来控制西门子公司的传动产品，如变频器等。但在实际使用 USS 协议时，由于涉及数据格式转换、数据校验、设置发送和接收缓存及处理串行通信中断等问题，要用 USS 协议控制西门子传动产品仍然非常麻烦。为方便使用 USS 协议，西门子公司为 S7-200 系列 PLC 提供了 USS 协议指令库。

STEP7-Micro/WIN 软件中的 USS 协议指令库包括预先组态好的子程序和中断程序，这些子程序和中断程序都是专门为通过 USS 协议与驱动通信而设计的。通过 USS 指令，可以方便地控制这个物理驱动，并读/写驱动参数。

USS 协议指令库以独立软件包的形式提供，安装完成后，在 STEP 7-Micro/WIN 指令树的库文件夹中可以找到这些指令。当选择一个 USS 指令时，系统会自动增加一个或多个相关的子程序（USS1 ~ USS7）而不需要编程者的参与。

9.2.1 USS 协议指令的要求

STEP 7-Micro/WIN 指令库提供了 14 个子程序、3 个中断程序和 8 条指令支持 USS 协议。USS 指令使用 S7-200 中的下列资源：

1）初始化 USS 协议将 Port0 专用作 USS 通信。

使用 USS _ INIT 指令为 Port0 选择 USS 或 PPI。在选择使用 USS 协议与驱动通信后，Port0 不能够再用作其他目的，包括与 STEP 7-Micro/WIN 通信。

在使用 USS 协议为进行应用程序开发的过程中，应该使用 CPU 224XP、CPU 226 或 EM277 PROFIBUS-DP 模块连接到您的计算机中的 PROFIBUS CP 卡上。STEP 7-Micro/WIN 可以利用第二个通信口在 USS 协议运行时监视程序。

2）USS 指令影响所有的与 Port0 自由口通信相关的 SM 区。

3）USS 指令使用 14 个子程序和 3 个中断程序。

4）USS 指令使用用户程序对存储空间的需求最多可增加 3600 字节。根据所使用的特定的 USS 指令，这些指令所支持的路径使控制程序对存储空间的分摊增加至少 2300 字节，最多 3600 字节。

5）USS 指令的变量需要 400 字节的 V 存储区。该区域的起始地址由用户指定并保留给 USS 变量。

6）有一些 USS 指令还要求 16 字节的通信缓存区。作为一个指令的参数，需要为该缓存区提供一个 V 区的起始地址。建议为每一例 USS 指令指定一个单独的缓存区。

7）在执行计算时，USS 指令使用累加器 AC0 ~ AC3。用户仍然可以在程序中使用这些累加器，只是累加器中的数值会被 USS 指令改变。

8）USS 指令不能用在中断程序中。

如果要将 Port0 恢复为 PPI 使之与 STEP 7-Micro/WIN 通信，可以使用另外一条 USS _ INIT 指令重新设定 Port0。还可以将 S7-200 的模式开关设为 STOP，这样就使 Port0 恢复为 PPI 通信模式。**注意，停止与驱动的通信也就停止了驱动。**

9.2.2 变频器通信时间

S7-200 PLC 的循环扫描和变频器的通信是异步的。S7-200 PLC 完成与一个变频器的通信传送之前需要完成若干个循环扫描，这取决于连接的变频器数目、波特率以及 CPU 的扫描时间。表 9-11 给出了变频器通信时间。

有一些变频器在使用参数访问指令时要求更长的时延。参数访问对时间的需求量取决于驱动的类型和要访问的参数。在使用 USS _ INIT 指令将 Port0 指定为 USS 协议后，S7-200 会以表 9-11 所示的时间间隔轮询所有激活的驱动。必须为每个变频器设置超时（time-out）参数以完成该任务。

表 9-11 变频器通信时间

波特率/(bit/s)	对激活的变频器进行轮询的时间间隔/ms	波特率/(bit/s)	对激活的变频器进行轮询的时间间隔/ms
1200	240(最大)×变频器数	19200	35(最大)×变频器数
2400	130(最大)×变频器数	38400	30(最大)×变频器数
4800	75(最大)×变频器数	57600	25(最大)×变频器数
9600	50(最大)×变频器数	115200	25(最大)×变频器数

注意：一次只能启动一个 USS _ RPM _ x 或 USS _ WPM _ x 指令。要等到每个指令的 Done 位输出指示完成，才能通过用户逻辑触发一个新的指令。每个变频器只能使用一个 USS _ CTRL 指令。

9.2.3 USS 协议编程顺序

在 S7-200 PLC 程序中使用 USS 协议指令的编程顺序如下：

1）在程序中插入 USS _ INIT 指令并且该指令只在一个循环周期内执行一次，可以用 USS _ INIT 指令启动或改变 USS 通信参数。

当插入 USS _ INIT 指令时，若干个隐藏的子程序和中断服务程序会自动地加入到程序中。

2）将一个 V 存储器地址分配给 USS 全局符号表中的第一个存储单元。所有其他地址都是自动分配的。总共需要 400 个连续字节。选择符号表中的 USS 标签即可看到相关的符号表。

3）在用户程序内对应于每一个激活变频器只能有一条 DRV _ CTRL 指令，可以任意添加 READ _ PM 和 WRITE _ PM 指令，但是每次只能激活其中的一个指令。

4）配置变频器参数，以便与程序中所用的波特率和地址相匹配。

5）连接 S7-200 和变频器之间的通信电缆。

确保像 S7-200 PLC 这样的连接变频器的所有控制设备，通过一条短而粗的电缆连接到同一个地或像驱动一样星形连接。

具有不同参考电位的设备相互连接时会在连接电缆中形成电流，这些电流会导致通信错误或设备损坏，所以，要确保所有通过通信电缆连接在一起的设备共享一个公共参考点，或者彼此隔离以避免产生电流。屏蔽层必须接到底盘地或 9 针接头的针 1。建议将 MICROMASTER 变频器接线端子上的接线端 2（0V）接到外壳地上。

9.2.4 USS 协议指令

1. USS _INIT 指令

USS _ INIT 指令用于允许和初始化或禁止 MICROMASTER 变频器通信。在可以使用任何其他 USS 协议指令之前，必须先执行 USS _ INIT 指令且没有错误返回。指令执行完后，完成位（Done bit）立即置位，然后才能继续执行下一条指令。USS _ INIT 指令的格式如图 9-4 所示。

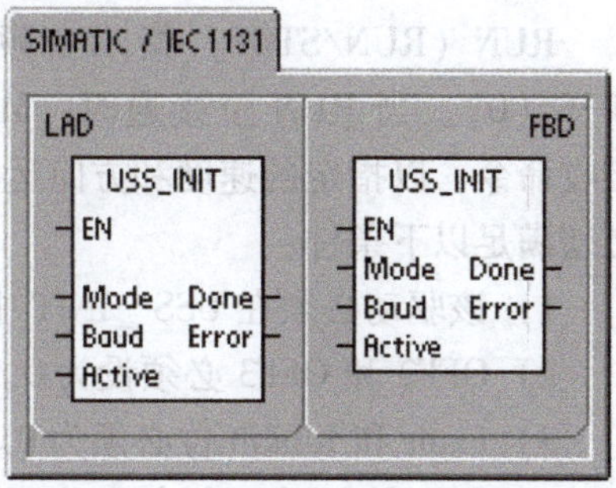

图 9-4 USS _ INIT 指令的格式

当 EN 输入为接通时，每一次扫描均执行该指令。每一次要改变通信状态，必须精确地执行一次 USS _ INIT 指令。因此，应通过一个边沿跳变检测指令来检测 EN 的脉冲接通。一旦 USS 协议已启动，在改变初始化参数之前，必须通过执行一个新的 USS _ INIT 指令以禁止 USS 协议。

通过 Mode 输入值可选择不同的通信协议：输入值为 1，指定 Port0 为 USS 协议并使能该协议；输入值为 0，指定 Port0 为 PPI 并且禁止 USS 协议。

Baud 设置波特率为 1200bit/s、2400bit/s、4800bit/s、9600bit/s、19200bit/s、38400bit/s、57600bit/s 或 115200bit/s。S7-200 CPU 版本 1.2 或之后的版本支持波特率 57600bit/s 和 115200bit/s。

Active 指示哪个变频器激活，有些变频器只支持地址 0 ~ 30。图 9-5 为对 Active 的格式说明，Active 的每一位代表了与之对应的变频器激活与否。所有标为 Active（激活）的驱动都会在后台被自动地轮询，控制驱动搜索状态，防止驱动的串行链接超时。

当 USS _ INIT 指令完成时，Done 位输出接通，Error 输出字节中包含该指令执行的结果。

2. USS _CTRL 指令

USS _ CTRL 指令用于控制激活的 MICROMASTER 变频器。USS _ CTRL 指令的格式如图 9-6 所示。

USS _ CTRL 指令将选择的命令放到通信缓冲区内；如果已经在 USS _ INIT 指令的激活

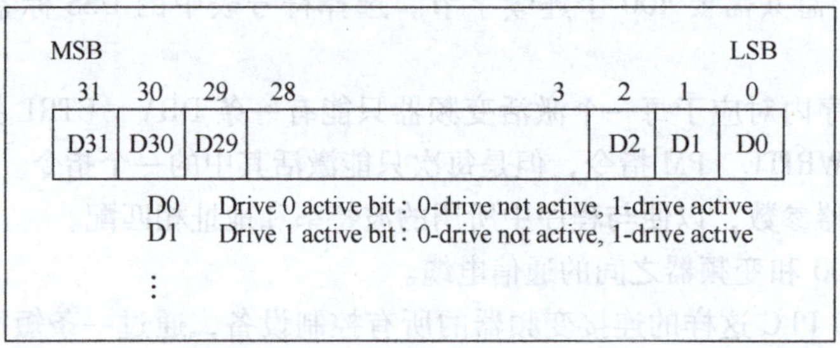

图 9-5 Active 的格式说明

参数中选择了驱动，则此命令将被发送到该变频器（变频器参数）中。

对于每一个变频器只能使用一个 USS _ CTRL 指令。

有些变频器只以正值的形式报告速度。如果速度为负，则驱动报告一个正的速度值同时反向 D _ Dir 位（方向位）。

EN 位必须接通使能 USS _ CTRL 指令。该指令要始终保持使能。

RUN（RUN/STOP）指示变频器是接通（1）还是断开（0）。当 RUN 位接通时，MICROMASTER 变频器接收命令，以指定的速度和方向运行。为使变频器运行，必须满足以下条件：

1）该驱动必须在 USS _ INIT 中激活。

2）OFF2 和 OFF3 必须设为 0。

3）Fault 和 Inhibit 位必须为 0。

当 RUN 断开时，命令 MICROMASTER 变频器斜坡减速直至电动机停止。OFF2 位用来允许 MICROMASTER 变频器斜坡减至停止，OFF3 位用来命令 MICROMASTER 变频器快速停止。

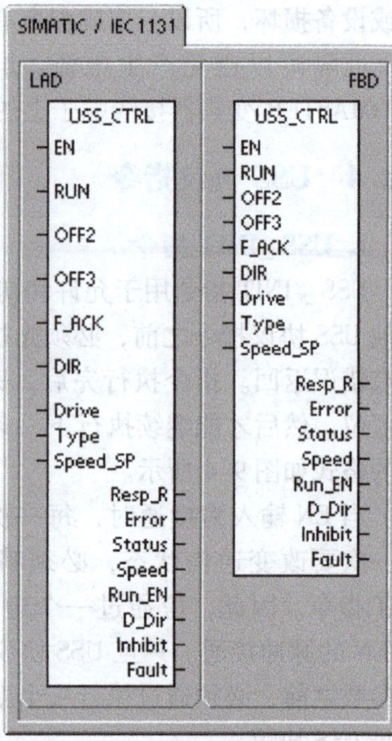

图 9-6 USS _ CTRL 指令的格式

Resp _ R（响应收到）位应答来自变频器的响应，轮询所有激活的变频器以获得最新的驱动的状态信息。每次 S7-200 接收到来自变频器的响应时，Resp _ R 位在一个循环周期内接通并且刷新以下各值：Error、Status、Speed、Run _ EN、D _ Dir、Inhibit、Fault。

F_ ACK（故障应答）位用于应答变频器的故障。当 F _ ACK 从 0 变 1 时，驱动清除该故障（Fault）。

DIR（方向）位指示变频器应向哪个方向运动。

Drive（变频器地址）是 MICROMASTER 变频器的地址，USS _ CTRL 命令发送到该地址。有效地址为 0 ~31。

Type（变频器类型）选择变频器的类型。对于 3 系列的（或更早的）MICROMASTER 变频器，类型为 0；对于 4 系列的 MICROMASTER 变频器，类型为 1。

Speed _ SP（速度设定值）是变频器的速度，是满速度的百分比。Speed _ SP 负值时使变频器反向旋转，范围是 -200.0% ~ +200.0%。

Error 是错误字节，包含最近一次向变频器发出的通信请求的执行结果。

Status 是变频器返回的状态字的原始值。图 9-7 为标准状态字的状态位及主反馈。

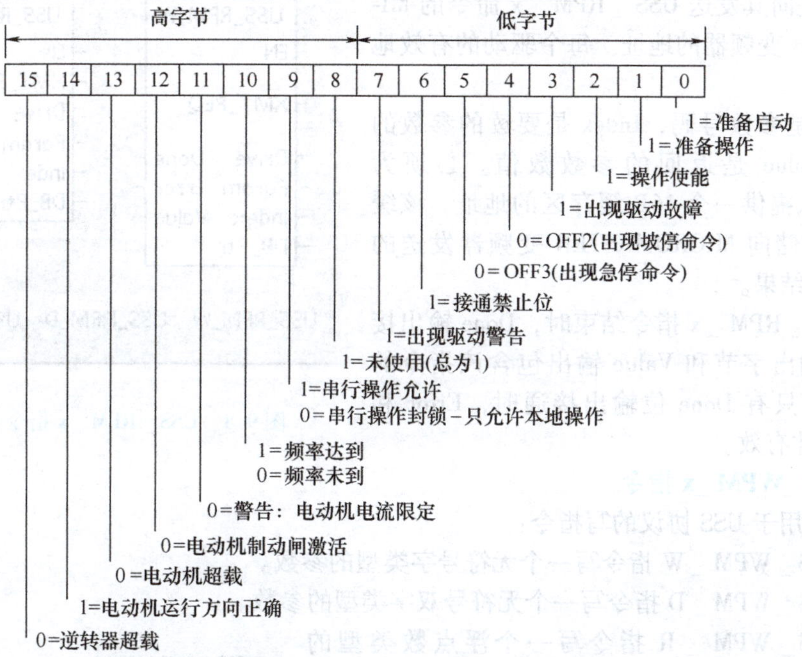

图 9-7 标准状态字的状态位及主反馈

Speed 是变频器速度，是满速度的百分比，范围是 -200.0% ~200.0%。

Run _ EN（RUN 使能）指示变频器是运行（1）还是停止（0）。

D _ Dir 指示变频器转动的方向。

Inhibit 指示变频器上禁止位的状态（0——未禁止，1——禁止）。要清除禁止位，Fault（故障）位必须为零，而且 RUN、OFF2 和 OFF3 输入必须断开。

Fault 指示故障位的状态（0——无故障，1——有故障）。要清除 Fault，必须排除故障并接通 F _ ACK 位。

3. USS _RPM _x 指令

有三个用于 USS 协议的读指令：

1）USS _ RPM _ W 指令读取一个无符号字类型的参数。

2）USS _ RPM _ D 指令读取一个无符号双字类型的参数。

3）USS _ RPM _ R 指令读取一个浮点数类型的参数。

USS _ RPM _ x 指令的格式如图 9-8 所示。同时只能有一个读（USS _ RPM _ x）或写（USS _ WPM _ x）指令激活。

当 MICROMASTER 驱动对接收的命令应答或有报错时，USS _ RPM _ x 指令的处理结束。逻辑扫描继续执行。

要使能对一个请求的传送，EN 位必须接通并且保持为 1 直至 Done 位置 1，即意味着过程结束。例如，当 XMT _ REQ 输入接通时，每一循环扫描向 MICROMASTER 变频器传送一个

USS _ RPM _ x 请求。因此，应使用脉冲边沿检测作为 XMT _ REQ 的输入，这样，每当 EN 输入有一个正的改变时，只发送一个请求。

Drive 是向其发送 USS _ RPM _ x 命令的 MICROMASTER 变频器的地址。每个驱动的有效地址为 0 ~ 31。

Param 是参数号码，Index 是要读的参数的索引值，Value 是返回的参数数值。必须为 DB _ Ptr输入提供一个 16B 缓存区的地址。该缓存区用于存储向 MICROMASTER 变频器发送的命令的执行结果。

当 USS _ RPM _ x 指令结束时，Done 输出接通，Error 输出字节和 Value 输出包含该指令的执行结果。只有 Done 位输出接通时，Error 和 Value 输出才有效。

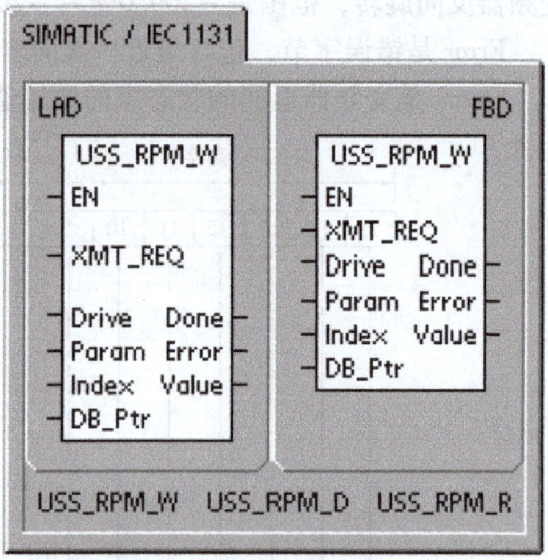

图 9-8　USS _ RPM _ x 指令的格式

4. USS _WPM _x 指令

有三个用于 USS 协议的写指令：

1）USS _ WPM _ W 指令写一个无符号字类型的参数。

2）USS _ WPM _ D 指令写一个无符号双字类型的参数。

3）USS _ WPM _ R 指令写一个浮点数类型的参数。

USS _ WPM _ x 指令的格式如图 9-9 所示。

当 MICROMASTER 变频器对接收的命令应答或有报错时，USS _ WPM _ x 指令处理结束，在这一过程等待应答时，逻辑扫描继续执行。

要使能对一个请求的传送，EN 位必须接通并且保持为 1 直至 Done 位置 1，即意味着过程结束。例如，当 XMT _ REQ 输入接通时，每一循环扫描向 MICROMASTER 变频器传递一个 USS _ WPM _ x 请求。因此，应使用脉冲边沿检测作为 XMT _ REQ 的输入，这样，每当 EN 输入有一个正的改变时，只发送一个请求。

Drive 是向其发送 USS _ WPM _ x 命令的 MICROMASTER 变频器的地址。每个驱动的有效地址为 0 ~ 31。

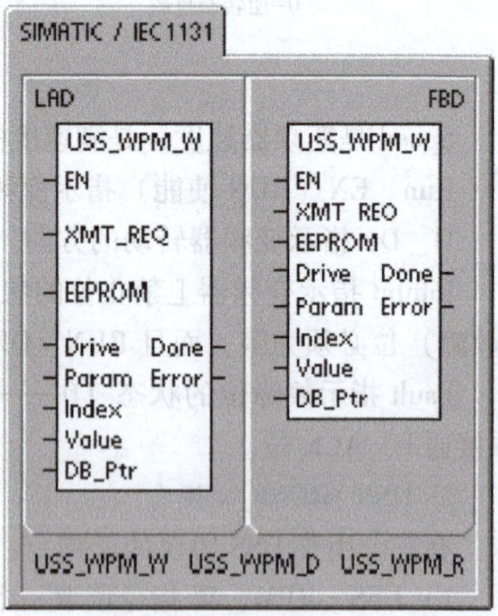

图 9-9　USS _ WPM _ x 指令的格式

Param 是参数号码，Index 是要写的参数的索引值。Value 是要写到驱动上的 RAM 中的参数值。必须为 DB _ Ptr 输入提供一个 16B 缓存区的地址。该缓存区由 USS _ WPM _ x 指令使用，存储向 MICROMASTER 变频器发送的命令的执行结果。

当 USS _ WPM _ x 指令结束时，Done 输出接通，Error 输出字节包含该指令的执行结果。当 EEPROM 输入接通后，指令对驱动的 RAM 和 EEPROM 都进行写操作。当此输入断开后，指令只对驱动的 RAM 进行写操作。

5. USS 协议程序的实例

［例 9-10］　通过 USS 控制节点号为 0 的 MICROMASTER4 变频器。设定 USS 通信速率为 19200bit/s，由 S7-200 输入端的 I0.0 控制变频器的运行和停止，I0.1 和 I0.2 控制停止方式，I0.4 控制电动机的运行方向，并可读写变频器的参数。USS 协议指令示例程序如图 9-10 所示。

示例:能够以STL方式正确显示的USS指令示例程序

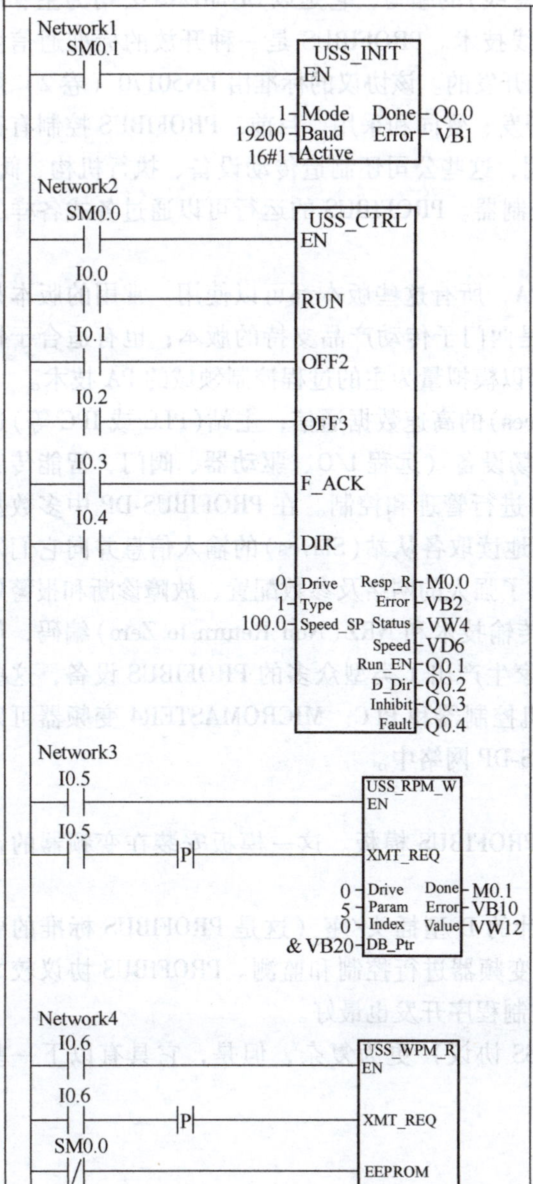


```
Network 1      // 初始化USS协议:
               // 在首次扫描中使能USS协议
               // Port0的波特率为19200bit/s,
               // 地址为"0"的驱动激活

LD      SM0.1
CALL    USS_INIT,1,19200,16#00000001,Q0.0,
        VB1

Network 2      //控制0号驱动的参数
LD      SM0.0
CALL    USS_CTRL,I0.0,I0.1,I0.2,I0.3,I0.4,0,1,
        100.0,M0.0,VB2,VW4,VD6,Q0.1,Q0.2,
        Q0.3,Q0.4

Network3       // 从0号驱动读一个字参数
               // 读索引为0的参数5
               // 1.将I0.5存入临时变量以便该段程序可显
                  示为LAD
               // 2.将I0.5的上升沿存入临时变量
               // 以便将它传递给子程序

LD      I0.5
=       L60.0
LD      I0.5
EU
=       L63.7
LD      L60.0
CALL    USS_RPM_W,L63.7,0,5,0,&VB20,M0.1,
        VB10,VW12

Network 4      // 向0号驱动写一个字参数
               // 写索引为0的参数2000
LD      I0.6
=       L60.0
LD      I0.6
EU
=       L63.7
LDN     SM0.0
=       L63.6
LD      L60.0
CALL    USS_WPM_R,L63.7, L63.6,0,2000,0,50.0,
        &VB40,M0.2,VB14
```

图 9-10　USS 协议指令示例程序

9.3 使用 PROFIBUS-DP 模板和变频器通信

9.3.1 PROFIBUS-DP 总线概况

PROFIBUS 是 Process Field Bus(过程现场总线)的缩写，它是以 SIEMENS 公司为主、由 10 多个公司和研究所一起开发的一种现场总线技术。PROFIBUS 是一种开放的标准通信协议，它是针对一般工业环境下的应用而设计和开发的。该协议的标准由 EN50170（卷 2）规程加以规定，已经被世界范围的许多制造商开发、赞同和采用。目前，PROFIBUS 控制有很多种产品（由各个不同的公司生产）可供选用，这些公司还制造传动设备、执行机构、阀、以及可编程序控制器（PLC）和其他的系统控制器。PROFIBUS 的运行可以通过各式各样的硬件连接介质，如光纤和 RS485。

有三种版本的 PROFIBUS：FMS、DP 和 PA，所有这些版本都可以使用。常用的版本是 DP，适用的控制对象是一般的工业应用，这是西门子传动产品支持的版本；也有适合于控制过程复杂、安全性要求严格的石油、化工等以模拟量为主的过程控制领域的 PA 技术。

PROFIBUS-DP 一般用于车间设备级(Devices)的高速数据通信，主站(PLC 或 IPC 等)通过标准的 PROFIBUS-DP 专用电缆与分散的现场设备（远程 I/O、驱动器、阀门、智能传感器或下层网络等）进行通信，对整个 DP 网络进行管理和控制。在 PROFIBUS-DP 中多数数据交换是周期性的，第一类主站(Master)循环地读取各从站(Slaves)的输入信息并向它们发出有关的输出信息。另外，非循环通信还提供了强大的网络及参数配置、故障诊断和报警处理等功能。PROFIBUS-DP 交换数据使用异步传输技术和 NRZ(Non Return to Zero)编码，传输速率从 9.6kbit/s 到 12Mbit/s。现在许多厂家生产出了类型众多的 PROFIBUS 设备，这些设备包括从简单的输入或输出模块再到电动机控制器和 PLC。MICROMASTER4 变频器可以通过 PROFIBUS-DP 通信模板连接到 PROFIBUS-DP 网络中。

1. PROFIBUS-DP 模板的使用

为了连接成 PROFIBUS 系统，必须采用 PROFIBUS 模板。这一模板安装在变频器的正面，通过 RS485 串行接口与变频器进行通信。

在 PROFIBUS 模板的底板上装有一个 9 针的 D 型插头/座（这是 PROFIBUS 标准的要求）。PROFIBUS 系统以类似于 USS 的方式对变频器进行控制和监测。PROFIBUS 协议较之 USS 协议更为复杂，但采用专用软件进行的控制程序开发也最好。

虽然 PROFIBUS 系统比某些协议（如 USS 协议）更为复杂，但是，它具有以下一些优点：

1）它是开放的，定义透明的系统。

2）由不同的制造商开发了多种产品。

3）在工业应用中证明效果很好。

4）减少了现场布线的数量，便于（不用更改布线）重新编程、监测和控制。

5）速度快，可达 12Mbit/s。

6）一个 DP 系统最多可以连接 125 个从站。

7）可以由一个主站或多个主站进行操作。

8）通信方式可以是点对点或广播方式。

9）有支持和开发软件供使用。

2. PROFIBUS 模板

PROFIBUS 模板是一个可选件，用户采用这一选件后，可以通过 PROFIBUS-DP 串行总线（SINECL2-DP）对 MICROMASTER4 进行控制。PROFIBUS-DP 是一个价格适当的高速串行通信系统，是执行机构和传感器领域最优化的系统，因为这一领域的设备对缩短系统的响应时间有着很高的要求。PROFIBUS 按照分布式 I/O 系统来操作，也就是说，RS485 串行总线系统把各个站点连接在一起，取代了传统的传感器和执行机构的布线方式。

一个 PROFIBUS-DP 总线系统最多可以把 125 个站点连接成为一个网络，其数据结构非常灵活，可以使系统优化，完全可以满足每个被控设备的需求。

用于 MICROMASTER4 变频器的 PROFIBUS 模板具有以下特点：

1）通过 PROFIBUS 总线系统可进行快速的周期通信。

2）PROFIBUS 支持的波特率可达 12Mbit/s。

3）采用 PROFIBUS-DP 协议最多可以控制 125 台变频器（带有驱动信号放大器）。

4）符合 EN50170 规范的要求，保证串行总线系统的通信是开放的。它可以与串行总线上其他的 PROFIBUS-DP/SINECL2-DP 外围设备一起使用。

5）使用 S7 管理软件，或其他任何专用的 PROFIBUS 调试工具，系统配置十分方便。

6）采用专门设计的功能块（S5）和软件模块（S7），可以简便地集成到 SIMATIC S5 或 S7 的 PLC 系统中。

7）模板从变频器的正面插入，操作十分方便。

8）可以通过串行总线读出数字和模拟的输入，控制数字和模拟的输出。

9）处理数据的响应时间为 5ms。

10）输出频率可以在变频器的机旁控制，也可以通过串行总线进行远程控制。

11）所有的变频器参数都可以通过串行链路进行访问。

按照 VDI/VDE3689 的规定，PROFIBUS-DP 通信的数据结构可以是 PPO 类型 1 或 PPO 类型 3。其含义实际上就是，发送的数据总是过程数据（发送报文中的控制字、设定值，和接收报文中的状态字、实际值）。如果总线的频带宽度或 PLC 的存储空间非常宝贵，那么，参数数据的交换就可能被封锁。数据的结构和 PPO 的类型通常由总线的主站确定。如果没有指定数据结构的 PPO 类型（例如把 PROFIBUS-DP 和 PROFIBUS-FMS 总线主站结合起来使用），默认的 PPO 类型是 1，允许进行参数数据的交换。

从串行链路传输的过程数据与参数数据相比，具有更高的优先级，这就是说，修改设定值或改变变频器的控制命令，要比修改参数的命令具有更快的处理速度。

根据需要，可以使能或禁止通过串行链路“写”参数，而通过串行链路“读”参数永远是允许的，可以连续读出变频器的数据、诊断信息、故障信息等。这样，可以轻而易举地组成可视系统。

PROFIBUS 电缆连接到 PROFIBUS 模板正面的 9 针 SUB-D 插座上。表 9-12 给出了 PROFIBUS SUB-D插座的插针功能分配。

表 9-12　PROFIBUS SUB-D 插座的插针功能分配

端　子　号	功能，信息	端　子　号	功能，信息
1	不接线（NC）	6	终端电阻的 5V 带隔离的供电电源
2	NC	7	NC
3	RS485 信号 B	8	RS485 信号 A
4	请求发送（RTS）	9	NC

为了保证串行总线系统运行可靠，电缆的两端必须接有终端电阻。为了使通信速率达到 12Mbit/s，电缆两端必须连接到装有内置阻尼网络的插座上。此外，在 12Mbit/s 运行速率下总线电缆的末端不允许有多余的裸露短线。

PROFIBUS 模板必须与变频器正确地匹配，变频器必须是上电状态。变频器的从站地址（参数 P0918）必须正确设置，使它与 PROFIBUS 主站上配置的从站地址相一致，总线上定义的每个变频器的地址必须是唯一的。

9.3.2　PROFIBUS-DP 模板应用实例

MM440 型变频器与 PLC 通过 PROFIBUS-DP 网络进行总线通信，必须加插 PROFIBUS 模板。变频器通过 PROFIBUS 模板上的 9 针 SUB-D 型总线插座可以很方便地连接到 PROFIBUS-DP 现场总线网络中去。PLC 通过 PROFIBUS-DP 网络传送控制字和读取状态字实现对各个驱动器的驱动和控制。本例中选用 S7-300 系列 PLC CPU315-2DP 作为控制核心并作为 PROFIBUS-DP 网络的主站，由带有 PROFIBUS-DP 通信模板的 MM440 型变频器组成 PROFIBUS-DP 现场总线网络的从站。网络连接如图 9-11 所示。

1. PROFIBUS-DP 通信协议的报文结构

PLC 与变频器的通信是通过 PROFIBUS 模板传送周期数据中的参数过程数据对象（Parameter Process Object，PPO）来实现的。PPO 包含参数通道（PKW）和过程通道（PZD）两个有效用户数据传输部分。参数通道 PKW 通常为 4 个字，过程通道 PZD 为 2 ~ 10 个字且优先级高于参数通道。PROFIBUS-DP 通信协议的报文结构如图 9-12 所示。

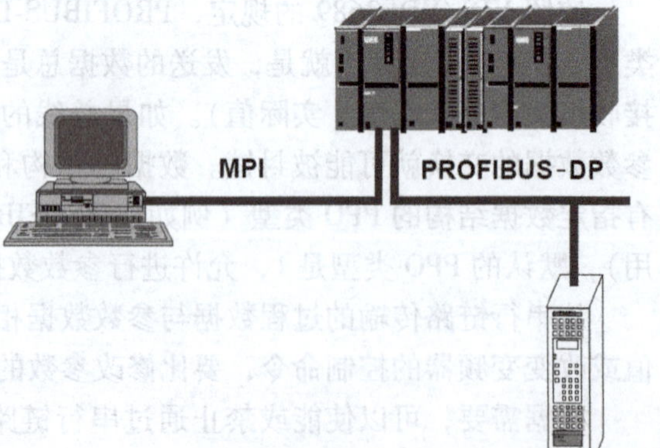

图 9-11　计算机、PLC 和变频器的连接

PKW 区允许参数值的读、写和参数描述的读出，如最大频率、基本频率、加/减速时间等。PLC 通过这种方式可以设置和监控变频器的参数。PZD 区包含了从 PLC 到变频器的信号，如过程控制所需的控制字和设定值等；或从变频器到 PLC 的状态字和实际值，如电流反馈值、速度反馈值等。西门子公司的变频传动概要定义了 5 种 PPO 类型（PPO1 ~ PPO5），MICROMASTER4 系列变频器仅支持 PPO1 和 PPO3。

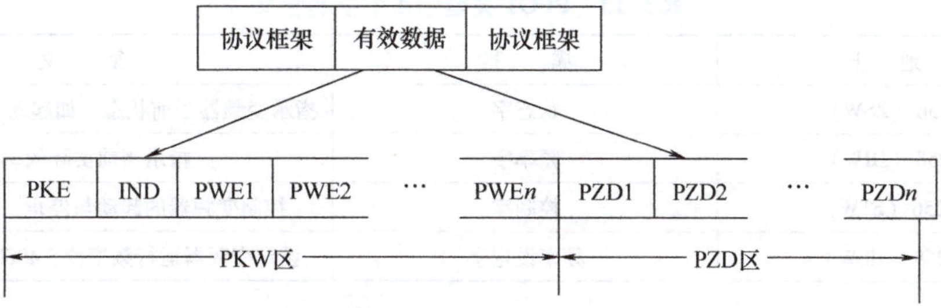

图 9-12　PROFIBUS-DP 协议的报文结构

PKW—参数识别标志　PZD—过程数据　PKE—参数识别

IND—标号　PWE—参数值

2. STEP7 中变频器的硬件组态

打开西门子编程环境 STEP7 建立项目，进行硬件组态（Hardware Configure），将 MM440 通信模块的 GSD 文件导入到硬件器件库中，在硬件组态画面，单击“OPTIONS”下面的“INSTALL NEW GSD”，系统弹出查询界面，选中通信模块的 GSD 文件，单击打开。将 MICROMASTER4 拖到 DP 总线上，并分配 DP 地址 1 给该设备。同时还可以定义通信速率，按照图 9-13 将 MICROMASTER 下面的 PPO3 拖入到左下角的表格中，系统将为变频器模块分配 PIW256、PIW258 和 PQW256、PQW258 四个字。

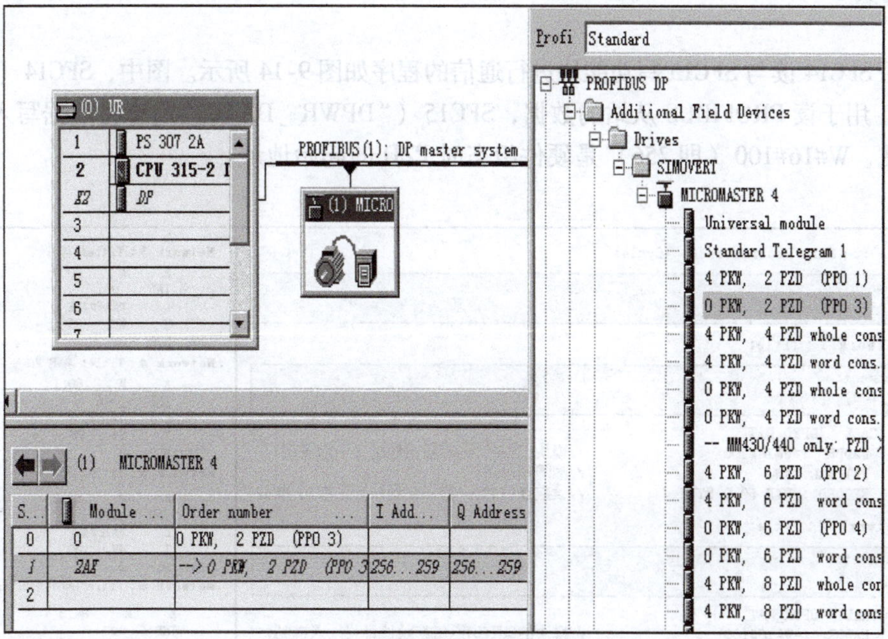

图 9-13　STEP7 中变频器的硬件组态

选择 PPO3 是只控制和读取变频器过程值（状态和变频器的起/停及频率），选择 PPO1 还可以控制和读取变频器的参数值。PPO1 包括两个 INPUT WORD 与两个 OUTPUT WORD，这 4 个 WORD 的含义见表 9-13。

表 9-13　PPO1 类型中 4 个字的含义

字地址	属性	含义
PIW256（ZSW）	状态字	指示变频器当前状态，如起动/停止、故障等
PIW258（HIW）	频率字	指示当前实际频率值
PQW256（STW）	控制字	控制变频器的起动与停止、复位故障等
PQW258（HSW）	频率设定字	设定变频器运行频率值，4000H 对应 50Hz

3. 变频器的通信参数设定

实现 MICROMASTER4 变频器与 PLC 的通信还需设定变频器与总线通信相关的系统参数。这些参数主要有：P0700（选择命令源）=6（COM 链路的通信板设定）；P1000（频率设定值的选择）=6（通过 COM 链路的通信板设定）；P0918（总线地址）等。总线地址可以由用户输入设定（设定值为 1 ~ 125），也可由 PROFIBUS 模板上的 DIP 拨码开关来设定。并且如果 DIP 拨码开关设定的值不为 0，则 DIP 拨码开关设定的值优先。应注意的是，由 P0918 设定的地址或由 DIP 拨码开关设定的地址必须同硬件组态中给变频器分配的总线地址一致。

4. 变频器与 PLC 通信程序的编写

通过 PROFIBUS-DP 通信模块可以实现 MICROMASTER4 变频器与西门子 PLC 基于 PROFIBUS 现场总线网络的双向高速、实时通信。通信程序主要完成 PLC 和变频器之间的数据交换。

使用 SFC14 读与 SFC15 写功能块进行通信的程序如图 9-14 所示。图中，SFC14（"DPRD_DAT"）用于读 PROFIBUS 从站的数据，SFC15（"DPWR_DAT"）用于将数据写入 PROFIBUS 从站，W#16#100（即 256）是硬件组态时 PZD 的起始地址。

```
OB1 :  "Main Program Sweep (Cycle)"
Comment:

Network 1 : Title:
Comment:

   CALL  "DPRD_DAT"
    LADDR  :=W#16#100              //模块的INPUT区域起始地址（十六进制）
    RET_VAL:=MW0                   //故障指示字
    RECORD :=P#M 50.0 BYTE 4       //读数据PIW256-PIW258到目标区MW50-MW52

Network 2 : Title:
Comment:

   CALL  "DPWR_DAT"
    LADDR  :=W#16#100              //模块的OUTPUT区域起始地址（十六进制）
    RECORD :=P#M 60.0 BYTE 4       //写数据MW60-62到目标区PQW256-258
    RET_VAL:=MW2                   //故障指示字

Network 3 : Title: 停止
        A     M      80.0
        JNB   _002
        L     W#16#47E
        T     MW     60
_002:   NOP   0
Network 4 : Title: 频率为0
        A     M      80.1
        JNB   _005
        L     W#16#0
        T     MW     62
_005:   NOP   0
Network 5 : Title: 起动
        A     M      80.2
        JNB   _006
        L     W#16#47F
        T     MW     60
_006:   NOP   0
Network 6 : Title: 频率为12.5Hz
        A     M      80.3
        JNB   _007
        L     W#16#1000
        T     MW     62
_007:   NOP   0
```

图 9-14　变频器与 PLC 通信程序示例

习　　题

9-1　什么是 USS 协议？

9-2　USS 协议与 MODBUS 协议有什么不同？

9-3　使用 USS 协议控制变频器有什么优点？

9-4　USS 协议通信报文的结构是什么样的？

9-5　如果要通过 USS 协议读出 MICROMASTER4 变频器的参数 P 1001［0］的值，应向变频器发送什么数据？

9-6　如果要通过 USS 协议读出 MICROMASTER4 变频器的参数 P 2011［1］的值，应向变频器发送什么数据？

9-7　如果要通过 USS 协议使 MICROMASTER4 变频器以 35.6Hz 的频率运行，应向变频器发送什么数据？

9-8　如果要通过 USS 协议使 MICROMASTER4 变频器以 48.6Hz 的频率运行，并且要求发送的频率值为绝对频率，应向变频器发送什么数据，变频器应做哪些设置？

9-9　使用 PROFIBUS-DP 模板和变频器通信有哪些优点？

10

第 10 章 变频器应用实例

随着电力电子技术和计算机技术的发展，通用变频器的性能越来越好，价格越来越低，因此在调速系统中得到了广泛应用。目前，变频调速已成为交流调速的主要方式，通用变频器已广泛应用到各行各业的各种设备上，成为当今节电、改善工艺流程、提高生产过程自动化水平及推动技术进步的主要手段之一。通用变频器的应用场合多种多样，具体使用非常灵活。本章通过变频器在工业应用中的几个实例，介绍变频器的具体使用和控制方法。

10.1 变频器在恒压供水系统中的应用

10.1.1 概述

恒压供水是指在供水网中用水量发生变化时，出口压力保持不变的供水方式。供水网系统出口压力值是根据用户需求确定的。传统的恒压供水方式是采用水塔、高位水箱、气压罐等设施实施的。随着变频调速技术的日益成熟，传统的供水方式逐渐被基于变频器的恒压供水控制系统所取代。

恒压供水控制系统的基本控制策略是：采用变频调速装置与可编程序控制器(PLC)构成控制系统，优化控制泵组的调速运行，并自动调整泵组的运行台数，完成供水压力的闭环控制，在管网流量变化时达到稳定供水压力和节约电能的目的。系统的控制目标是保持泵站总管的出水压力恒定。系统设定的给水压力值与反馈的总管压力实际值进行比较，其差值输入CPU 运算处理后，发出控制指令，控制水泵电动机的投运台数和运行变量泵电动机的转速，从而使给水总管压力稳定在设定的压力值上。

目前自动恒压供水系统应用的电动机调速装置均采用变频调速技术，而系统的控制装置采用 PLC 控制器。PLC 不仅可实现泵组、阀门的逻辑控制，并可完成系统的数字 PID 调节功能，还可对系统中的各种运行参数、控制点实时监控，完成系统运行工况的组态画面显示、故障报警及报表打印等功能。自动恒压供水系统具有标准的通信接口，可与城市供水系统的上位机联网，实现城区供水系统的优化控制，为城市供水系统提供现代化的调度、管理、监控及经济运行的手段。

对于小规模的独立供水管网，也可采用带有恒压供水功能的专用变频器，其内部集成了 PLC 功能和 PID 调节功能，可简化控制系统结构，降低控制系统成本。

10.1.2 控制方案

在某住宅小区水厂的管网系统中，由于管网是封闭的，泵站供水的流量是由用户用水量决定的，泵站供水的压力应满足管网中压力最不利点的用户供水压力要求。

压力变化 ΔP 和流量 Q 之间存在着如下关系：

$$\Delta P = KQ^2 \tag{10-1}$$

式中，K 为系数。

设 P_L 为压力最不利点所需的最低压力，若泵站出口总管压力 P 满足以下关系式，则既可满足用户用水的要求压力值，又有最佳的节能效果。

$$P = P_L + \Delta P = P_L + KQ^2 \tag{10-2}$$

因此供水系统的设定压力应该根据流量的变化而不断修正设定值，这种恒压供水技术称为变量恒压供水，即供水系统最不利点的供水压力为恒值而泵站出口总管压力连续可调。

典型的自动恒压供水系统的原理框图如图 10-1 所示。系统具有控制水泵出口总管压力恒定、变流量供水功能，系统通过安装在出水总管上的压力传感器、流量传感器，实时将压力、流量非电量信号转换为电信号，输入至可编程序控制器（PLC）的输入模块，信号经 CPU 处理后与设定的信号进行比较运算，得出最佳的运行工况参数，由系统的输出模块输出逻辑控制指令和变频器的频率设定值，控制泵站投运水泵的台数及变量泵的运行工况，并实现对每台水泵根据 CPU 指令实施软起动、软切换及变频运行。系统可根据用户用水量的变化，自动确定泵组的水泵的循环运行，以提高系统的稳定性及供水的质量。

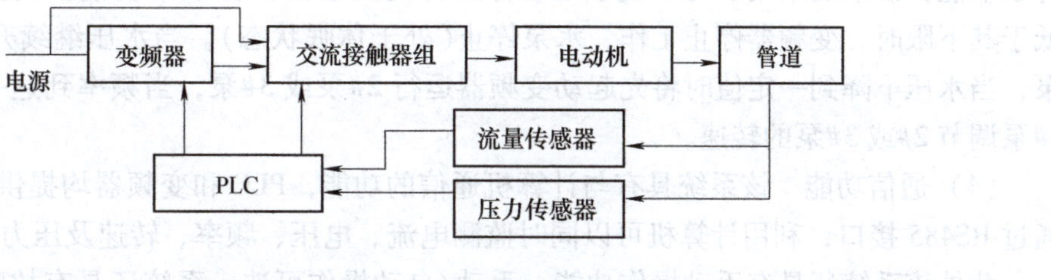

图 10-1　自动恒压供水系统原理框图

10.1.3　系统功能

该系统选用西门子 S7-200 型 PLC 作为主控制器，以三台水泵构成的恒压供水系统为例，典型的控制系统原理如图 10-2 所示。该系统具有以下功能：

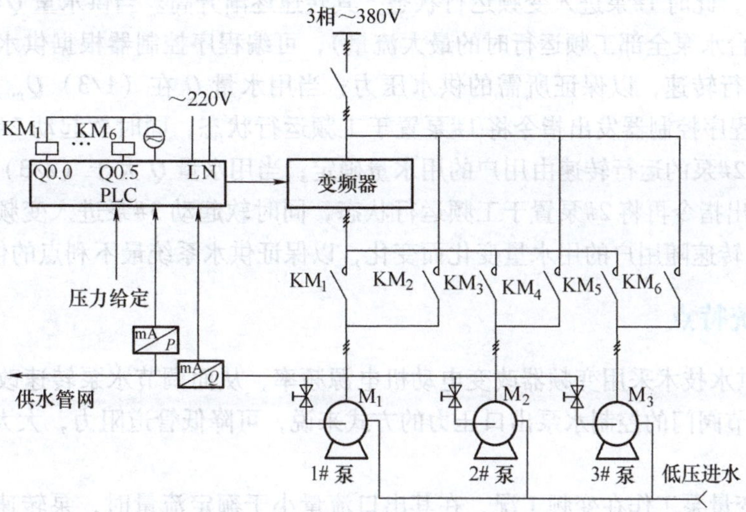

图 10-2　自动恒压供水系统原理

（1）自动切换变频/工频运行功能　系统提供三种不同的工作方式供用户选择：

1）方式0：基本工作方式。变频器始终固定驱动一台泵并实时根据其输出频率控制其他辅助泵起停。即当变频器的输出频率达到最大频率时起动一台辅助泵工频运行，当变频器的输出频率达到最小频率时则停止最后起动的辅助泵。由此控制增减工频运行泵的台数。

2）方式1：交替方式。变频器通常固定驱动某台泵，并实时根据其输出频率，使辅助泵工频运行，此方式与方式0不同之处在于若前一次泵起动的顺序是泵1→泵2，当变频器输出停止时，下一次起动顺序变为泵2→泵1。

3）方式2：直接方式。当起动信号输入时，变频器起动第一台泵，当该泵达到最高频率时，变频器将该泵切换到工频运行，变频器起动下一台泵变频运行；相反当泵停止条件成立时，先停止最先起动的泵。

（2）PID调节功能　由压力传感器反馈的水压信号（4～20mA或0～5V）直接送入PLC的A-D口，设定给定压力值、PID参数值，并通过PLC计算何时需切换泵的运行。控制系统具有PID参数自整定功能，系统参数在实际运行中调整，使系统控制响应趋于完整。

（3）“休眠”功能　系统运行时经常会遇到用户用水量较小或不用水（如夜晚）的情况，为了节能，该系统采用了可以使水泵暂停工作的变频器“休眠”功能。当变频器频率输出低于其下限时，变频器停止工作，水泵停止（处于休眠状态）。当水压继续升高时将停止1#泵，当水压下降到一定值时将先起动变频器运行2#泵或3#泵，当频率到达一定值后将起动1#泵调节2#或3#泵的转速。

（4）通信功能　该系统具有与计算机通信的功能，PLC和变频器均提供有RS485接口，通过RS485接口，利用计算机可以同时监测电流、电压、频率、转速及压力等数据。

此外该系统还具有手动操作功能，手动/自动操作可选，系统还具有故障报警、运行状态显示及缺水保护等功能。

10.1.4　运行特征

以三台水泵的恒压供水系统为例，系统在自动运行方式下，可编程序控制器控制变频器软起动1#泵，此时1#泵进入变频运行状态，其转速逐渐升高。当供水量$Q\leqslant(1/3)Q_{max}$时（Q_{max}为三台水泵全部工频运行时的最大流量），可编程序控制器根据供水量的变化自动调节1#泵的运行转速，以保证所需的供水压力；当用水量Q在$(1/3)Q_{max}<Q\leqslant(2/3)Q_{max}$时，可编程序控制器发出指令将1#泵置于工频运行状态，同时软起动2#泵进入变频运行状态，此时2#泵的运行转速由用户的用水量确定；当用水量Q大于$(2/3)Q_{max}$时，可编程序控制器发出指令再将2#泵置于工频运行状态，同时软起动3#泵进入变频运行状态，此时3#泵的运行转速随用户的用水量变化而变化，以保证供水系统最不利点的供水压力恒定。

10.1.5　系统特点

1）恒压供水技术采用变频器改变电动机电源频率，从而调节水泵转速改变水泵出口压力，相比靠调节阀门的控制水泵出口压力的方式来说，可降低管道阻力，大大减少截流损失的效能。

2）由于变量泵工作在变频工况，在其出口流量小于额定流量时，泵转速降低，减少了轴承的磨损和发热，从而延长了泵和电动机的机械寿命。

3）因实现恒压自动控制，不需要操作人员频繁操作，降低了人员的劳动强度，节省了人力。

4）水泵电动机采用软起动方式，按设定的加速时间加速，避免了电动机起动时的电流冲击对电网电压的影响，同时也避免了电动机突然加速造成泵系统的泵喘振。

5）由于变量泵工作在变频工作状态，在运行过程中，其转速是由外供水量决定的，故系统在运行过程中可节约电能，其经济效益十分明显。由于其节电效果明显，所以系统投资收回快，其产生的社会效益非常巨大。

10.2 变频器在起重机大、小车行走驱动中的应用

10.2.1 系统概述

起重机的驱动机构主要有起升机构、大车行走机构、小车行走机构。驱动电动机主要采用线绕转子异步电动机及笼型异步电动机，行走机构一般采用笼型异步电动机。电动机起动时冲击电流大，对设备冲击严重，噪声大，会影响设备使用寿命及定位精度。

近年来，随着变频器技术的发展，其可靠性大大提高、生产成本降低。变频器以其优越的起制动控制特性，在起重行业得到了广泛应用。起重机的起升机构采用变频器驱动后，就可以用笼型异步电动机取代绕线转子异步电动机。笼型异步电动机结构简单、防护等级高、维护工作量小、可靠性高，适合在较恶劣环境下工作。

采用变频器驱动时，频率和电压都是按一定比例、一定速度逐步升高或降低，因此使得电动机起动冲击电流小，转速变化平稳，起升、行走定位也较准确，提高了生产效率。

10.2.2 系统配置

根据起重机电动机驱动的特性和技术要求，采用带测速反馈接口的 MASTERDRIVE 6SE70 系列变频器作为起升机构的电动机驱动，采用 MIDIMASTERVector 6SE32 系列变频器作为大、小车行走机构的电动机驱动。6SE32 系列是一种通用型高性能矢量控制型变频器，功能强、价格低，完全满足行走机构的需求，因此选用该系列变频器。下面仅就行走机构的电动机变频驱动应用做一介绍，有关起升机构的电动机变频驱动应用可参阅相关资料。

起重机大车运行方向有前后要求，小车运行方向有左右要求，根据运行速度要求又分为 1~4 档，加减速时间为 3~6s。通常，小车行走机构采用一台电动机，而大车行走机构采用 2~4 台电动机。大、小车本身的惯性较大，为防止电动机被倒拖处于发电状态时产生过电压，大、小车变频器都配备了制动单元及制动电阻来释放能量。起重机整个电气系统由 S7-200 型 PLC 进行控制，变频器通过开关量端子接收 PLC 控制信号。

为了减少对电网的谐波污染，每个变频器均加有输入电抗器，它不仅减少了高次谐波分量，同时也抑制了输入电流峰值，有利于提高整流二极管的使用寿命。电源输入端采用断路器作为变频器的短路保护。

10.2.3 控制系统原理图

控制系统原理如图 10-3 所示。

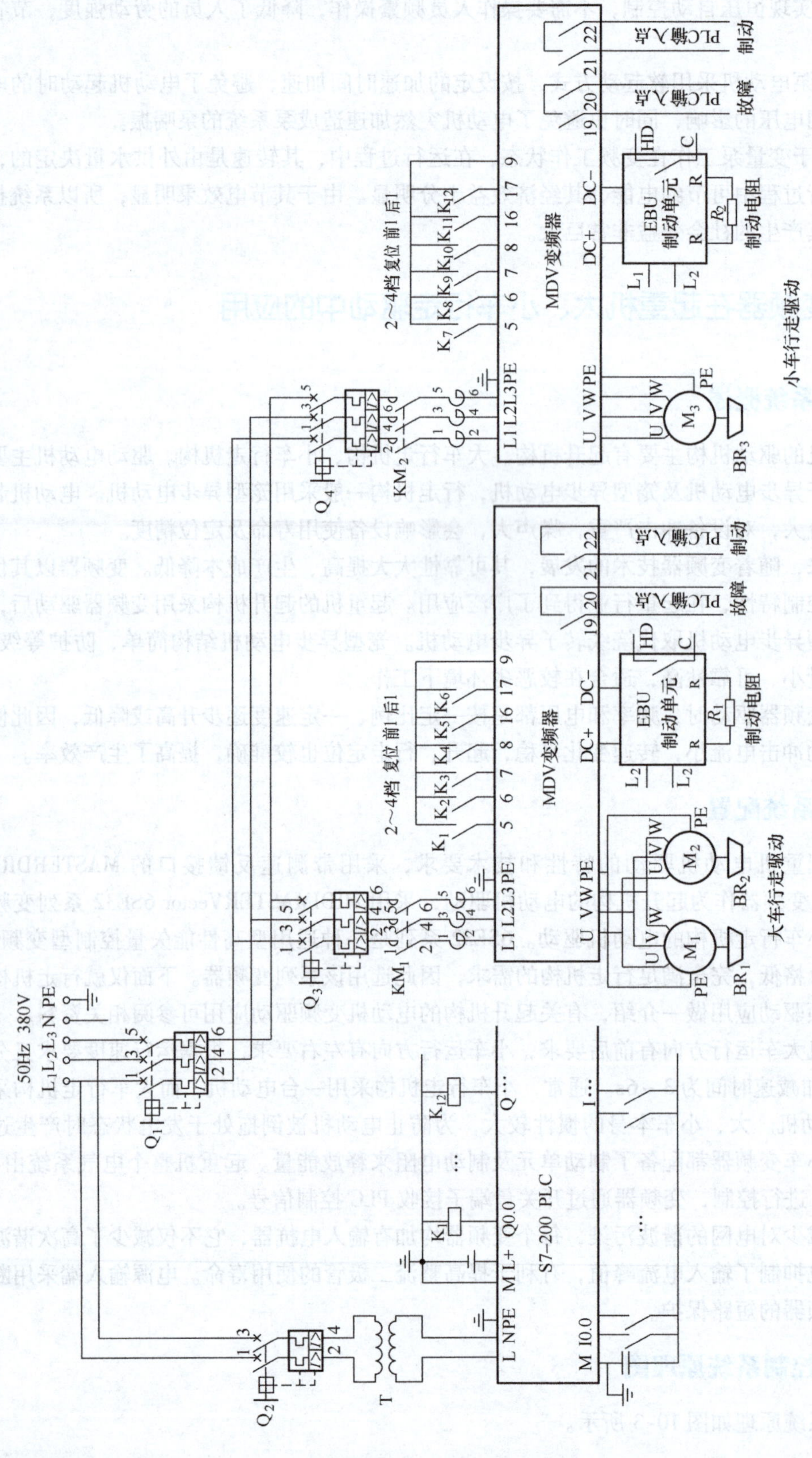

图 10-3 控制系统原理图

10.2.4 变频器主要参数的设置

首先将所用电动机铭牌数据输入 P80 ~ P85，大车变频器应输入几个电动机的总电流及总功率，并且大车变频器带有多个电动机时应运行于线性频率/电压特性，1 ~4 档速度变化采用固定频率，设定 1 档为 5Hz，2 档为 10Hz，3 档为 25Hz，4 档为 50Hz，各个档位的不同输出频率是各个固定频率的叠加，同时利用变频器的制动器接通、断开功能由 RL2 输出继电器触点控制机械制动器，使行走机构在电动机停止时不会由于外力而随意移动。

变频器的其他主要参数设置见表 10-1。

表 10-1 变频器主要参数设置

参数号	参数值	说　明	参数号	参数值	说　明
P002	6	加速时间(秒)	P055	1	运行右转
P003	6	减速时间(秒)	P356	2	运行左转
P005	5	1 档速度	P046	5	固定频率 5
P006	3	附加数字给定	P044	15	固定频率 4
P007	0	开关量输入控制	P043	25	固定频率 3
P051	6	固定频率 5 开/关	P061	6	故障
P052	6	固定频率 4 开/关	P062	4	外部制动控制
P053	6	固定频率 3 开/关	P077	0	*U/f* 特性(大车多电动机)
P054	10	故障复位	P077	1	FCC 特性(小车单电动机)

起重机采用变频器驱动后使整机性能有较大提高，如起升及行走平滑、稳定，被吊物件定位准确，根据需要可上下、前后、左右移动，操作都可以无级变速，适应各种使用场合，加上变频器自身保护功能齐全，如过电流、过载、过电压等都能及时报警及停止，减少了起重机故障，提高了安全性能。同时，变频器具有限流作用，可以减少起动时对电网的冲击，有利于车间内其他设备正常运行。由于有如此多的优点，使变频器在起重机上得到广泛应用。

10.3 变频器在造纸机械中的应用

本例是对某 1760/250 纸机的电气控制系统改造项目。考虑到是系统改造，既要满足纸机传动控制系统的可靠性和良好的控制精度与稳定性，又要降低控制系统的造价，故选择西门子 S7-226 PLC 和西门子 6SE70 全数字多功能矢量控制型变频器，利用 USS 协议通信格式实现 PLC 与变频器的通信功能，组成该机的控制系统。

6SE70 矢量控制型变频器具有良好的驱动性能，采用先进的转子磁场矢量控制策略，功率器件采用 IGBT，具有多种可选功能模块。先进的控制软件，确保最佳的动态响应和卓越的控制性能及高度的灵活性。多种自由功能模块及 BICO 技术可灵活地满足各种控制功能的需要。

西门子 6SE70 矢量控制功能，可以对不同电动机实现高精度矢量控制，特别是带传感器的矢量控制方式，具有极高的速度控制精度（+0.01%）和极高的起动转矩（0r/min 时150%），其与 PLC 配合使用，可以实现速度链控制、自动负荷控制、速差控制及张力控制等功能。

10.3.1 纸机传动对电气控制系统的要求

1. 纸机简介

该纸机为 1760/250 长网多缸文化纸机，生产 40~65g/m^2 的高级文化用纸，稳态精度小于等于 0.01%。纸机由长网部、真空吸移+四辊二压及复合压榨部、干燥部、施胶部、压光部以及卷取部组成。它共 16 个传动点，总功率为 324kW，各传动点功率及变频器型号见表 10-2。

表 10-2 传动点功率及变频器型号

传动点	变频器型号	电动机功率/kW
伏辊	6SE7024-7ED61	22
驱网辊	6SE7027-2ED61	37
吸移辊	6SE7022-6EC61	11
真空压辊	6SE7024-7ED61	22
一压辊	6SE7023-8ED61	18.5
二压辊	6SE7026-0ED61	30
三压辊	6SE7026-0ED61	30
光压辊	6SE7023-4EC61	15
一组缸	6SE7023-8ED61	18.5
二组缸	6SE7023-8ED61	18.5
三组缸	6SE7023-8ED61	18.5
施胶上辊	6SE7022-6EC61	11
施胶下辊	6SE7022-6EC61	11
四组缸	6SE7024-7ED61	22
压光机	6SE7026-0ED61	30
卷纸机	6SE7022-6EC61	11

2. 纸机对电气传动系统的要求

1）纸机工作速度要有较大的调节范围。为了使纸机具有较强的产品、原料的适应性（如打浆度、浆料配比与种类、定量、纸种等），纸机传动可在较大的范围内均匀地调节速度，调节范围为 1:8。

2）车速要有较高的稳定裕度，总车速提升、下降要平稳。为了稳定纸页的定量和质量、减少纸幅断头，要求纸机稳速精度为 ±(0.05~0.01)%。

3）速差控制，速比可调、稳定。纸幅在网部和压榨部时，其纵向伸长横向收缩，而在烘干部时，两向都收缩，因此纸机各分部的线速度稍有差异，即速差。速差在一定范围内变化不引起纸页质量的突变。此时的速差主要影响纸页的定量。误差应控制在 0.1% 以内保持纸张不被拉断。纸机各分部的速比的最大波动值与浆料配比、定量、车速、生产工艺、纸页收缩率及分部之间的纸幅无承托引段的张力等因素有关。因此，纸机各相邻分部间应有适当的速差来形成良好的纸页。纸机各分部的速度必须可调，为±(10～15)%。

4）各分部点具有速度微升、微降功能，引纸操作时的紧纸、松纸功能；具有刚性联结或软联结的传动分部，如网部、压榨部、施胶部，能进行负荷动态调节；为防止某点的速度发生变化而引起负荷在分部内动态转移，如不及时进行自动调节(因为现在使用的变频器基本上都不具备长期四象限运行能力)，有的传动点负载可能超过它自身的功率范围引起过电流发生，有的传动点被拖动而引起过高的泵升电压，导致变频器过电压而跳闸，甚至损坏变频器和毛布；同时在这些分部中，应具有单动、联动功能，并可以同时起动、停止；必要的显示功能，如线速度、电流或转矩、运行信号及故障信号等。

5）爬行速度。为了方便检修和清洗聚酯网、压榨毛毯、干网以及为了了解各分部的运行工况，各分部应有15～50m/min可调的爬行速度，但不宜在此速度下长时间运行。

6）纸机为恒转矩负载性质，要选择具有恒转矩控制性能的变频器，并具有较高的分辨率，良好的通信能力，并采用PLC作为控制单元，实现对整个控制系统的可靠、协调地控制，以满足纸机控制系统正常工作的需要。

10.3.2　控制系统组成

控制系统原理如图10-4所示。该纸机传动系统采用由S7-226小型PLC作为系统的控制中心；由功能较强大的西门子6SE70矢量变频器作为驱动单元，频率分辨率为0.01Hz以

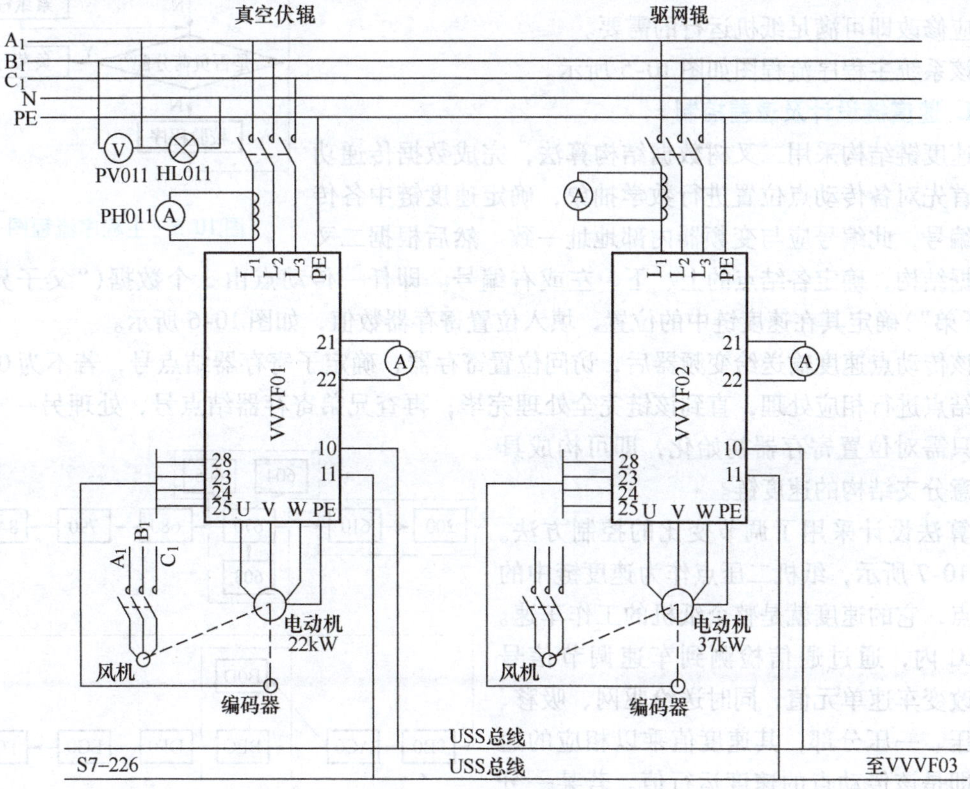

图10-4　控制系统原理图

上；变频专用电动机作为执行单元；欧姆龙编码器提供速度反馈信号，使纸机传动在速度闭环运行模式下，从而使控制系统稳速精度达到 0.01%。由 PLC 通过西门子 USS 协议、RS485 网络与变频器实现速度链功能、速差控制、负荷分配功能、总车速升/降、各分部点的速度升/降及紧纸、松纸等功能，较理想地满足纸机正常工作的需求。

6SE70 变频器具有高性能的矢量控制功能，从而可实现在低速状态时的平滑运行和高转矩、高精度的速度、转矩控制。

10.3.3 控制系统软件设计

控制系统的软件设计基于以下原则：

1）程序模块化、结构化设计，其中负荷分配、速度增减、初始化、紧纸、速比计算、校验、数据发送、数据接收等功能由子程序完成，这样主程序结构较为简洁。

2）程序采用循环扫描的方式对传动点进行处理，简化程序，提高程序执行效率。

3）采用中断子程序进行数据的发送、接收；确保数据准确快速的传输。

4）必要的软件保护措施，以免造成重大机械损害。该程序通用性强、可移植性好，使用不同的变频器时，只需要进行相应协议的格式定义，即对数据发送、接收、校验程序作相应修改即可满足纸机运行的需要。

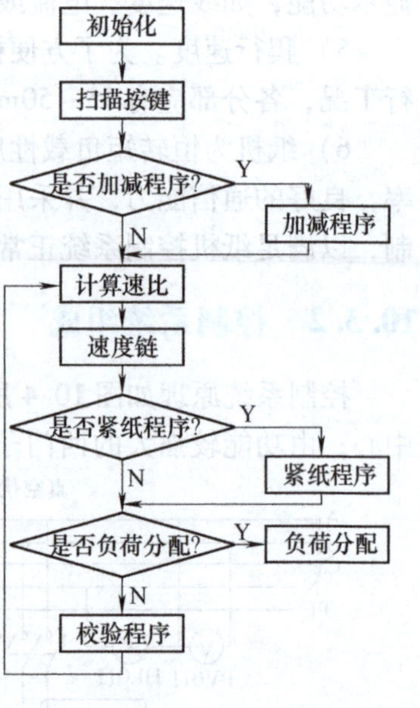

图 10-5 主程序流程图

该系统主程序流程图如图 10-5 所示。

1. 速度链设计及速差控制

速度链结构采用二叉树数据结构算法，完成数据传递功能。首先对各传动点位置进行数学抽象，确定速度链中各传动点编号，此编号应与变频器内部地址一致。然后根据二叉树数据结构，确定各结点的上、下、左或右编号。即任一传动点由 3 个数据（"父子兄"或"父子弟"）确定其在速度链中的位置，填入位置寄存器数值，如图 10-6 所示。

该传动点速度输送给变频器后，访问位置寄存器，确定子寄存器结点号，若不为 0，则对该结点进行相应处理，直到该链完全处理完毕；再查兄弟寄存器结点号，处理另一支链。所以只需对位置寄存器初始化，即可构成具有任意分支结构的速度链。

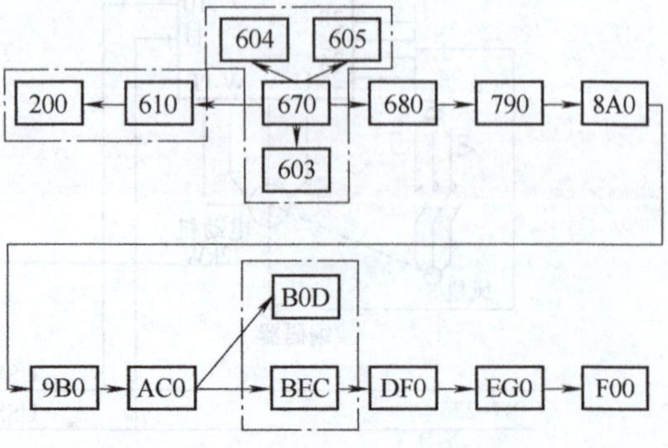

图 10-6 位置寄存器示意图

算法设计采用了调节变比的控制方法。如图 10-7 所示，纸机二压点作为速度链中的主节点，它的速度就是整个纸机的工作车速。在 PLC 内，通过通信检测到车速调节信号后，改变车速单元值，同时送给驱网、吸移、真空压、一压分部，其速度值乘以相应的速比，即是该传动点的速度运行值。若某一分部速度不满足运行要求，则说明该分部变比不合适，可通过操作该分部的加速、减速按钮实现，PLC 检测到按钮信号后调整变比，使其适应传动点间的速差控制要求。相当于在 PLC 内部有一个高精度的齿轮变速器，可以任意无级调速。若正常生产中变比合适，需要紧纸、松纸操作时，按下该分部紧纸、松纸按钮，PLC 将对应在速度链上附加一正或负的偏移量，即可实现紧纸、松纸功能。同时送下一级计算，依此类推，构成速度链及速差控制系统。前一级车速调整，后面跟随调整，后级调整不影响前级，适应纸机操作引纸的顺序要求。

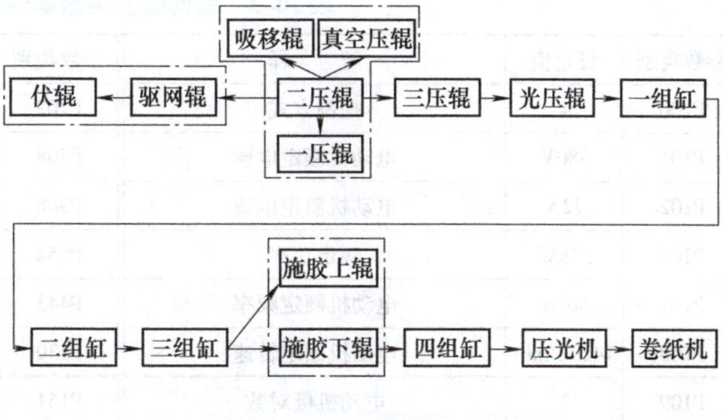

图 10-7 纸机速度链结构图

2. 负荷分配的设计

负荷分配分三部分(见图 10-7 虚线范围内)：①驱网辊与伏辊；②吸移辊、真空压辊与一压辊及二压辊；③施胶上辊与施胶下辊。

负荷分配的软件实现首先基于合理的速度链结构，采用主链与子链相结合的结构，使具有负荷分配的传动点组在子链结构上，进行负荷动态调整时不影响其他传动点的状态。

在纸机传动系统中，在有机械相联系的传动点由于所处位置不同，毛布的包角大小不同，所以承受的载荷在不同的工作状态下不同，它是一个变量。实际系统还要求各传动点电动机负载率相同。在实际控制中，由于电动机功率是间接量，实际控制用电动机定子电流或转矩代替电动机功率，进行读取计算、调节。在一组负荷分配传动点中选取包角较大且功率较大的传动点作为主点，其余各点利用 PLC 通过总线读取电动机电流或转矩，分别与主点电流或转矩进行比较，并以 PID 调节算法，相应调节从点变频器的输出，使其电流或转矩百分比与主点一致，从而达到负荷自动分配的目的。

为了保护机械装置和避免 PLC 调节过于频繁，在软件中设置上下限幅值。当负荷不平衡度大于 3% 时，PLC 才进行调整。如负荷不平衡度调整量设置得太小，则容易造成振荡。如大于不平衡上限幅值，则需进行停机处理，以防止机械损害发生。

3. USS 协议的特点

USS 协议是 SIEMENS 公司专用的传动系统的传输标准协议。USS 协议基于 RS485 传输系统，其总线工作能力最多为 32 个节点；数据交换按主动-从动存取方式。USS 协议允许主动装置工作，即 1 台主动装置和 31 台从动装置。主动装置可以是 SIMATICS5、S7、PC 或其他公司的控制装置，本例中由 S7-226 小型 PLC 作为系统的主节点。

4. 变频器参数的优化

西门子 6SE70 型变频器是工程型的，具有 1048 个参数(参数标注为 2992 个,分 16 大类)，其中 BICO 数据组有 71 个，功能参数有 115 个，电动机参数组有 126 个(可以选择)。根据纸机不同的使用条件，需进行相应的参数设定，变频器参数的优化设置是充分发挥该变频器功能的保证。6SE70 型变频器的参数选择应根据其说明书中的组态图进行。

以驱网辊传动点为例，部分参数设定见表 10-3。

表 10-3　驱网辊变频器部分参数设置

参数类别	设定值	解　　释	参数类别	设定值	解　　释
P100	4	控制方式	P702	3	串口发送 PKW 个数
P101	380V	电动机额定电压	P708	2	串口 2 发送连接量的 BICO 参数
P102	72A	电动机额定电流	P368	4	命令源参数功能
P105	37kW	额定功率	P554	22	选择输入 ON/OFF 指令
P107	50Hz	电动机额定频率	P443	2002	读入主给定连接量
P108	1420r/min	电动机额定转速	P130	11	设定测速机连接方式
P109	2	电动机极对数	P151	1024	脉冲编码器的脉冲数
P700	2	串行接口总线地址	P216	4	设定 n/f 实际值预控滤波时间常数
P701	6	串口波特率			

5. 变频器对电动机参数辨识

变频器对电动机(不带负载)进行参数辨识的过程中，变频器将对电动机的参数进行最优的识别，寻找最优的矢量控制策略，充分发挥变频器对电动机的最佳控制特性。

造纸机传动系统各个传动点既要保持速度一致性，又要有一定的速差。同时具有机械相联系的传动点又要有负荷分配功能。西门子 6SE70 变频器具有矢量控制功能，具有很高的可靠性和完善的功能实现，通过丰富的参数组态和附加控制工艺板与 PLC 通过 USS 协议通信、协调工作，可满足中、高速造纸机对传动系统要求大速比变化、高稳态精度等控制性能的需要。

习　题

10-1　什么是恒压供水?

10-2　基于变频器的恒压供水系统比传统的恒压供水方式有哪些优点?

10-3　什么是变量恒压供水?

10-4　设计一个由 4 台水泵构成的恒压供水控制系统。

10-5　起重机采用变频器驱动后可带来哪些性能上的提升?

10-6　造纸机械对电气传动系统有哪些要求?

10-7　造纸设备的传动点在什么情况下需要考虑负荷分配?

第 11 章 常用变频器

11

目前，在国内市场上销售的变频器品牌种类繁多，性能各异。国外品牌主要有西门子、ABB、丹佛斯、施耐德、艾默生、AB、三菱、富士及安川等；国内品牌有台达、森兰、英威腾及合康等。本章简要介绍在我国市场上应用较多的 ABB 变频器、丹佛斯变频器、三菱变频器和富士变频器。

11.1 ABB 变频器

11.1.1 概述

ABB 集团是世界知名的技术集团之一，集团总部位于瑞士苏黎世。ABB 由两个历史长达 100 多年的国际性企业瑞典的阿西亚公司（ASEA）和瑞士的布朗勃法瑞公司（BBC Brown Boveri）在 1988 年合并而成。ABB 是电力和自动化技术领域的领导厂商，ABB 集团的核心业务包括输电、配电、工业自动化、石油、天然气、石油化工、建筑设备以及金融服务等领域。ABB 电气传动系统有限公司是 ABB 集团在中国地区交、直流传动产品的主要供货商，生产销售的传动产品用于 0.12～27000kW 的电动机速度控制，广泛应用于传送带、挤压机、提升机及风机、泵类负载。典型的应用领域有冶金、石化、空调、制冷、供水、建材、印刷及纺织等。

ABB 通用变频器的核心技术是异步电动机变频调速控制方式直接转矩控制（DTC）和被称为部件传动理念的 Comp—AC™，最大的特点是通用型和专用型兼备，模块化特征显著，软件丰富，具有多种可供选择的用于选型、调试和维护的软件工具，它的自定义编程方式具有独到之处。

ABB 公司将其低压交流变频器归属于传动类产品，ABB 公司低压交流变频器主要分为机械类变频器、标准变频器和工业变频器共三大类。

ABB 机械类变频器（也称机械类传动）是专门为机械制造部门而设计的。在持续生产型的制造业中，生产每一单位产品所消耗的时间是至关重要的。该变频器设计成为在安装、设置参数和调试方面最快的变频器。它的基本产品在高智能的前提下尽可能地使用用户易掌握的界面，并且能够迎合最苛刻的需求来提供不同的功能。ABB 通用机械类变频器包括 ACS55、ACS150、ACS350 及 ACSM1 等系列产品，主要应用于食品和饮料机械、物料搬运机械、纺织机械、印刷机械、橡塑和木工机械中。

ABB 标准变频器（也称标准传动）这类变频器的安装、设置和使用都很简单，可以节省大量时间。它们在 ABB 的各分销商处都有供应，因而称之为标准变频器。这类变频器具有与现场总线通用的客户与流程界面，规格设计、调试及维护具有通用的软件工具，还有通用的备件。ABB 标准变频器包括 ACS550、ACH550、ACS510 等系列产品。

ABB 工业变频器（也称工业传动）是为工业应用而设计的，特别适合于工业过程控制领域，例如纸浆与造纸、金属、采矿、水泥、电力、化工、石油与天然气领域等。ABB 工业传动不仅可以作为完整的交流传动，也可以作为模块单元，以满足用户、设备制造商和系统集成的要求。ABB 工业传动是具有高度灵活性的交流传动，经过一定的配置，能满足工业领域的各种精确控制，因此按单定制服务是供货中不可分割的组成部分。ABB 工业变频器包括 ACS800、ACS850 等系列产品。

11.1.2　ACS550 系列变频器

ACS550 系列变频器是 ABB 传动公司于 2004 年 5 月份推出的一款低压传动产品。它采用的是矢量型（VVVF）的控制方式，功率范围为 0.75～355kW，矢量型应用使其具有更好的转矩特性。ABB 标准变频器 ACS550 可以应用于各行业中，其中典型的应用包括泵类、风机和恒转矩负载，传送带等。ABB 标准变频器安装简单、使用方便，在无需个性化定制或特殊产品工艺的情况下使用非常理想。ACS550 变频器的外形如图 11-1 所示。

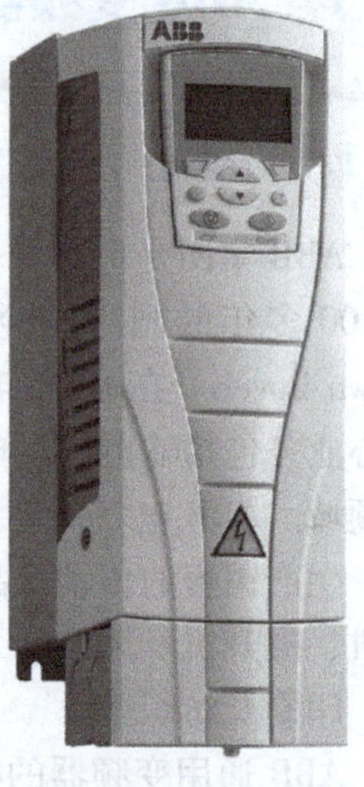

图 11-1　ACS550 系列变频器外形图

ABB 标准传动延伸出一种专门为泵、风机等可变力矩的应用而设计的传动，这个特殊设计包括一套有利于风机和泵应用的功能。这些功能再加上预编程的应用宏、一个直观的用户界面以及几个辅助屏幕，加快了传动安装、参数设置以及调试的进程。

1. ACS550 系列产品亮点

（1）更经济

1）噪声最优化设计，当传动温度降低时自动增加开关频率，可控冷却风机仅在需要时起动。

2）磁通优化，当负载降低时自动调整电动机磁通。

3）11kW（023A）以下功率标配制动斩波器，制动应用时更方便。

（2）更环保

1）标配的进线 RFI 滤波器用于抑制无线电干扰。

2）标配的进线变感电抗器根据不同的负载匹配电感量，因此可抑制和减少谐波。

（3）更容易操作　高级中文控制盘型号为 ACS-CP-D，有两个软功能键，功能随状态不同而改变。内置“?”帮助键，可观察已修改过的参数列表。

（4）带标准通信接口　内置 RS485 接口，使用 MODBUS 协议，即插式现场总线模块作为可选件（如作 PROFIBUS 通信要加装型号为 RPBA-01 的通信适配器）。

2. ACS550 系列变频器的主要技术参数

ACS550 系列变频器的主要技术参数见表 11-1。

表 11-1 ACS550 系列变频器的主要技术参数

ACS550 产品	
电源接线	
功率范围	0.75~355kW
电压	三相，380~480V，+10%/-15% 三相，200~240V，+10%/-15%
功率因数	0.98
ACS550 产品	
电动机接线	
电压	三相，0~U 电源
频率	0~500Hz
连续负载能力 （最高环境温度 40℃时的恒定转矩）	额定输出电流 I_2
过载容量 （最高环境温度 40℃时）	正常使用 1.1I_{2N}，每 10min 过载 1min；重负荷使用 1.5I_{2hd}，每 10min 过载 1min；保持 1.8I_{2hd}，每 60s 过载 2s
开关频率 标准 可选择	默认：4kHz 0.75~90kW：1kHz，4kHz，8kHz 最高 355kW：1kHz，4kHz
加速时间	0.1~1800s
减速时间	0.1~1800s
环境限制	
环境温度 -15~40℃ 40~50℃	不得出现霜冻 开关频率为 4kHz，降额信息请与供应商联系
海拔 输出电流	0~1000m 可达到额定电流，1000~2000m 每增加 100m 输出电流降低 1%
相对湿度	低于 95%（无凝露）
防护等级	IP 21 及 IP 54
涂料颜色	NCS 1502-Y，RAL 9002，PMS 420C
污染等级	IEC 721-3-3
可编程的控制接线	
两路模拟输入 电压 电流 电位器给定值 最大延迟 分辨率 精度	 0（2）~10V，$R_{输入}$>312kΩ（单路） 0（4）~20mA，$R_{输入}$=100Ω（单路） 10V（1±2%），最大 10mA，R<10kΩ 12~32ms 0.1% ±1%
两路模拟输出	0（4）~20mA，负荷小于 500Ω
辅助电压	直流 24V（1±10%），最大 250mA
六路数字输入 输入阻抗 最大延迟	直流 12~24V，内部或外部供给，PNP 和 NPN 2.4kΩ 5ms±1ms
三路继电器输出	

（续）

ACS550 产品	
最大开关电压	交流 250V/直流 30V
最大开关电流	直流 6A/30V；交流 1500VA/230V
最大连续电流	2A
串行通信	
RS 485	MODBUS 协议

11.1.3　ACS800 系列变频器

ACS800 系列传动产品最大的优点就是全功率范围内统一使用了相同的控制技术，如起动向导、自定义编程、DTC 控制、通用备件、通用的接口技术，方便于选型、调试和维护。ACS800 系列传动产品包括单传动模块及多传动模块两种结构。

单传动的配置将一个整流桥、直流连接回路和一个逆变单元包含于一个交流传动单元中。单传动是完整的交流传动，无需任何附件的柜体或机壳就可以安装。单传动可以壁挂式安装、落地式安装或柜体式安装，有多种防护等级作为可选项，功率范围为 0.55 ~2800kW。

多传动是工业传动产品的一个类型，由连接到公共直流母线的工业传动模块构成。公共直流母线为传动模块提供直流电压。直流电压由一套装置中唯一的整流单元提供。整流单元有从简单的二极管整流单元到复杂的有源 IGBT 整流单元的多种选择，功率范围为 1.5 ~5600kW 。

11.2　丹佛斯变频器

11.2.1　概述

丹佛斯变频器是丹麦丹佛斯集团生产的变频器产品。丹佛斯公司是丹麦最大的工业企业之一，也是世界范围内控制器、制冷和空调控制器、精密机械、电子元器件及机电装置领域中的知名制造商。1968 年，丹麦丹佛斯公司作为世界第一家大规模生产变频器的厂商，开始了其在自动化控制领域的辉煌历程。40 多年来，其传动控制产品历经多个系列的升级换代，不断地给人们带来创新和惊喜，在世界范围内始终处于行业的顶端。进入中国市场后，丹佛斯变频器在医药、纺织、化工、食品、水处理、楼宇自控等各个行业大显身手，为中国经济建设和人民生活质量平衡、可持续的发展和提高做出了巨大的贡献。

凭借丹佛斯在行业内多年的经验和应用知识，丹佛斯传动公司提供可靠的、用户友好的丹佛斯变频器来满足来自不同行业和领域的客户需要，标准化的模块设计具有极大的灵活性，能够在短时间内提供大量为用户定制的产品。

丹佛斯（Danfoss）变频器以其节能、高效、稳定而著称。1968 年，丹佛斯变频器 VLT5

作为世界上第一代大批量生产的 AC 变频器面世，经过多年的发展，丹佛斯公司推出了多种型号的变频器产品。2004 年，丹佛斯 The VLT Automation Drive 系列变频器发布，它代表了一种通用型变频器的设计理念，这种变频器可以控制任何机器或生产线上的全部操作，以其强大的功能和稳定的运行数据取得了市场的广泛好评。新系列的变频器较以前产品的最大改变在于模块式流水化生产，可以根据不同需求为客户专业量身定做专业化产品，同时保存了原有的人性化操纵界面，还推出了中文操作菜单，使得变频器的应用及现场调试更加趋于方便，简洁。

丹佛斯变频器包括已大量成熟应用的 VLT2800 系列产品、适用于多种负载类型的 FC 系列产品、适用于分布式安装的 FCD 系列产品以及电动机变频器一体化 FCM 系列产品等。主要型号有：VLT® HVAC Drive FC 102、VLT® Refrigeration Drive FC 103、VLT® AQUA Drive FC 200、VLT® 2800 Series、VLT® AutomationDrive FC 300、VLT® Advanced Active Filter AAF、VLT® Decentral FCD 300、VLT® Decentral Drive FCD 302、VLT® DriveMotor FCM 300、VLT® Micro Drive、VLT® Integrated Servo Drive、VLT® Compact Starter MCD 200、VLT® Soft Starter MCD 500、VLT® OneGearDrive。

11.2.2 主要产品介绍

1. VLT® AutomationDrive FC360 型变频器

VLT® AutomationDrive FC360 是一款为 OEM 用户量身定制的多用途变频器。它为 75kW 以下的各种工业应用提供精确、高效的电动机控制。内置功能有助于用户节省安装空间、节省时间以及减少日常维护的精力。因此，它是一个功能强大的多样化解决方案，可提高生产效率和成本效益。

VLT® AutomationDrive FC360 具有以下功能和特点：

1）功率范围：0.37～75kW（380～480V）。

2）机箱外壳：标配防护等级为 IP20，可选防护等级为 IP21（需安装升级选件）。

3）高可靠性。标配 3C3 环境使用的印制电路板（PCB）涂层，并与散热通道实现 IP54 隔离，使 FC360 在各类严苛的生产环境都能稳定运行。最高 55℃ 环境温度设计（需降容），使用户无需额外安装冷却装置。满载运行温度最高达 50℃。变频器具有可拆卸的风扇设计，方便现场的清洁维护，延长机器的使用寿命。起动转矩最大为 200%/1s，过载能力 160%/1min，适应负载波动能力强，运行稳定性更高。

4）功能强大。

丰富的 I/O 端子：7 个数字量输入（2 个可编程为输出，2 个高速脉冲输入接 24V 编码器）；2 路模拟量输出/2 路模拟量输入；2 路继电器输出。

提供 B 选件插口，加装 FC300 系列 MCB102 和 MCB103 连接多种编码器和旋变，可实现定位、同步和中心卷绕功能。

标准提供带前馈的 PID 控制，更好地匹配卷绕应用等恒线速恒张力类的负载。

0.37～22kW 的 FC360 内置制动器，可以直接连接制动电阻。可以驱动永磁同步电机，在优化控制性能同时，提高电动机效率，更加节能。

可选购内置 PROFIBUS 和 PROFINET 总线的 FC360，匹配最流行的上位自动化系统。

5）简便易用。提供改进型的数字 LCD 面板和盖板，还可通过延长线连接丹佛斯 LCP102 图形显示面板。

内置针对多种应用的宏选择，自动载入相关参数的经验值，配合接线图，大大简化用户的调试时间。

控制卡盒＋功率部件，无需专业人员，快速更换易损部件；减少维修备件，降低使用成本。

2. VLT® AQUA Drive FC 202 型变频器

Danfoss VLT® AQUA Drive FC202 是一款专门用于供水和污水处理应用的变频器，具有多种强大的标准功能和可选功能，可最大程度上降低供水和污水处理应用的总体成本。

VLT® AQUA Drive FC 202 具有以下功能和优点：

1）功率范围：0.25～45kW（200～240V）、0.37～1000kW（380～480V）、0.75～90kW（525～600V）、45～1400kW（525～690V）。

2）专用供水功能（具有 PI 控制器自动调谐功能）。通过比例积分（PI）控制器的自动调节，变频器能实时监测校正后的系统状态，并据此做出调整，因此可快速实现精确而又稳定的运行。

3）管道填充模式。启用受控的（闭环）管道填充。防止出现水锤、水管爆裂现象或冲掉水龙头。

4）“管道曲线结束”检测破裂和泄漏。该功能用于检测破裂和泄漏。曲线结束时触发警报、关闭水泵或执行用户定义的其他操作。

5）空泵保护降低了维护成本。VLT® AQUA Drive FC202 型变频器持续根据内部频率功率测量值来评估水泵状况。

6）标准多泵控制器。内置的多泵控制器最多控制三个带有变频泵的水泵。可实现多泵交替运行功能。内置逻辑控制两个水泵在使用/备用状态之间切换，备用泵运行可防止一直只使用一个水泵，内部定时器确保平均使用各个泵。

7）流量补偿。流量补偿功能根据流量降低压力设置点，从而节省能耗。

8）初始/最终加减速。初始加减速可使水泵迅速加到最低速度，然后从那里回到正常加减速。这种功能可以防止损坏止推轴承。

9）安全性。VLT® AQUA Drive FC202 型变频器的标配提供了安全停止功能（适合 EN 954—1 标准第 3 类安装）。该功能可防止变频器意外起动。

10）多种可选件。使用 VLT® AQUA Drive FC202 型变频器时，可以根据自己的需要选配各种附件。各种选件包括用于总线通信、用户设置等的选件，均可即插即用。

3. VLT® Automation Drive FC300 型变频器

VLT Automation Drive FC300 代表了一种变频器控制的理念，即通过一种变频器控制任何机器或生产线上从标准到伺服控制的全部运行。VLT Automation Drive 所基于的模块化开放技术平台使它具有很好的适应能力和可编程能力。它拥有可以配置并且易于操作的界面，支持本地语言和字符。在 VLT® Automation Drive 系列中，智能化的即插即用技术和高可靠性使变频器操作变得更加简单。

标准版本变频器的功能非常广泛，包括 PLC 功能、电动机控制的自动微调和性能的自分析，以及定位、同步、负荷预估，甚至伺服性能。所有版本的变频器都具有相同的用户界面，因此，只要用户使用过一台，就能操作所有变频器。

VLT® Automation Drive FC300 具有以下功能和特点：

1）功率范围：0.25～45kW（200～240V，FC301/FC302）、0.37～450kW（380～500V，FC312）、0.37～1000kW（380～500V，FC302）、0.75～90kW（525～600V，FC302）、37～1400kW（525～690V，FC302）。

2）机箱。该变频器满足 IP20/机架机箱的要求，可选 IP21/NEMA1、IP55/NEMA12、IP54/NEMA12 或 IP66/NEMA4x。

3）智能逻辑控制器。VLT® Automation Drive 的标配智能逻辑控制器，可通过逻辑运算循环执行多达 20 个不同的步骤。

4）安全性。VLT® Automation Drive 的标配提供了安全停止功能（适合 EN 954—1 标准的第 3 类安装）。该功能可防止变频器意外起动。

5）热插拔 LCP。本地控制面板（LCP）可在运行的时候插拔。通过控制面板，可以方便地将设置从一个变频器（或者从安装有设置软件的 PC）传送到另一个变频器。

6）智能化的散热管理。目前有三种冷却方式，它们有各自的优点。强制对流冷却：风扇将冷风吹送到铝质散热片上以带走热量。此时可以在不接触电子元器件的情况下方便地清洗冷却通道。冷却板冷却：可以通过背面的铝壳进行外部冷却。风道冷却：来自控制室或外面的冷风可在不接触电子元器件的情况下冷却散热片。

7）多种选件。使用 VLT® Automation Drive 时，用户可以根据自己的需要选配广泛的附件。各种选件包括用于总线通信、同步、用户设置等的选件，均可即插即用。

8）可拆卸风扇。和大部分部件一样，风扇可迅速拆卸，进行清洁。

9）防腐蚀。具有防腐蚀性的背部散热通道组件和散热片可以作为选件订购，用于一些恶劣的环境，如靠近海边的含盐空气中。

10）50℃运行环境温度。变频器能在高达 50℃ 的环境温度下达到最大功率输出，在最高 55℃ 的环境温度下仍可降容运行。

11.2.3 变频器的接线

VLT® Automation Drive FC300 变频器的接线如图 11-2 所示。

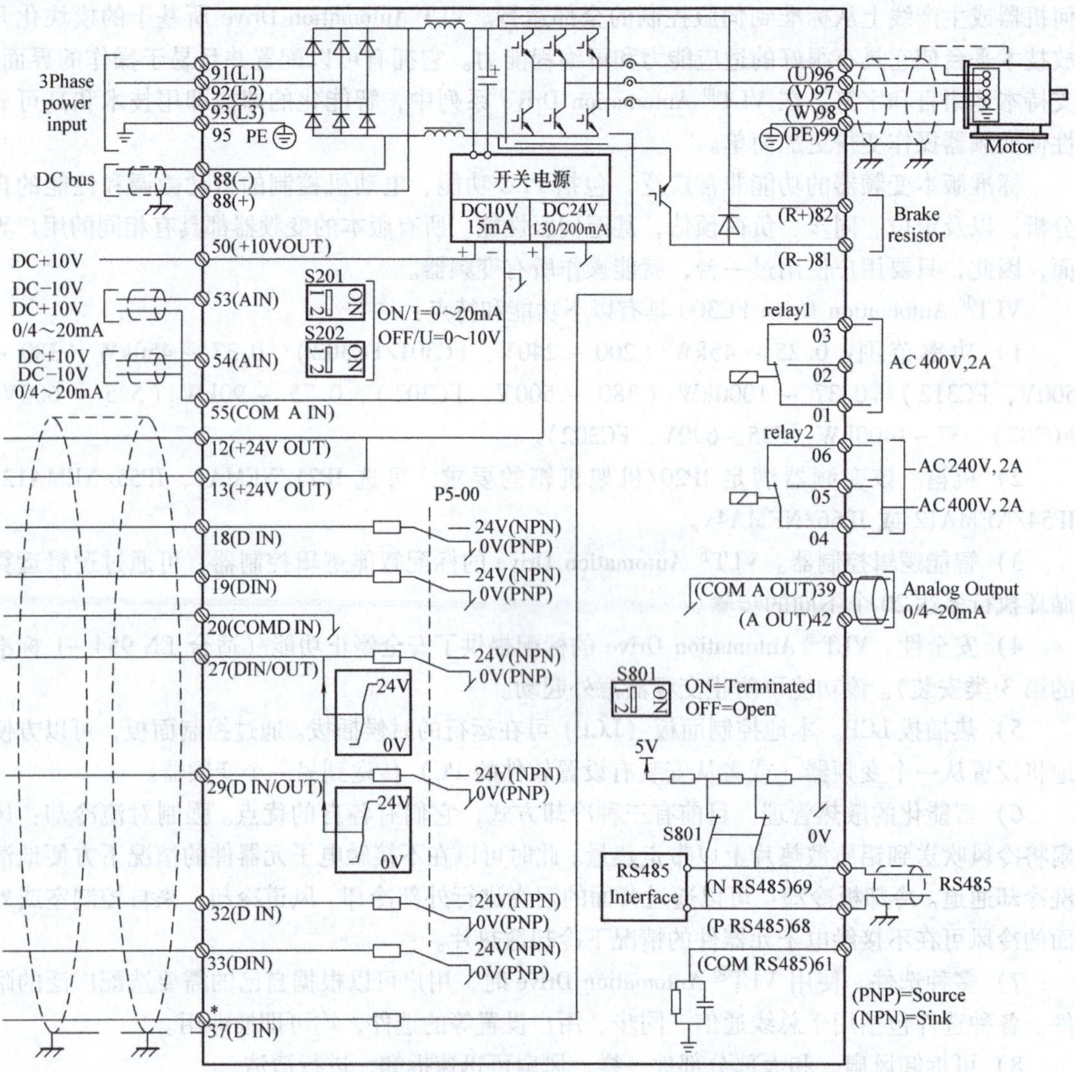

图 11-2　VLT® Automation Drive FC300 变频器的接线

11.3　富士变频器

富士变频器是日本富士电机株式会社生产的。富士 FRENIC 变频器种类齐全，性价比高，在国内应用较多。富士 FRENIC5000 系列变频器自 1990 年开始生产，经历了 5、7、9 几代，一直发展到现在市场上广泛使用的 11 系列。目前的主流产品按功率和用途主要分为针对风机、泵类负载的 P 系列、针对恒转矩负载的 G 系列、变频供水专用的 VP 系列、电梯专用 Lift，以及小型化的 Multi 系列、Mini 系列和高性能的 MEGA 系列。这些变频器通过对其控制方式、频率范围、专用控制软件等的不同配置，使每种产品都有较高的性价比。

FRENIC5000VG7S 系列高性能矢量控制型变频器，是控制响应迅速、具有稳定的转矩特性的高精度变频器，适用于起重机、机床、仓库、钢铁生产线等负载，具有各种控制方式（多驱动功能），容量范围大，使用范围广，备有客户编程功能（选件：UPAC），可在用户侧设定构筑独创系统。三相400V系列的功率范围为3.7～800kW，单相200V系列的功率范围为0.75～90kW。

FRENIC-MEGA系列高性能多功能型变频器，适用于搬运机械、印刷机械、木工机械、风机、泵等多种负载，采用双重定额（重过载和轻过载），操作面板标配USB端口，在通用变频器上配备了高级矢量控制，操作简便，维护方便，支持网络控制，具有寿命检测功能，环保性能好。三相400V系列的功率范围为0.4～630kW。

FRENIC5000G11S系列低噪声高性能多功能变频器，适应于一般工业用途，采用富士电机株式会社独自开发的动态转矩矢量控制方式，在0.5Hz时的起动转矩可达到200%，具有包括自整定功能在内的许多方便功能，小型、全封闭防护结构（22kW），机种规格齐全等优点。三相400V系列的功率范围为0.4～400kW，三相200V系列的功率范围为0.2～90kW。

FRENIC5000P11S系列风机和泵用变频器，具有自动节能运行功能，可通过安装LED监视器的操作面板简单地变更功能代码设定。三相400V系列的功率范围为5.5～500kW，三相200V系列的功率范围为5.5～110kW。

FRENIC-Multi系列高性能、紧凑型变频器，适用于上下/横行搬运机械、立体车库、切片机、冲压机械等负载，机种多样，保养充实，操作简单，配有抱闸控制、制动信号、转矩限制及电流限制功能，最适用于搬运及送料类机械。其功率范围为0.1～15kW。

FRENIC-VP系列风机、泵用变频器，是为风机、泵等二次方递减转矩负载专门开发的变频器，配有新式的自动节能运行功能、PID控制功能、寿命预告功能及商用运行切换指令序列功能等，可以并排安装，有EMC滤波器一体型、直流电抗器一体型及防水型等系列化产品。其功率范围为0.75～560kW。

FRENIC-Mini系列小容量紧凑型变频器，适用于搅拌机、干燥机及食品机械等多种小型设备；标准配置频率设定用旋钮，可进行简单操作；具有自动节能运行功能、PID控制功能，可以并排安装。其功率范围为0.1～3.7kW。

FRENIC-Lift电梯专用变频器，最适合客用电梯用途的专用设计，可有效降低起动时的退回，具有电动机停止状态下的磁极位置调谐，内置全功率制动电路。其功率范围为3.7～45kW。

下面介绍FRENIC5000G11S/P11S系列变频器。

1. 主要功能及特点

FRENIC5000G11S/P11S系列变频器采用动态转矩矢量控制技术，能在各种运行条件下实现对电动机的最佳控制，是变频器中低噪声、高性能和多功能的理想结合。它主要具有以下特点：

1）采用动态转矩矢量控制技术，它是一种先进的驱动控制技术，控制系统高速计算电动机驱动负载所需功率、最佳控制电压和电流矢量，最大限度地发挥电动机的输出转矩。

2）使用PG反馈卡（选件）构成带PG反馈的矢量控制系统，实现更高性能、更高准确度的运行。速度控制范围为1:1200，速度控制精度为±0.02%。

3）电动机低转速时脉动大大减小。

4）具有方便使用的键盘面板。

5）在电动机运行过程中实时进行自整定，实时核对电动机特性变化，实现高精度速度控制。

6）一般工业用的 G11S 系列变频器容量范围为 0.2～400kW，风机、泵用的 P11S 系列变频器容量范围为 5.5～500kW。机种规格齐全，可适应不同用途。

7）有适应各种环境的机型结构，一般对功率小于 22kW 的标准产品采用全封闭结构 IP40，环境适应性好。对功率小于 22kW 的变频器，允许横向密集安装，可节省控制盘的安装空间。

8）采用低噪声控制电源系统，大大减小对周围传感器等设备的噪声干扰影响，装有连接抑制高次谐波电流的 DC 电抗器端子，具有良好的电磁兼容性。

9）标准内装接口 RS485，由此可由个人计算机向变频器输入运行命令和设定功能码数据等。设有万用 DI/DO 功能，变频器的输入/输出端子状态（接点信号的有无）能传送至上位机和受其监控，可连接现场总线：PROFIBUS-DP、INTERBUS-S、Device Net、MODBUS Plus（选件）等。

10）丰富的实用功能。如用于风机、泵的 PID 控制功能、变频器风扇 ON/OFF 控制、商用电切换顺序；用于搬运、传送设备的可选择预先设定的 16 种速度运行，程序运行时，可连续、单循环或单循环终速继续运行等功能。

除上述的主要功能以外，该系列变频器还具有丰富的维护功能、无冲击瞬停再起动运行和完善的保护功能等。

2. 产品外观

FRENIC5000G11S/P11S 系列变频器有两种结构，根据功率大小、应用场合和散热条件可以选择不同的结构。FRENIC5000G11S/P11S 系列变频器的外观如图 11-3 所示。

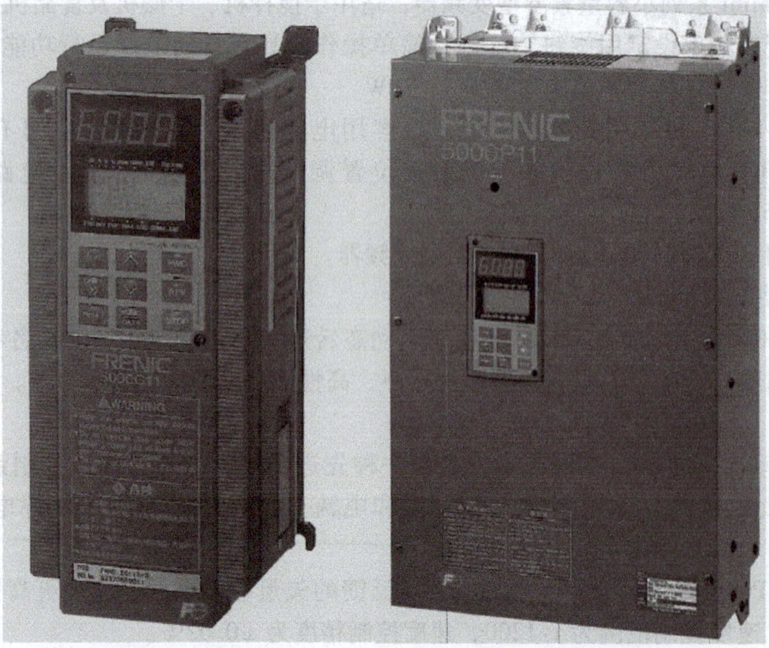

图 11-3　FRENIC5000G11S/P11S 系列变频器的外观图

3. 产品型号说明

FRENIC5000G11S/P11S 系列变频器的产品型号含义如图 11-4 所示。

4. 主要技术参数

FRENIC5000G11S/P11S 系列变频器的所有 74 种机种都采用统一的技术规范，这样便于用户构成各种应用系统。FRENIC5000G11S/P11S 系列变频器的公共技术规范见表 11-2。

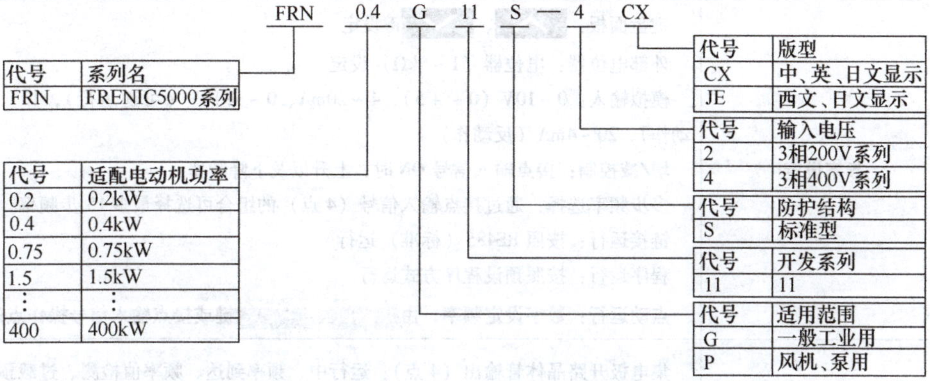

图 11-4 FRENIC5000G11S/P11S 系列变频器的产品型号含义

表 11-2 FRENIC5000G11S/P11S 系列变频器的公共技术规范

项目			详细技术规范
控制		控制方式	正弦波 PWM 控制（*U/f*）控制、转矩矢量控制、PG 反馈矢量控制（选件）
	输出频率	最高频率	G11S：50～400Hz 可变设定　P11S：50～120Hz 可变设定
		基本（基底）频率	G11S：25～400Hz 可变设定　P11S：25～120Hz 可变设定
		起动频率	0.1～60Hz 可变设定　保持时间：0.0～10.0s
		载波频率	G11：0.75～15kHz(≤55kW)　0.75～10kHz(≥75kW) P11：0.75～15kHz(≤22kW)　0.75～10kHz(30～75kW)　0.75～6kHz(≥90kW)
		频率精度	模拟设定：最高频率设定值的±0.2%（25℃±10℃）以下 数字设定：最高频率设定值的±0.01%（－10～＋50℃）以下
		频率设定分辨率	模拟设定：最高频率设定值的1/1000（例：0.02Hz/60Hz 时、0.05Hz/150Hz 时） 数字设定：0.01Hz（小于 99.99Hz 时），0.1Hz（大于 100.0Hz 时）
		电压/频率特性	对应基本频率的输出电压设定范围 320～480V 对应最高频率的输出电压设定范围 320～480V
		转矩提升	自动：对应负载转矩自动最佳调整 手动：代码选择 0.1～20.0（递减转矩用的节能方式和恒转矩的增强方式）
		加速、减速时间	0.01～3600s 加速/减速时间有 4 种，可分别独立设定，由接点输入信号选择除直线加减速方式外，还有 S 形加减速（弱型/强型）和曲线加减速可以选用
		直流制动	制动开始频率：0.0～60.0Hz、制动时间：0.0～30.0s 制动动作值：0～100%（G11S），0～80%（P11S）
		附加功能	上限/下限频率、偏置频率、频率设定增益、跳越频率、引入运行、瞬时停电再起动、商用电运行切换、转差补偿控制、自动节能运行、再生回避控制、下垂控制、转矩限制（2 级切换）、转矩控制、PID 控制、第 2 电动机切换、冷却风扇 ON/OFF 控制

（续）

项目		详细技术规范
运行	运行操作	键盘面板：运行键 FWD 、 REV 、停止键 STOP 端子输入：正转/停止命令、反转/停止命令、自由旋转命令、报警复位、加减速选择、多步频率选择等
运行	频率设定	键盘面板：∧、∨键设定 外部电位器：电位器（1～5kΩ）设定 模拟输入：0～10V（0～+5），4～20mA、0～±10V（可逆运行），10V～0（反动作），20～4mA（反动作） 增/减控制：接点输入信号 ON 时，上升以及下降频率 多步频率选择：通过接点输入信号（4点）的组合可选择最多15步频率 链接运行：按照 RS485（标准）运行 程序运行：按照预设程序方式运行 点动运行：数字设定频率，由 FWD 、 REV 键或接点输入信号操作点运行
运行	运行状态信号	集电极开路晶体管输出（4点）：运行中、频率到达、频率值检测、过载预报等 继电器输出（2点）：总报警输出、可选信号输出 模拟输出（1点）：输出频率、输出电流、输出电压、输出转矩、输入功率等 脉冲输出（1点）：输出频率、输出电流、输出电压、输出转矩、输入功率等
显示	数码管显示器（LED）	输出频率、设定频率、输出电流、输出电压、电动机同步转速、线速度、负载转速、转矩计算值、输入功率、PID 命令值、PID 反馈量、报警代码
显示	液晶显示（LCD）	运行信息、操作指导、功能代码、设定数据、报警信息、测试功能、电动机负载率测定功能（测定时间内电流［rms］的最大值/平均值）、维护信息（累计运行时间、主电路电容器电容量测定、散热板温度等）
显示	语种	6国（中文、英文、日文、法文、西班牙文、意大利文）
显示	灯显示	充电（有电压）、运行显示
保护功能		过电流、短路、对地短路、过电压、欠电压、过载、过热、熔断器断路、电动机过载、外部报警、输入断相、输出断相（自整定时）、制动电阻过热保护、CPU/存储器异常、键盘面板通信异常、PTC 热敏电阻保护、电涌保护、失速防止等
环境	使用场所	室内、海拔不高于1000m，没有腐蚀性气体、可燃气体、油溅、灰尘和不受阳光直射
环境	周围温度	−10～50℃（40℃以上时，对于小于等于22kW的机种必须取去通风盖）
环境	周围湿度	5%～95% RH（不结露）
环境	振动	3mm：2～9Hz，9.8m/s^2：9～20Hz，2m/s^2：20～55Hz（G11S：90kW，P11S：110kW以上、2m/s^2：9～55Hz）1m/s^2：55～200Hz
环境	保存 周围温度	−25～65℃
环境	保存 周围湿度	5%～95% RH（不结露）

习 题

11-1 国内市场上销售的国外品牌的变频器主要有哪些？

11-2 ABB 公司低压交流变频器主要分哪几类？各有什么特点？

11-3 ABB 变频器的核心技术是什么？

11-4 在中国市场上使用的丹佛斯变频器主要有哪些型号？

11-5 丹佛斯 VLT® Automation Drive FC300 型变频器有什么技术特点？

11-6 查阅相关资料，设计一个由丹佛斯 FC202 变频器和三个电动机构成的恒压供水控制系统，并给出相关参数设置方法。

11-7 富士 FRENIC5000 系列变频器有哪几个子系列？各有什么特点？

第 12 章 实验指导书

12

变频器在工业中的应用形式多种多样，对变频器的操作和控制途径主要有数字操作器、外部端子和通信链路。通过变频器实验，使学生能够熟练掌握变频器在这三种途径下的控制和使用方法。

本实验指导书按由易入难、从简单到复杂的原则安排实验。实验分台达 VFD-M 系列变频器实验、三菱 FR－E720S 变频器实验和西门子 MM440 变频器实验三部分，共 13 个实验。全部实验涉及了变频器三种操作模式的使用，并安排了三个变频器的 PLC 控制实验和一个组态软件控制实验，教师可以根据具体实验条件和需要选择安排。

实验 1　台达变频器数字操作器的使用

1. 实验目的

熟悉数字操作器的使用方法。

2. 实验设备

1）台达 VFD-M 系列变频器 1 台。

2）三相笼型异步电动机（120W）1 台。

3. 实验步骤

1）按照图 12-1 正确连接实验设备。

2）设置 P00 =00、P01 =00，起动电动机，通过“▽”、“△”键修改电动机运行频率，观察电动机运行速度。

3）设置 P00 =01、P01 =00，起动电动机，通过数字操作器 LC-M2E 上所附的 V. R.（电位器）修改电动机运行频率，观察电动机运行速度。

4）设置 P02 =00 或 01，观察电动机在不同停车方式下的停车时间并记录。

5）修改起动和停止的加减速时间 P10、P11，并观察效果。

6）修改其他参数并观察效果。

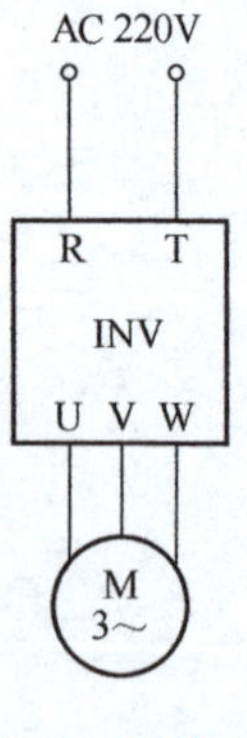

图 12-1　系统连线

4. 思考题

如何选择电动机运行的第一/第二加减速时间，相关参数应如何设置？

实验 2　台达变频器多段速度运行实验

1. 实验目的

了解变频器有级调速的使用方法。

2. 实验设备

1）台达 VFD-M 系列变频器 1 台。

2）三相笼型异步电动机（120W）1 台。

3）钮子开关 6 个，速度指示用电压表 1 个。

4）测速表 1 个。

3. 实验步骤

1）按照图 12-1 连接实验主电路，并按图 12-2 连接控制电路。

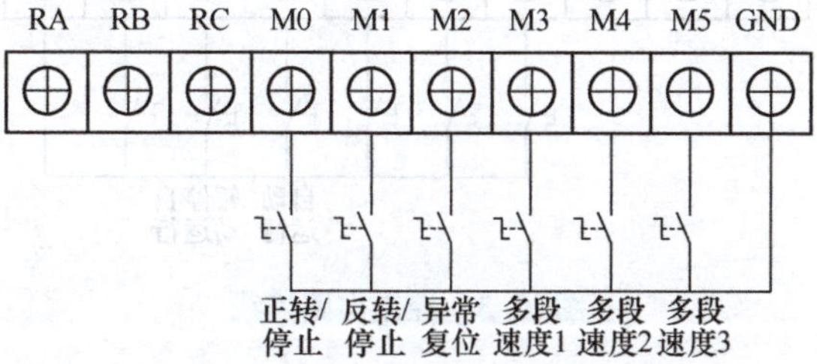

图 12-2 控制电路连线

2）设置 P00 = 00、P01 = 01、P38 = 00、P40 = 06、P41 = 07、P42 = 08。

3）设置 P17、P18、P19、P20、P21、P22、P23 为 7 个不同的频率值。

4）通过改变 M3、M4、M5 三个端子的接法修改电动机运行频率，起动电动机，观察电动机运行速度。七段速度与外部端子对应关系见表 12-1。

表 12-1 七段速度与外部端子对应关系表

七段速度	M5 端子（P42 = 08）	M4 端子（P41 = 07）	M3 端子（P40 = 06）
	多段速度指令 3	多段速度指令 2	多段速度指令 1
速度 1（P17）	M5 = 0	M4 = 0	M3 = 1
速度 2（P18）	M5 = 0	M4 = 1	M3 = 0
速度 3（P19）	M5 = 0	M4 = 1	M3 = 1
速度 4（P20）	M5 = 1	M4 = 0	M3 = 0
速度 5（P21）	M5 = 1	M4 = 0	M3 = 1
速度 6（P22）	M5 = 1	M4 = 1	M3 = 0
速度 7（P23）	M5 = 1	M4 = 1	M3 = 1

5）修改 P38 的值，测试电动机起停控制按钮的不同使用方法。

6）测试多功能端子的其他功能。

4. 思考题

多功能端子如何设定，才能使电动机在 9 种不同的频率下运行？

实验 3 可程序控制自动运行实验

1. 实验目的

了解变频器可程序运行的设置方法。

2. 实验设备

1）台达 VFD-M 系列变频器 1 台。

2）三相笼型异步电动机（120W）1台。

3）钮子开关6个，速度指示用电压表1个。

4）测速表1个。

3. 实验步骤

1）按照图12-1连接实验主电路，并按图12-3连接控制电路。

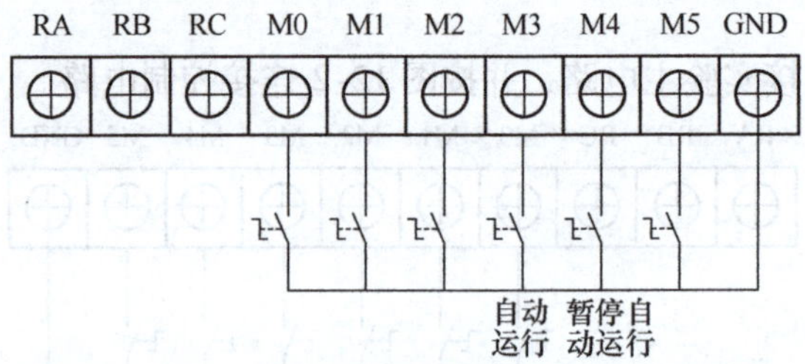

图12-3　控制电路连线

2）设置P40＝16、P41＝17、P78＝02。

3）设置P17、P18、P19、P20、P21、P22、P23为7个不同的频率值。

4）设置P81、P82、P83、P84、P85、P86、P87对应P17～P23每一段运行的时间。

5）设置P79＝34，确定各段频率对应的电动机运转方向。

6）M3端子开关接通，观察电动机运行速度和方向。

7）修改P78（01～04）的值，观察电动机的运行周期变化情况。

8）修改P79（00～127）的值，观察电动机的运转方向变化情况。

4. 思考题

根据电动机实际运行的方向，如何设定P79参数？

实验4　台达变频器的通信控制实验

1. 实验目的

了解台达变频器通过通信链路运行的原理和控制方法。

2. 实验设备

1）台达VFD-M系列变频器4台。

2）三相笼型异步电动机（120W）4台。

3）带串口的计算机1台。

4）RS232/RS485串口转换器1个。

5）软件：串口通信调试软件1套。

3. 实验步骤

1）按照图12-4正确连接实验设备。

2）设置P00＝04、P01＝03、P88＝（1，2，3，4）、P89＝01、P92＝03（8，N，2）。

3）打开串口通信调试软件，设置数据格式（对应于变频器的通信格式）。在发送栏输入十六进制码01 03 21 02 00 02 6F F7，发送数据，记录回复数据并分析。串口通信调试软件界面如图12-5所示。

4）起动1#电动机：在发送栏输入十六进制码01 06 20 00 00 12，计算校验码，加入发

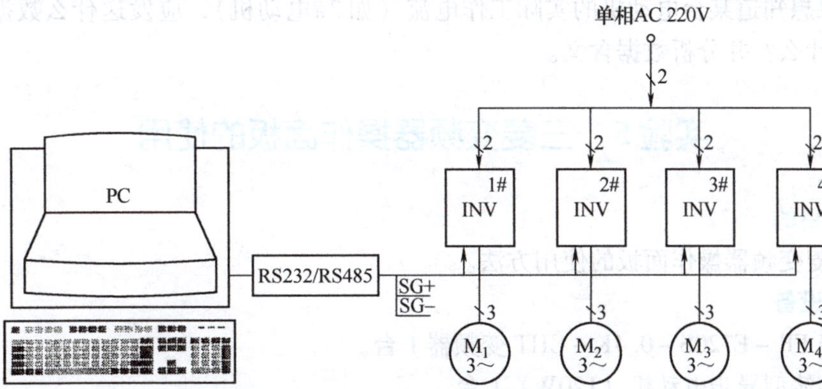

图 12-4 台达变频器的通信控制实验连线

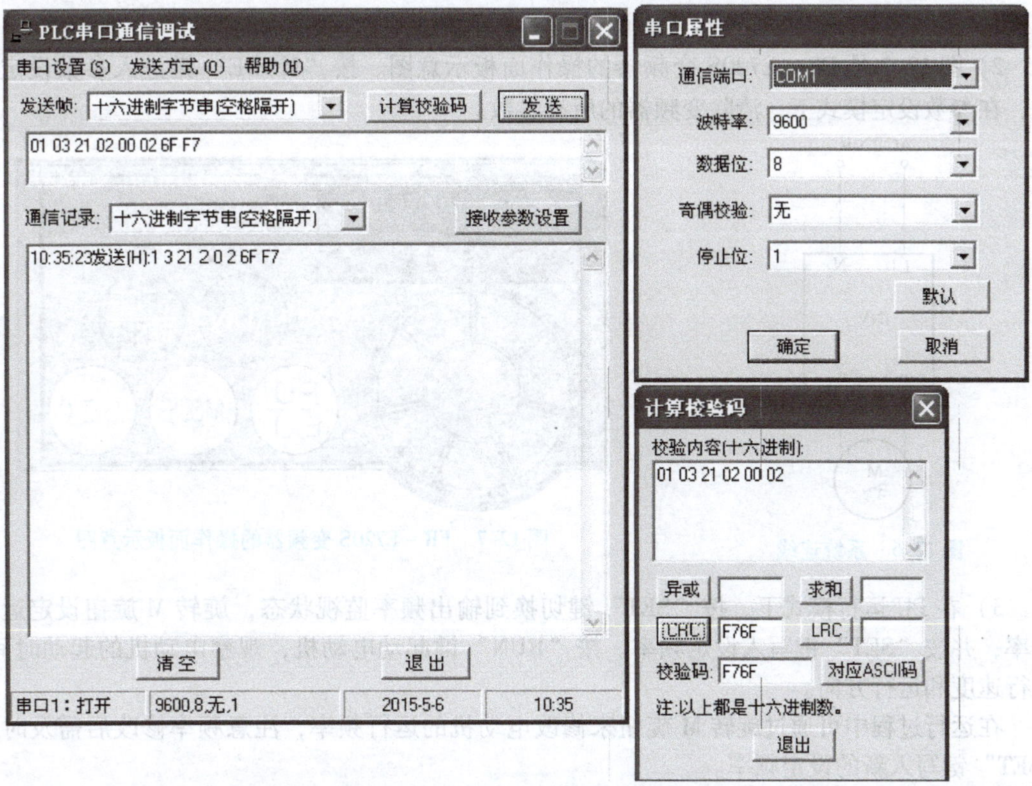

图 12-5 串口通信调试软件界面

送栏，发送数据，记录回复数据并分析。

5）停止 1#电动机：在发送栏输入十六进制码 01 06 20 00 00 11，计算校验码，加入发送栏，发送数据，记录回复数据并分析。

6）修改 1#电动机转速：起动 1#电动机，在发送栏输入十六进制码 01 06 20 01 13 00，计算校验码，加入发送栏，发送数据，观测电动机转速，记录回复数据并分析。

7）依次起停 2#、3#、4#电动机，并修改电动机转速。

4. 思考题

1）如果要同时起动或停止 4 台电动机，应发送什么数据？

2）如果想知道某台电动机的实际工作电流（如3#电动机），应发送什么数据？可能的回复数据为什么？并分析数据含义。

实验5　三菱变频器操作面板的使用

1. 实验目的

熟悉三菱变频器操作面板的使用方法。

2. 实验设备

1）三菱 FR－E720S－0.4K－CHT 变频器1台。

2）三相笼型异步电动机（120W）1台。

3. 实验步骤

1）按照图12-6，正确连接实验设备。

2）图12-7是FR－E720S变频器的操作面板示意图。按“MODE”键进入参数设定模式，在参数设定模式下，清除变频器的所有参数。

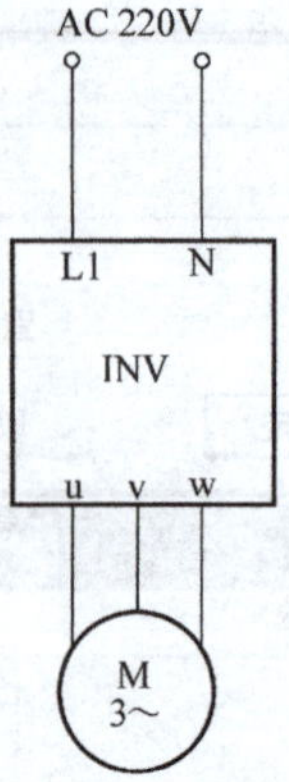

图12-6　系统连线

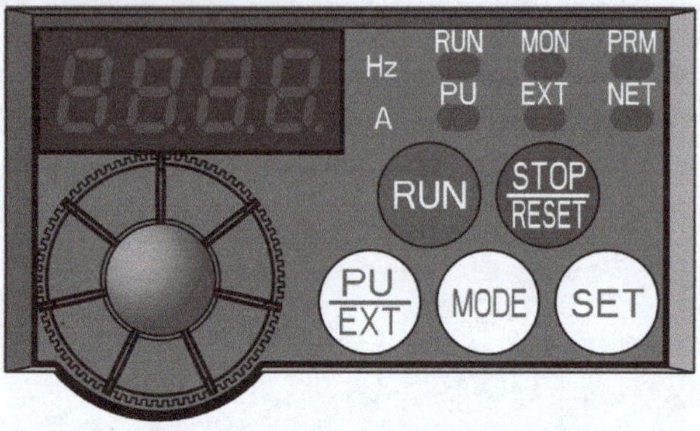

图12-7　FR－E720S变频器的操作面板示意图

3）在PU运行模式下，按“SET”键切换到输出频率监视状态，旋转M旋钮设定运行频率，并按“SET”键写入设定频率。按“RUN”键起动电动机，观察电动机的起动时间、运行速度和运行方向。

在运行过程中可通过旋转M旋钮来修改电动机的运行频率，注意频率修改后需及时按“SET”键写入新的设定频率。

按“STOP”键停止电动机的运行，观察并记录电动机的实际停止时间。

4）按“MODE”键至参数设定模式，分别修改参数Pr.7 = 10s，Pr.8 = 10s。按“MODE”键至PU运行模式，起动和停止电动机，运行电动机，观察操作面板上频率的变化并分析参数Pr.7、Pr.8对电动机起停时间的影响。

5）按“MODE”键至参数设定模式，分别设定Pr.250 =0 ~10s或Pr.250 =9999。起动并停止电动机运行，观察电动机在按下“STOP”键后电动机的停止方式和实际停止时间，分析参数Pr.250对电动机停止方式的影响。

6）修改其他参数并观察效果。

4. 思考题

1）在按下“RUN”键起动电动机时，如果想让电动机反向运行，应修改哪个参数？

2）如果要在变频器的操作面板上显示出电动机转矩，相关参数该如何设定？

实验6　三菱变频器的外部端子控制实验

1. 实验目的

了解三菱变频器通过外部端子的控制方法。

2. 实验设备

1）三菱 FR－E720S－0.4K－CHT 变频器1台。

2）三相笼型异步电动机（120W）1台。

3）钮子开关7个，1/2W1kΩ 电位器一个，速度指示用10V直流电压表1个。

4）测速表1个。

3. 实验步骤

1）按照图12-6连接实验主电路，并按图12-8连接控制电路。

2）设置 Pr.79＝2（固定为外部运行模式），Pr.178＝60，Pr.179＝61，左右旋转频率设定电位器至中间值附近位置。用端子 STF（STR）_ SD 发出起动指令，通过外接的频率设定电位器调节电动机的运行速度，观察电动机的运行情况。

3）设置 Pr.79＝3（外部/PU 组合运行模式1），Pr.178＝60，Pr.179＝61。用端子 STF（STR）_ SD 发出起动指令，通过操作面板上的 M 旋钮调节电动机的运行速度，观察电动机的运行情况。

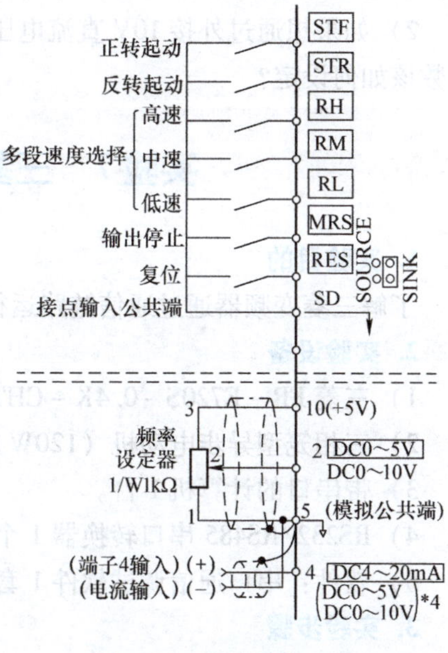

图12-8　控制电路连线

4）设置 Pr.79＝3（外部/PU 组合运行模式1），Pr.178＝60，Pr.179＝61，Pr.183＝25（MRS 端子功能变更为 STOP 信号）。起停信号端子连接如图12-9所示（3线式连接），通过端子 STF（STR）_ SD 短暂接通发出起动指令，观察电动机的运行情况，此时如果要停止变频器可通过将 STOP 信号切换至 OFF 使变频器减速停止。

设置 Pr.250＝8888，按图12-10所示的3线式结构连接起停信号端子，观察电动机的起停运行情况。

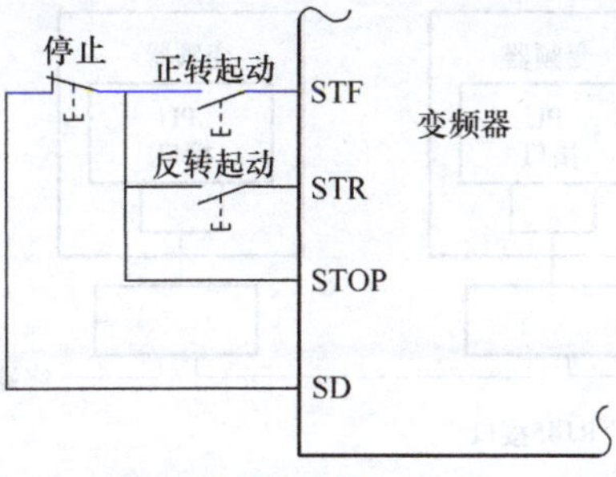

图12-9　3线式连接示例（Pr.250＝9999）

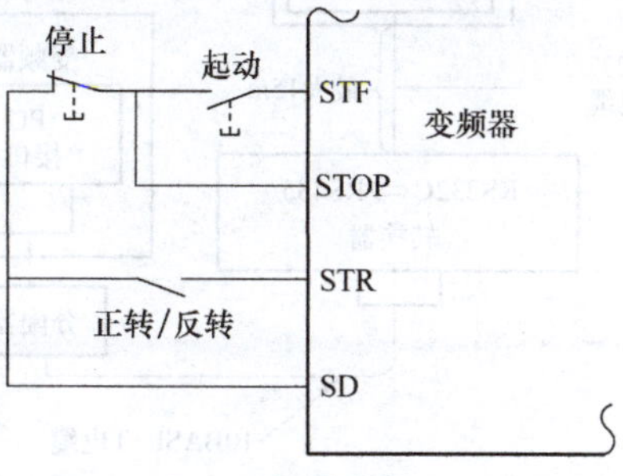

图12-10　3线式连接示例（Pr.250＝8888）

5）设置 Pr. 79 = 2（固定为外部运行模式），Pr. 178 = 60，Pr. 179 = 61，Pr. 183 = 24，设置 Pr. 4 ~ Pr. 6 为出厂默认值，Pr. 24 ~ Pr. 27 为 4 个不同的频率值，通过 RH、RM、RL 三个端子的接通组合，实现电动机的七段速运行。

6）继续设置 Pr. 183 = 8（MRS 端子功能变更为 REX 信号，15 速选择），设置 Pr. 232 ~ Pr. 239 为 8 个不同的频率值，通过 RH、RM、RL、REX 这 4 个端子的接通组合，实现电动机的十五段速运行。

7）测试多功能输入端子的其他功能。

4. 思考题

1）如果想通过操作面板上的“RUN”键控制电动机的起动，通过外接的频率设定电位器控制电动机的运行速度，相关参数该如何设定？

2）如果想通过外接 10V 直流电压表来指示电动机运行的电流，电路应如何连接？相关参数该如何设定？

实验 7　三菱变频器的通信控制实验

1. 实验目的

了解三菱变频器通过通信链路运行的原理和控制方法。

2. 实验设备

1）三菱 FR - E720S - 0. 4K - CHT 变频器 4 台。

2）三相笼型异步电动机（120W）4 台。

3）带串口的计算机 1 台。

4）RS232/RS485 串口转换器 1 个。

5）软件：串口通信调试软件 1 套。

3. 实验步骤

1）根据图 12-11，正确连接实验设备（如果没有三菱变频器配套的通信分配器，也可将 PU 通信口的 SDA 与 RDA 信号线短接，SDB 与 RDB 信号线短接，按普通 RS485 方式连线）。

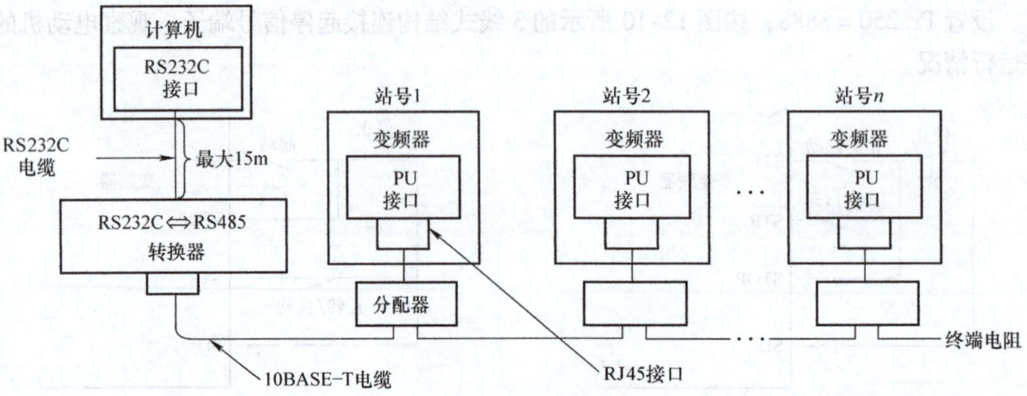

图 12-11　三菱变频器的通信控制实验连线

2）设置 Pr. 117 = （1，2，3，4），Pr. 118 = 96，Pr. 119 = 0，Pr. 120 = 2（偶校验），Pr. 121 = 9999，Pr. 122 = 9999，Pr. 123 = 9999，Pr. 124 = 0，Pr. 343 = 0，Pr. 549 = 0（选择三菱变频器通信协议）。

注意：每次修改通信参数前，需先将 Pr. 340 改为 0，断电，再上电，转到 PU 操作模式，然后修改通信参数，改完后再把 Pr. 340 设为 1，然后断电，再上电，此时新的通信设置才会有效。

3）打开串口通信调试软件，参考图 12-5，设置计算机侧的通信数据格式（对应于变频器的通信格式）。设定通信控制时的变频器运行频率（如 10.00Hz），在发送栏输入十六进制码 05 30 31 45 44 31 30 33 45 38 46 42，发送数据，记录回复数据并分析。

4）起动 1#电动机：在发送栏输入十六进制码 05 30 31 46 41 31 30 32，打开计算器，按三菱变频器协议格式计算校验码，加入发送栏，发送数据，观察电动机运行情况，记录回复数据并分析。

5）停止 1#电动机：在发送栏输入十六进制码 05 30 31 46 41 31 30 30，按三菱变频器协议格式计算校验码，加入发送栏，发送数据，观察电动机运行情况，记录回复数据并分析。

6）修改 1#电动机转速：先起动 1 号电动机，在发送栏输入十六进制码 05 30 31 45 44 31 30 37 44 30，计算校验码，加入发送栏，发送数据，观测电动机转速变化，记录回复数据并分析。

7）依次起停 2、3、4#电动机，并修改电动机转速。

8）修改 Pr. 549 = 1（选择 Modbus - RTU 通信协议），参考实验 4，通过 Modbus - RTU 协议控制各电动机的速度和运行状态。

4. 思考题

1）采用 Modbus - RTU 通信协议，如果要同时起动或停止多台电动机，应发送什么数据？

2）采用三菱变频器通信协议，如果想知道某台电动机的实际工作电流（如 2#电动机），应发送什么数据，可能的回复数据为什么？并分析数据含义。

实验 8　西门子变频器的面板操作实验

1. 实验目的

了解西门子 MM4 系列变频器操作面板的使用方法。

2. 实验设备

1）西门子 MM440 型变频器一台。

2）三相笼型异步电动机（120W）一台。

3. 实验步骤

1）按照图 12-12 正确连接实验设备。

2）设置参数 P0700 = 1、P1000 = 1，通过 BOP 面板来起动和停止电动机。

3）按起动键起动电动机，按停止键停止电动机。

4）按起动键起动电动机，按改变方向键改变电动机运行方向。

5）按增加数值键和减少数值键，改变输出频率和电动机转速。

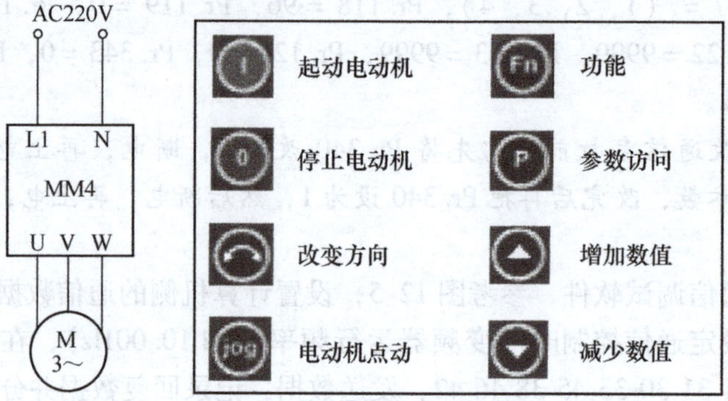

图 12-12　西门子变频器按键功能和主电路连线

6）按点动键，点动运行，观察输出频率。

7）按住点动键，点动运行，再按改变方向键，改变运行方向，再按改变方向键。

8）修改 P1120 和 P1121，观察加速减速时间变化。

9）修改 P1058 和 P1059，观察正、反向点动频率的变化。

4. 思考题

如何设置变频器的点动频率?

实验 9　西门子变频器的外部端子控制实验

1. 实验目的

了解西门子 MM4 系列变频器外部端子的使用方法。

2. 实验设备

1）西门子 MM440 型变频器一台。

2）三相笼型异步电动机（120W）一台。

3. 实验步骤

1）按照图 12-12 连接实验主电路，并按图 12-13 连接控制电路。

2）设置参数 P0700 = 2、P1000 = 1，通过 BOP 面板来改变输出频率。

3）设置参数 P0701 = 1（DIN1 设置为 ON/OFF1）。

4）设置参数 P0702 = 12（DIN2 设置为反转）。

5）连接 DIN1 和 24V，电动机正向运行，断开时，电动机停止。

6）连接 DIN1 和 24V，电动机正向运行；接通 DIN2 和 24V，电动机反转。

7）设置 P0010 = 1，起动变频器的快速调试方式，按快速调试的流程设置相关参数，并运行电动机。

8）设置 P0010 = 30、P0970 = 1，将变频器参数复位为出厂时的默认设置值。

9）设置 P0003 = 2、P0701 = 17、P0702 = 17、P0703 = 17；设置 P1001 ~ P1007 为 7 个不同的频率值，实验 MM440 型变频器的多段速频率运行方法。

10）P0701 ~ P0703 分别改为 15 或 16，观察运行效果。

4. 思考题

如何通过外部端子来选择 MM440 型变频器第 1 命令数据组和第 2 命令数据组?

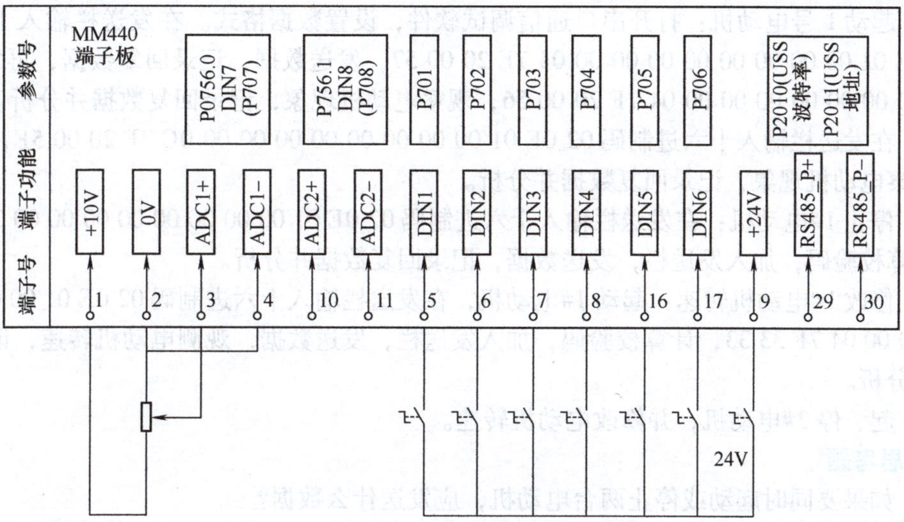

图 12-13　控制电路连线图

实验10　西门子变频器的 USS 控制原理实验

1. 实验目的

了解西门子变频器联网运行的原理和控制方法。

2. 实验设备

1）西门子 MM440 型变频器 2 台。

2）三相笼型异步电动机（120W）2 台。

3）带串口的计算机 1 台。

4）RS232/RS485 串口转换器 1 个。

5）软件：串口通信调试软件 1 套。

3. 实验步骤

1）根据图 12-14 正确连接实验设备。

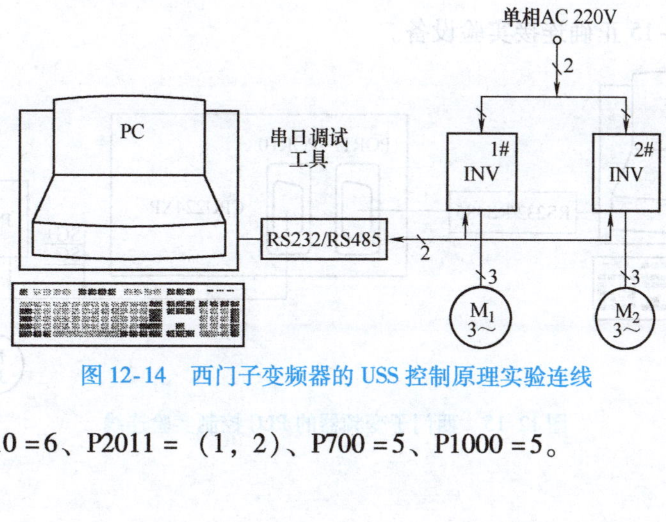

图 12-14　西门子变频器的 USS 控制原理实验连线

2）设置 P2010 =6、P2011 = （1，2）、P700 =5、P1000 =5。

3）起动1号电动机：打开串口通信调试软件，设置数据格式。在发送栏输入十六进制码02 0E 01 00 00 00 00 00 00 00 00 04 7E 20 00 57，发送数据，记录回复数据，再发02 0E 01 00 00 00 00 00 00 00 00 04 7F 20 00 56，观察电动机现象，记录回复数据并分析。

4）在发送栏输入十六进制码02 0E 01 00 00 00 00 00 00 00 00 0C 7F 20 00 5E，发送数据，观察电动机现象，记录回复数据并分析。

5）停止1#电动机：在发送栏输入十六进制码02 0E 01 00 00 00 00 00 00 00 00 04 7E 20 00，计算校验码，加入发送栏，发送数据，记录回复数据并分析。

6）修改1#电动机转速：起动1#电动机，在发送栏输入十六进制码02 0E 01 00 00 00 00 00 00 00 00 04 7F 33 33，计算校验码，加入发送栏，发送数据，观测电动机转速，记录回复数据并分析。

7）起、停2#电动机，并修改电动机转速。

4. 思考题

1）如果要同时起动或停止两台电动机，应发送什么数据？

2）如果想知道某台电动机的实际工作频率（如2#电动机），应发送什么数据，可能的回复数据是什么？并分析数据含义。

实验11　西门子变频器的PLC控制实验

1. 实验目的

了解西门子变频器通过PLC控制运行的原理和控制方法。

2. 实验设备

1）西门子MM440型变频器2台。

2）西门子PLC(型号:CPU224XP CN)1块。

3）三相笼型异步电动机（120W）2台。

4）带串口的计算机1台。

5）RS232/RS485串口转换器1个。

6）软件：STEP7-Micro/WIN（含USS协议库）1套。

7）RS485电缆1根。

3. 实验步骤

1）根据图12-15正确连接实验设备。

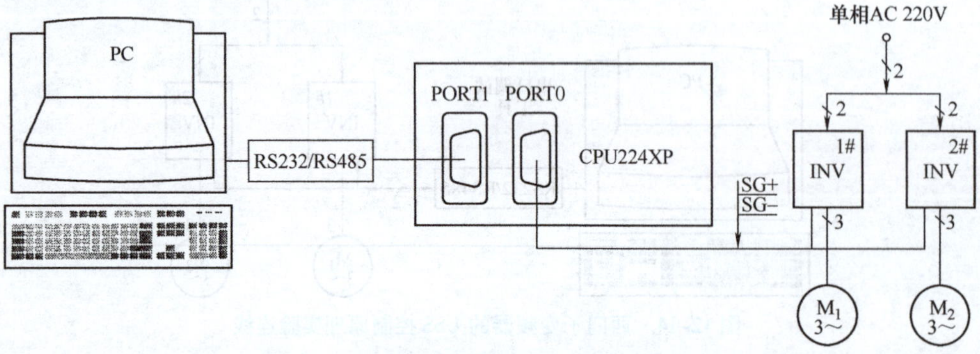

图12-15　西门子变频器的PLC控制实验连线

2）设置 P2010 = 6、P2011 = （1，2）、P0700 = 5、P1000 = 5。

3）设置 PLC 的 PORT0 地址为 0，PORT1 地址为 1。

4）编制调试 USS 通信程序，监控程序的执行状态。

5）起、停 1#电动机和 2#电动机，并改变电动机转速。

4. 思考题

1）如果要同时起动或停止两台电动机，程序应如何编写？

2）如果想知道某台电动机的实际工作频率（如 2#电动机），程序应如何编写？程序如何协调 USS 控制指令和 USS 读写指令间的关系？

实验 12 西门子变频器的 PROFIBUS – DP 总线控制实验

1. 实验目的

了解西门子 MM440 型变频器的 PROFIBUS – DP 总线使用方法。

2. 实验设备

1）西门子 MM440 型变频器一台，PROFIBUS – DP 通信板 1 块。

2）三相笼型异步电动机（220V、120W）1 台。

3）西门子 S7 – 300 PLC 系统 1 套（PLC 型号为 CPU315 – 2DP）。

3. 实验步骤

1）参考图 9-11 正确连接 PLC 系统和变频器。

2）设置变频器的 DP 通信参数如下：

① 设置变频器参数 P918 = 1（PROFIBUS – DP 地址为 1），DP 通信模块拨码开关均为 OFF，硬件地址为 0。

② 设置变频器参数 P700 = 6（变频器的命令源为 DP 通信）。

③ 设置变频器参数 P1000 = 6（变频器的频率源为 DP 通信）。

3）打开 SIMATIC manager 编程界面，参考图 9-13 进行硬件组态和参数配置。

4）设置 PLC 数据块 DP 读写区域，如图 12-16 所示。

地址	名称	类型	初始值	注释
0.0		STRUCT		
+0.0	PZD1_R	WORD	W#16#0	读取变频器运行状态
+2.0	PZD2_R	WORD	W#16#0	读取变频器实际输出频率
+4.0	PZD1_W	WORD	W#16#147E	写入变频器控制命令
+6.0	PZD2_W	WORD	W#16#0	写入变频器设定频率
=8.0		END_STRUCT		

图 12-16 PLC 数据块 DP 读写区域设置

5）利用“SFC14”读功能块和“SFC15”写功能块编写 DP 通信程序，参考程序如图 12-17 所示。

6）在线强制 M4.0 = 1，观察变频器运行情况。断开 M4.0，变频器停止运行。

7）将程序段 3 中的频率设定值 2000H 更改为 1000H，下载 OB1 至 PLC，接通 M4.0 观察变频器输出频率。

8）将频率设定值更改为变量 MW10，使用变量表，改写 MW10 参数，观察变频器运行情况。

4. 思考题

1）通过 DP 通信如何实现变频器的点动控制功能？控制字如何设置？

2）如何使用 PLC 的开关量输入端子模拟电动电位器的调节方式来修改变频器的设定频率？

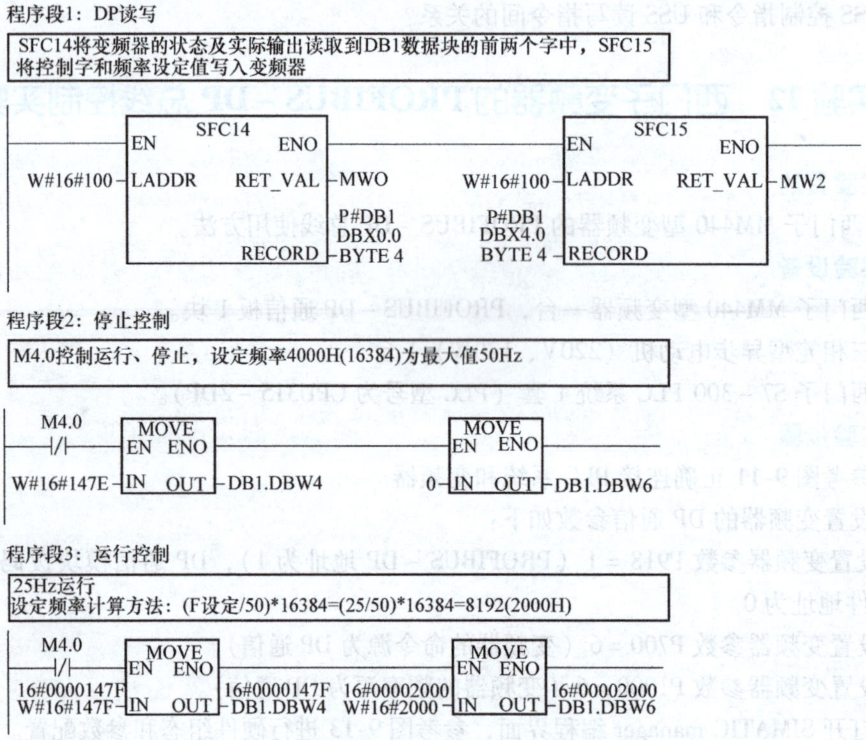

图 12-17　变频器的 DP 通信控制参考程序

实验 13　西门子变频器的组态软件控制实验

1. 实验目的

了解使用组态软件控制西门子变频器运行的原理和方法。

2. 实验设备

1）西门子 MM440 型变频器 1 台。

2）三相笼型异步电动机（120W）1 台。

3）带串口的计算机 1 台。

4）西门子 PPI 电缆 1 根。

5）RS485 通信电缆 1 根。

6）软件：力控组态软件6.0和STEP7-Micro/WIN各1套。

7）S7-200PLC（CPU224XP）一台。

3. 实验步骤

1）根据图12-18正确连接实验设备。

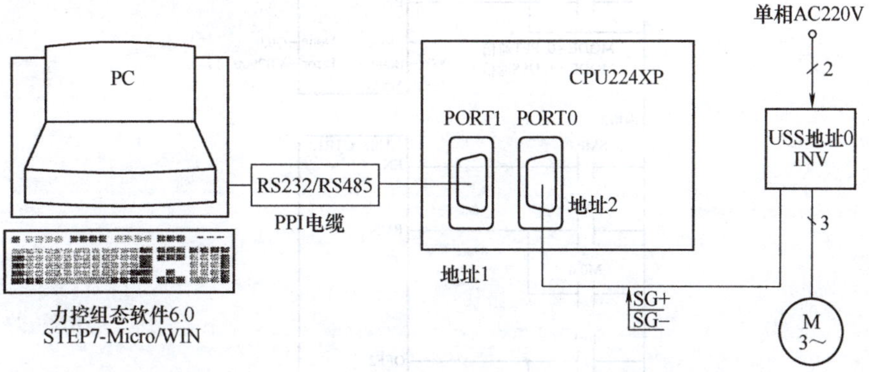

图12-18 西门子变频器的组态软件控制实验连线

2）设置P2010=6、P2011=0、P0700=5、P1000=5。

3）打开STEP7-Micro/WIN，按图12-19设置PLC的通信接口，编辑PLC程序，详细程序如图12-20所示。

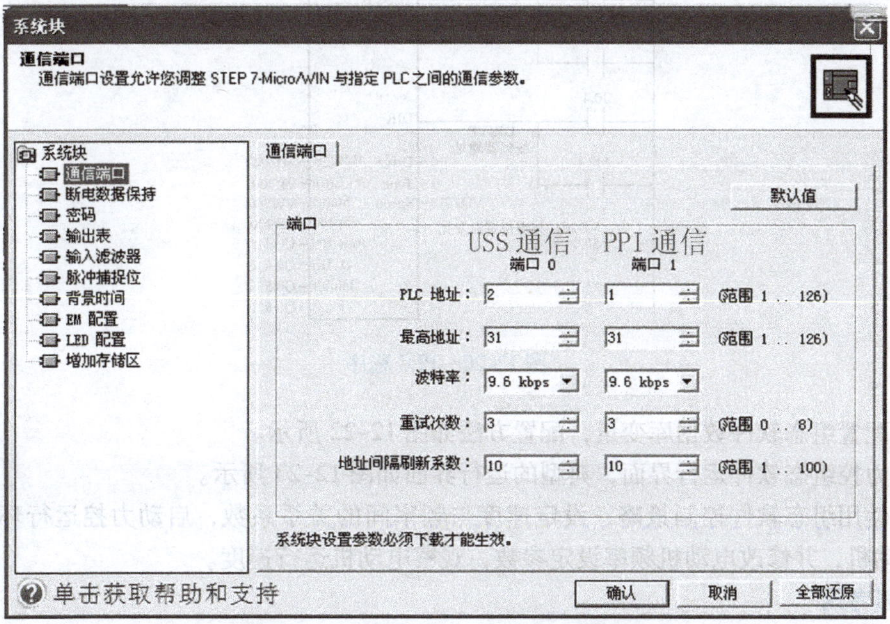

图12-19 西门子PLC通信端口设置

4）打开力控组态软件开发环境，设置PLC和组态软件通信方式，设置方法如图12-21所示。

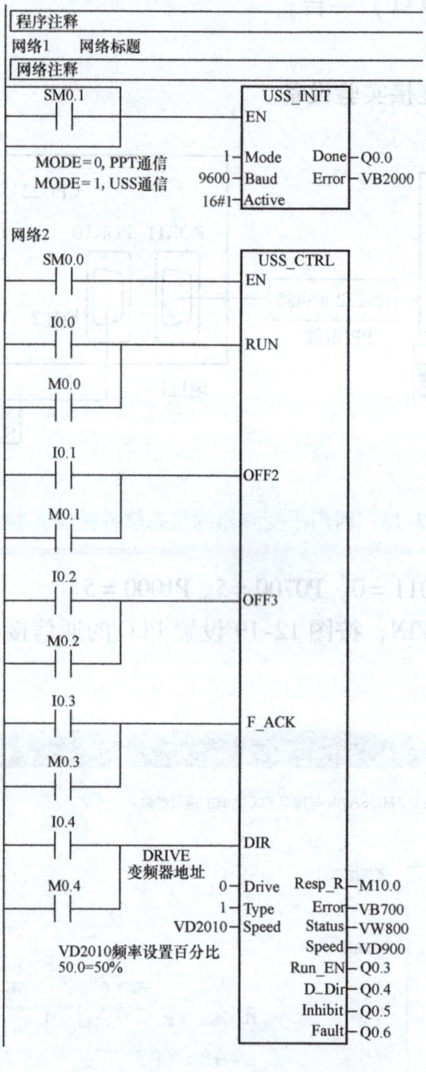

图 12-20 PLC 程序

5）配置组态软件数据库变量，配置方法如图 12-22 所示。

6）力控组态软件运行界面，典型的运行界面如图 12-23 所示。

7）使用组态软件控制策略，设定速度与频率间的关系系数，启动力控运行环境，起、停 0#电动机，并修改电动机频率设定参数，观察电动机运行速度。

4. 思考题

1）如果要在组态界面上显示电动机的实际运行电流，应如何编制 PLC 程序？运行界面如何组态？

2）如果实验过程中发现电动机的实际转速与运行界面显示的转速有偏差，应如何调整？

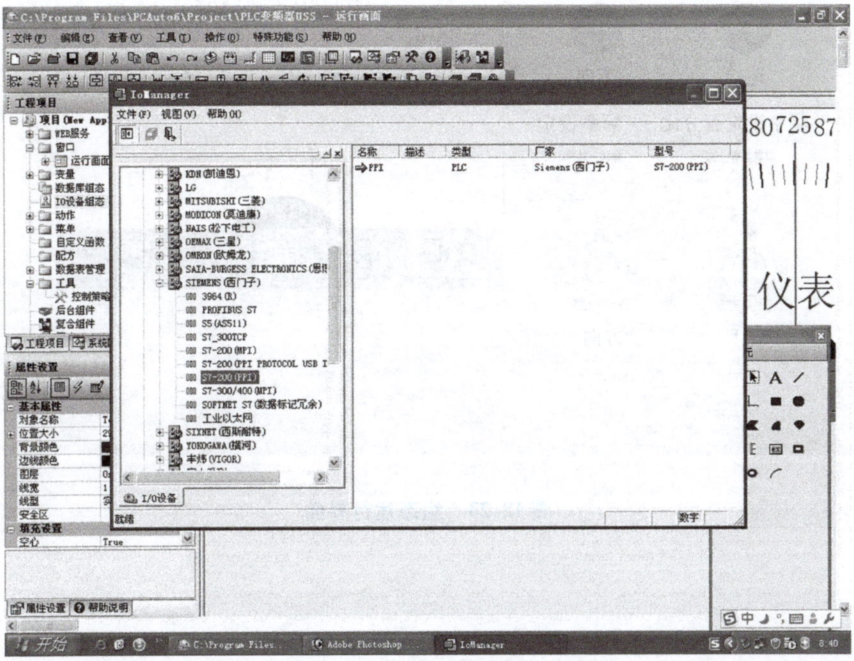

图 12-21　力控组态软件通信配置

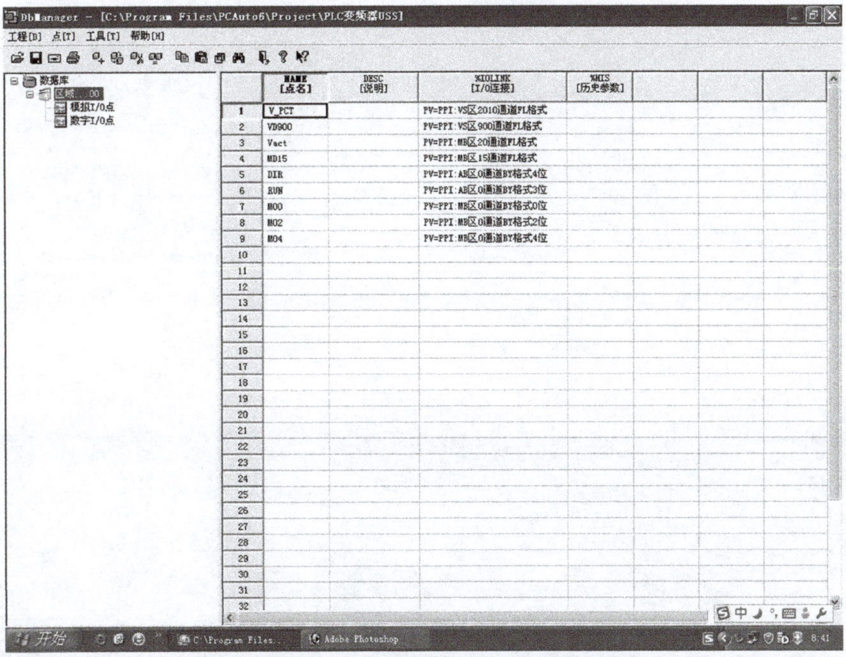

图 12-22　力控组态软件数据库变量配置

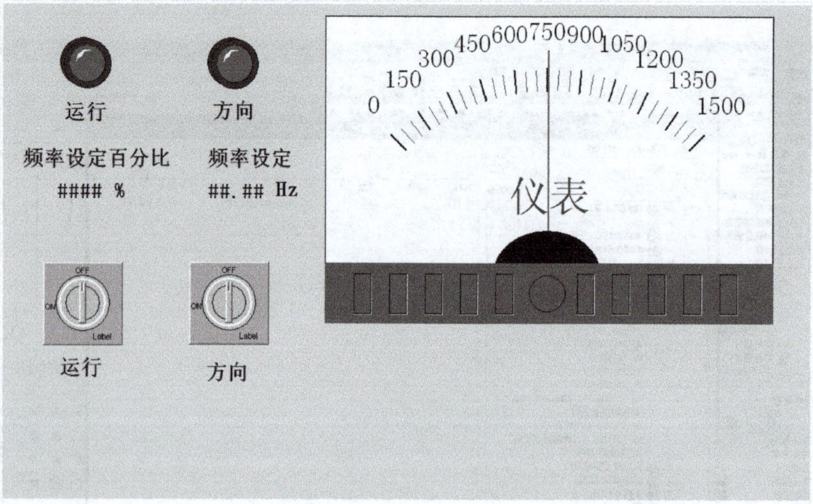

图 12-23　组态运行界面

附　录

附录 A　台达 VFD-M 变频器参数功能一览表

参数码	参 数 功 能	设 定 范 围	出厂值	客户
〃P00	主频率输入来源设定	00：主频率输入由数字操作器控制 01：主频率输入由模拟信号 0～10V 输入（AVI） 02：主频率输入由模拟信号 4～20mA 输入（ACI） 03：主频率输入由通信输入（RS485） 04：主频率输入由数字操作器上的旋钮控制	00	
〃P01	运行信号来源设定	00：运转指令由数字操作器控制 01：运转指令由外部端子控制，键盘 STOP 键有效 02：运转指令由外部端子控制，键盘 STOP 键无效 03：运转指令由通信输入控制，键盘 STOP 键有效 04：运转指令由通信输入控制，键盘 STOP 键无效	00	
P02	电动机停车方式设定	00：以减速制动方式停止 01：以自由运行方式停止	00	
P03	最高操作频率选择	50.00～400.0Hz	60.00	
P04	最大电压频率选择	10.00～400.0Hz	60.00	
P05	最高输出电压选择	115V/230V：0.1～255.0V 460V：0.1～510.0V 575V：0.1～637.0V	220.0 440.0 575.0	
P06	中间频率选择	0.10～400.0Hz	1.50	
P07	中间电压选择	115V/230V：0.1～255.0V 460V：0.1～510.0V 575V：0.1～637.0V	10.0 20.0 26.1	
P08	最低输出频率选择	0.10～20.00Hz	1.50	
P09	最低输出电压选择	115V/230V：0.1～255.0V 460V：0.1～510.0V 575V：0.1～637.0V	10.0 20.0 26.1	
〃P10	第一加速时间选择	0.1～600.0s 或 0.01～600.0s	10.0	
〃P11	第一减速时间选择	0.1～600.0s 或 0.01～600.0s	10.0	
〃P12	第二加速时间选择	0.1～600.0s 或 0.01～600.0s	10.0	
〃P13	第二减速时间选择	0.1～600.0s 或 0.01～600.0s	10.0	
P14	S 曲线加速设定	00～07	00	
〃P15	点动加减速时间设定	0.1～600.0s 或 0.01～600.0s	1.0	
〃P16	点动运行频率设定	0.00～400.0Hz	6.00	
〃P17	第一段频率设定	0.00～400.0Hz	0.00	
〃P18	第二段频率设定	0.00～400.0Hz	0.00	
〃P19	第三段频率设定	0.00～400.0Hz	0.00	

（续）

参数码	参 数 功 能	设 定 范 围	出厂值	客户
⫽ P20	第四段频率设定	0.00～400.0Hz	0.00	
⫽ P21	第五段频率设定	0.00～400.0Hz	0.00	
⫽ P22	第六段频率设定	0.00～400.0Hz	0.00	
⫽ P23	第七段频率设定	0.00～400.0Hz	0.00	
P24	禁止反转功能设定	00：可反转 01：禁止反转	00	
P25	电动机失速防止功能选择	00：过电压失速防止功能无效 115V/230V：DC330～450V 460V：DC660～900V 575V：DC825～1025V	 390 780 975	
P26	加速中过电流门限设定	00：此功能无效 20%～200%	150	
P27	运行中过电流门限设定	00：此功能无效 20%～200%	150	
P28	直流制动电流准位设定	0.0～100%	00	
P29	起动时直流制动时间设定	0.0～5.0s	0.0	
P30	停止时直流制动时间设定	0.0～25.0s	0.0	
P31	停止时直流制动起始频率	0.00～60.00Hz	0.00	
P32	瞬时停电运行选择	00：瞬时停电后，不继续运行 01：瞬时停电继续运行，由停电前速度往下追踪 02：瞬时停电继续运行，由最小起始速度往上追踪	00	
P33	允许停电之最大时间	0.3～5.0s	2.0	
P34	速度追踪时间设定	0.3～5.0s	0.5	
P35	速度追踪最大电流设定	30%～200%	150	
P36	输出频率上限设定	0.10～400.0Hz	400.0	
P37	输出频率下限设定	0.00～400.0Hz	0.00	
P38	多功能输入端子（M0、M1）功能选择	00　M0：正转/停止；M1：反转/停止 01　M0：运行/停止；M1：反转/正转 02　M0、M1、M2：三线式运行控制	00	
P39	多功能输入端子（M2）功能选择	00：无功能 01：运行许可（N.C.） 02：运行许可（N.O.） 03：E.F. 外部异常输入（N.O） 04：E.F. 外部异常输入（N.C） 05：RESET 指令（N.O.） 06：多段速指令一 07：多段速指令二 08：多段速指令三 09：寸动运转 10：加减速禁止指令 11：第一、二加减速时间切换 12：B.B. 外部中断（N.O） 13：B.B. 外部中断（N.C） 14：Up 频率递增指令 15：Down 频率递减指令 16：AUTO RUN 可程序自动运行 17：PAUSE 暂停自动运行 18：计数器触发信号输入	05	
P40	多功能输入端子（M3）功能选择		06	
P41	多功能输入端子（M4）功能选择		07	
P42	多功能输入端子（M5）功能选择		08	

（续）

参数码	参数功能	设定范围	出厂值	客户
P42	多功能输入端子（M5）功能选择	19：清除计数器 20：无功能 21：RESET 清除指令（N. C） 22：强制运行命令来源为外部端子 23：强制运行指令来源为数字操作器 24：强制运行指令来源为通信端子 25：参数锁定 26：PID 功能失效（N. O） 27：PID 功能失效（N. C） 28：开启第二频率设定来源 29：强制正转（接点 Open）/反转（Close） 30：PLC 单击自动运行 31：简易定位零点位置信号输入 32：虚拟计数器输入功能	08	
〆P43	模拟输出信号设定	00：模拟频率计（0 到［最高操作频率］） 01：模拟电流计（0 到 250% 额定电流） 02：反馈信号输出（0～100%） 03：输出功率（0～100%）	00	
〆P44	模拟输出增益设定	00～200%	100	
P45	多功能输出端子（MO1）	00：运行中指示	00	
P46	多功能输出 RELAY 接点	01：设定频率到达指示 02：零速中指令 03：过转矩指示 04：外部中断指示(B. B.) 05：低电压检出指示 06：交流电动机驱动器操作模式指示 07：故障指示 08：任意频率到达指示 09：程序运转中指示 10：一个阶段运行完成指示 11：程序运行完成指示 12：程序运行暂停指示 13：设定计数值到达指示 14：指定计数值到达指示 15：警告（PID 反馈信号异常 FbE，通信异常 Cexx） 16：小于任意频率到达指示 17：PID 偏差量超出设定范围 18：OV 前警告 19：OH 前警告 20：OC 失速警告 21：OV 失速警告 22：Forward 命令指示 23：Reverse 命令指示 24：零速（包含停机状态）	07	

（续）

参数码	参 数 功 能	设 定 范 围	出厂值	客户
P47	任意到达频率设定	0.00～400.0Hz	0.00	
〆P48	外部输入频率偏压调整	0.00～200.0Hz	0.00	
〆P49	外部输入频率偏压方向调整	00：正方向 01：负方向	00	
〆P50	外部输入频率增益调整	0.1%～200.0%	100.0	
P51	负偏压方向时为反转设定	00：负偏压不反转 01：负偏压可反转	00	
〆P52	电动机额定电流设定	30%～120.0%额定电流（显示单位为A）	FLA	
〆P53	电动机无载电流设定	0.0～99%额定电流（显示单位为A）	0.4FLA	
〆P54	自动转矩补偿增益	00～10	00	
〆P55	转差补偿增益	0.00～10.00	0.00	
P56	保留			
P57	交流电动机驱动器额定电流显示	只读		
P58	电子式热继电器动作模式选择	00：以标准型电动机动作 01：以特殊电动机动作 02：不动作	02	
〆P59	电子式热继电器动作时间设定	30～300s	60	
P60	过转矩检出功能选择	00：过转矩不检测 01：定速运行中过转矩侦测，过转矩检出后（OL2）继续运转 02：定速运行中过转矩侦测，过转矩检出后（OL2）停止运转 03：运行中过转矩侦测，过转矩检出后（OL2）继续运转 04：运行中过转矩侦测，过转矩检出后（OL2）停止运转	00	
P61	过转矩检出位准	30%～200%	150	
P62	过转矩检出时间	0.0～10s	0.1	
P63	ACI断线处理	00：减速至0Hz 01：立即停止显示EF 02：以最后频率运行	00	
〆P64	开机显示画面选择	00：显示实际运行频率（H） 01：显示物理量为输出频率H×P65 02：显示输出电压（E） 03：显示主回路直流电压（*U*） 04：显示PV值 05：显示计数值（c） 06：显示设定频率（F） 07：显示参数设定画面（P） 08：保留	06	

（续）

参数码	参数功能	设定范围	出厂值	客户
〆P64	开机显示画面选择	09：显示电动机运行电流（A） 10：显示程序运行，或是（FWD，REV）	06	
〆P65	比例常数设定	0.01～160.0	1.00	
〆P66	通信主频设定	0.00～400.0Hz	0.00	
P67	禁止设定频率一	0.00～400.0Hz	0.00	
P68	禁止设定频率二	0.00～400.0Hz	0.00	
P69	禁止设定频率三	0.00～400.0Hz	0.00	
P70	禁止频率宽度设定	0.10～20.00Hz	0.00	
P71	载波频率设定	115/230/460V：01～15；f_c＝1～15kHz 575V：01～10；f_c＝1～10kHz	15 6	
P72	异常后，自动重置/起动次数设定	00～10	00	
P73	最近第一次异常记录	00：无异常记录 01：过电流（OC） 02：过电压（OV） 03：过热（OH） 04：过负载（OL） 05：过负载1（OL1） 06：外部异常（EF） 07：CPU写入异常1（CF1） 08：CPU读出异常3（CF3） 09：控制器保护电路异常（HPF） 10：加速中电流值超过额定电流值两倍（OCA） 11：减速中电流值超过额定电流值两倍（OCD） 12：定速中电流值超过额定电流值两倍（OCN） 13：接地保护或熔丝熔断（GFF） 14：低电压（不记录） 15：电源输入缺相 16：CPU异常（CF2） 17：外部中断允许 18：过负载（OL2） 19：自动调适加减速失败（CFA） 20：软件保护启动（CODE）	00	
P74	最近第二次异常记录		00	
P75	最近第三次异常记录		00	
P76	参数锁定/重置设定	00：所有的参数值设定可读/写模式 01：所有的参数设定为只读模式 08：键盘锁定 09：所有的参数值重置为50Hz的出厂设定值 10：所有的参数值重置为60Hz的出厂设定值	00	
P77	异常再起动次数自动复归时间	0.1～6000.0s	60.0	

（续）

参数码	参 数 功 能	设 定 范 围	出厂值	客户
P78	程序运行模式选择	00：自动运行模式取消 01：自动运行一个周期后停止 02：自动运行循环运行 03：自动运行一个周期后停止（STOP 间隔） 04：自动运行循环运行（STOP 间隔）	00	
P79	程序运行方向设定	00～127	00	
P80	变频器机种设定	00：VFD004M21A/21B/23A（230V1φ/3φ0.5hp） 01：VFD004M43B（460V3φ0.5hp） 02：VFD007M21A/21B/23A（230V1φ/3φ1.0hp） 03：VFD007M43B（460V3φ1.0hp） 04：VFD015M21A/21B/23A（230V1φ/3φ2.0hp） 05：VFD015M43B（460V3φ2.0hp） 06：VFD022M21A/21B/23A（230V1φ/3φ3.0hp） 07：VFD022M43B（460V3φ3.0hp） 08：VFD037M23A（230V3φ5.0hp） 09：VFD037M43A（460V3φ5.0hp） 10：VFD055M23A（230V3φ7.5hp） 11：VFD055M43A（460V3φ7.5hp） 13：VFD075M43A（460V3φ10hp） 20：VFD002M11A（115V1φ0.25hp） 22：VFD004M11A（115V3φ0.5hp） 24：VFD007M11A（115V3φ1.0hp） 50：VFD007M53A（575V3φ1.0hp） 51：VFD015M53A（575V3φ2.0hp） 52：VFD022M53A（575V3φ3.0hp） 53：VFD037M53A（575V3φ5.0hp） 54：VFD055M53A（575V3φ7.5hp） 55：VFD075M53A（575V3φ10hp）	##	
P81	第一段运行时间设定	00～9999	00	
P82	第二段运行时间设定	00～9999	00	
P83	第三段运行时间设定	00～9999	00	
P84	第四段运行时间设定	00～9999	00	
P85	第五段运行时间设定	00～9999	00	
P86	第六段运行时间设定	00～9999	00	
P87	第七段运行时间设定	00～9999	00	
P88	RS485 通信地址	01～254	01	
P89	数据传输速度	00：数据传输速度，4800bit/s 01：数据传输速度，9600bit/s 02：数据传输速度，19200bit/s 03：数据传输速度，38400bit/s	01	

（续）

参数码	参 数 功 能	设 定 范 围	出厂值	客户
P90	传输错误处理，停车方式	00：警告并继续运行 01：警告并减速停车 02：警告并自由停车 03：不警告继续运行	03	
P91	传输超时检出	0.0：无传输超时检出 0.1～120.0s	0.0	
P92	通信数据格式	00：MODBUS ASCⅡ模式，数据格式<7，N，2> 01：MODBUS ASCⅡ模式，数据格式<7，E，1> 02：MODBUS ASCⅡ模式，数据格式<7，O，1> 03：MODBUS RTU 模式，数据格式<8，N，2> 04：MODBUS RTU 模式，数据格式<8，E，1> 05：MODBUS RTU 模式，数据格式<8，O，1>	0.0	
P93	一、二加速时间自动切换频率点设定	0.0：此功能无效 0.0～400.0Hz	0.00	
P94	一、二减速时间自动切换频率点设定	0.0：此功能无效 0.0～400.0Hz	0.00	
P95	自动省电运行功能设定	00：自动省电运行功能失效 01：开启自动省电运行功能	00	
P96	设定计数值到达设定	00～9999	00	
P97	指定计数值到达设定	00～9999	00	
P98	累计开机时间（天数）	仅供读取	##	
P99	累计开机时间（分钟）	仅供读取	##	
P100	软件版本	仅供读取	##	
P101	自动调适加减速	00：直线加速、减速 01：自动加速，直线减速 02：直线加速，自动减速 03：自动加速、减速 04：直线加/减速，减速时失速防止	00	
P102	自动稳压输出调整（AVR）	00：自动稳压调整功能开启 01：关闭自动稳压调整功能 02：停止时关闭自动稳压调整功能 03：减速时关闭自动稳压调整功能	00	
P103	电动机参数量测	00：无量测功能 01：量测电动机一次电阻 02：量测电动机一次电阻与无载测试	00	
P104	电动机一次电阻	00～65535	00	
P105	控制模式	00：*U/f* 控制 01：矢量控制	00	
P106	电动机额定转差	0.00～10.00Hz	3.00	
P107	矢量控制电压命令滤波器	5～9999	10	
P108	矢量控制转差补偿滤波器	25～9999	50	

（续）

参数码	参数功能	设定范围	出厂值	客户
P109	零速控制功能选择	00：无输出等待中 01：以直流电压控制	00	
P110	零速控制时之电压命令	0.0～20.0%	5.0	
P111	S曲线减速设定	00～07	00	
P112	外部端子扫描时间设定	01～20	01	
P113	异常再起动方式选择	00：无速度追踪从0Hz起动 01：从异常频率往下追踪 02：从最低频率往上追踪	01	
P114	冷却风扇起动方式选择	00：变频器RUN风扇运转，风扇于停机1min后关闭 01：变频器RUN风扇运转，变频器STOP风扇停止 02：始终运转 03：保留	02	
P115	PID参考目标来源选择	00：无PID功能 01：数字操作器 02：AVI（0～10V） 03：4～20mA（ACI） 04：PID设定地址（参考P125）	00	
P116	PID回授目标来源选择	00：正反馈0～10V（AVI） 01：负反馈0～10V（AVI） 02：正反馈4～20mA（ACI） 03：负反馈4～20mA（ACI）	00	
P117	比例值（P）增益	0.0～10.0	1.0	
P118	积分时间（I）	0.00～100.0s	1.00	
P119	微分时间（D）	0.00～1.00s	0.00	
P120	积分上限值	00～100%	100	
P121	PID一次延迟	0.0～2.5s	0.0	
P122	PID控制，输出频率限制	0.0～110%	100	
P123	回授信号异常侦测时间	00：不侦测 0.1～3600s	60.0	
P124	PID回授信号错误处理方式	00：警告并减速停车 01：警告并继续运行	00	
P125	PID参考值设定地址	0.0～400.0Hz(100%)	0.00	
P126	PID偏差量准位	1.0%～50.0%	10.0	
P127	PID偏差量检测时间	0.1～300.0s	5.0	
P128	最小频率对应AVI输入电压值	0.0～10.0V	0.0	

（续）

参数码	参 数 功 能	设 定 范 围	出厂值	客户
P129	最大频率对应 AVI 输入电压值	0.0～10.0V	10.0	
P130	反向 AVI	00：无反向 01：反向	00	
P131	最小频率对应 ACI 输入电流值(0～20mA)	0.0～20.0mA	4.0	
P132	最大频率对应 ACI 输入电流值	0.0～20.0mA	20.0	
P133	反向 ACI	00：无反向 01：反向	00	
P134	模拟输入之数字滤波器	00～9999	50	
P135	模拟回授之数字滤波器	00～9999	5	
P136	睡眠时间	0.0～6550.0s	0.0	
P137	睡眠频率	0.0～400.0Hz	0.00	
P138	苏醒频率	0.0～400.0Hz	0.00	
P139	计数器到达后处理方式	00：继续运行 01：自由运行停车并显示 E.F.	00	
P140	外部 Up/Down 加减模式	00：依固定模式(如数字操作器) 01：依加减速时间	00	
P141	储存设定频率选择	00：不记忆关电前的频率 01：记忆关电前的频率 02：保留	01	
P142	第二频率指令来源设定	00：主频率输入由数字操作器控制 01：主频率输入由模拟信号 DC0～10V 控制 02：主频率输入由模拟信号 DC4～20mA 控制 03：主频率输入由串行通信控制(RS485) 04：数字操作器(LC-M2E)上所附的 V.R. 控制	00	
P143	DC-bus 制动准位	115V/230V：DC370～450V 460V：DC740～900V 570V：DC925～1075V	380.0 760.0 950.0	
P144	累计运行时间(天数)	仅供读取	##	
P145	累计运行时间(分钟)	仅供读取	##	
P146	电源起动运行锁定	00：可运行 01：不可运行	00	
P147	加减速单位时间选择	00：加减速单位为一个小数点 01：加减速单位为二个小数点	00	
P148	电动机极数	02～20	04	
P149	电动机的减速比	04～1000	200	
P150	自动定位角度设定	0.0～360.0	180.0	
P151	自动定位减速时间	0.00 自动定位功能失效 0.01～100.00s	0.00	

（续）

参数码	参 数 功 能	设 定 范 围	出厂值	客户
P152	扰动跳跃频率	0.00～400.0Hz	0.00	
P153	扰动频率宽度	0.00～400.0Hz	0.00	
P154	保留			
⚡P155	振荡补偿系数	0.0～5.0(0.0为不动作)	0.0	
⚡P156	通信回应延迟时间	0～200(×500μs)	0	
⚡P157	通信模式选择	00：Delta ASCII 01：MODBUS	01	

注：表中⚡表示可在运行中执行设定功能。

附录B　台达VFD-M变频器通信协议的参数地址定义一览表

定　义	参数地址	功能说明	
驱动器内部设定参数	00nnH	nn表示参数号码。例如：P100由0064H来表示	
对驱动器的命令	2000H	Bit0～1	00B：无功能
			01B：停止
			10B：起动
			11B：JOG起动
		Bit2～3	保留
		Bit4～5	00B：无功能
			01B：正方向指令
			10B：反方向指令
			11B：改变方向指令
		Bit6～15	保留
	2001H	频率命令	
对驱动器的命令	2002H	Bit0	1：E.F.ON
		Bit1	1：Reset指令
		Bit2～15	保留
监视驱动器状态	2100H	错误码(Error code)：	
		00：无异常	
		01：过电流OC	
		02：过电压OV	
		03：过热OH	
		04：驱动器过负载OL	
		05：电动机过负载OL1	
		06：外部异常EF	
		07：CPU写入有问题CF1	

（续）

定 义	参数地址	功 能 说 明	
监视驱动器状态	2100H	08：CPU 或模拟电路有问题 CF3	
		09：硬件数字保护电路有问题 HPF	
		10：加速中过电流 OCA	
		11：减速中过电流 OCD	
		12：恒速中过电流 OCN	
		13：对地短路 GFF	
		14：低电压 LV	
		15：保留	
		16：CPU 读出有问题 CF2	
		17：b. b.（外部中断允许）	
		18：过转矩 OL2	
		19：不适用自动加减速设定 CFA	
		20：软件密码保护 CODE	
	2101H	Bit 0 ~ 4	LED 状态 0：暗，1：亮
			RUN STOP JOG FWD REV
			BIT0 1 2 3 4
		Bit 5，6，7	保留
		Bit 8	1：主频率来源由通信输入
		Bit 9	1：主频率来源由模拟信号输入
		Bit 10	1：运转指令由通信输入
		Bit 11	1：参数锁定
		Bit 12	0：停机，1：运转中
		Bit 13	1：有 JOG 指令
		Bit 14 ~ 15	保留
	2102H	频率指令（F）（小数二位）	
	2103H	输出频率（H）（小数二位）	
	2104H	输出电流（A）（小数一位）	
	2105H	DC-BUS 电压（U）（小数一位）	
	2106H	输出电压（E）（小数一位）	
	2107H	多段速指令目前执行的段速（step）	
	2108H	程序运行该段速剩余时间（sec）	
	2109H	外部 TRIGER 的内容值（count）	
	210AH	功率因数角度对应值（小数一位）	
	210BH	P65 × H 的 Low Word（小数二位）	
	210CH	P65 × H 的 High Word	
	210DH	变频器温度（小数一位）	
	210EH	PID 反馈信号（小数二位）	
	210FH	PID 目标值（小数二位）	
	2110H	变频器机种识别	

注：因软件原因，表中部分物理量所用字母与 GB/T 3102.1 ~ 8—1993 不完全一样，请注意！

附录C　台达 VFD-M 变频器故障显示符号含义及故障处置方法一览表

显示符号	异常现象说明	处置方法
oc	变频器侦测输出侧有异常突增的过电流产生	① 检查电动机输出功率与变频器输出功率是否相符合 ② 检查变频器与电动机间的连线是否有短路现象 ③ 增大加速时间(P10,12) ④ 检查电动机是否有超额负载
ou	变频器侦测内部直流高压侧有过电压现象产生	检查输入电压是否在变频器额定输入电压范围内，并监测是否有突波电压产生。由于电动机惯量回升电压，造成变频器内部直流高压侧电压过高，此时可增加减速时间或加装制动电阻(选用)
oH	变频器侦测内部温度过高，超过保护位准	① 检查环境温度是否过高 ② 检查进出风口是否堵塞 ③ 检查散热片是否有异物 ④ 检查变频器通风空间是否足够
Lu	变频器侦测内部直流高压侧电压过低	检查输入电源是否正常
oL	变频器侦测输出超过可承受的电流耐量150%的变频器额定电流，可承受60s	① 检查电动机是否过载 ② 减低P54转矩提升设定值 ③ 增加变频器输出容量
oL1	① 内部电子式热继电器保护：电动机负载过大 ② 检查P52电动机额定电流值是否适当	① 检查电动机是否过载 ② 检查电子式热继电器功能设定 ③ 增加电动机容量
oL2	① 电动机负载太大 ② 检查参数P60～62设定值	① 检查电动机负载是否过大 ② 检查过转矩检出位准设定值
ocA	加速中过电流： ① 电动机输出侧短路 ② 转矩提升过高 ③ 加速时间太短 ④ 变频器输出容量太小	① 输出连线是否绝缘不良 ② 增加减速时间 ③ 减低P54转矩提升设定值 ④ 更换较大输出容量之变频器
ocd	减速中过电流： ① 电动机输出侧短路 ② 减速时间太短 ③ 变频器输出容量太小	① 输出连线是否绝缘不良 ② 增加减速时间 ③ 更换较大输出容量之变频器
ocn	运行中过电流： ① 电动机输出侧短路 ② 电动机负载突增 ③ 变频器输出容量太小	① 输出连线是否绝缘不良 ② 检查电动机是否堵转 ③ 更换较大输出容量之变频器
EF	外部端子异常闭合	当多功能输入端子M1～M5-GND(当设定外部异常功能)闭合时，变频器停止输出

（续）

显示符号	异常现象说明	处置方法
cF1	内部记忆体 IC 资料写入异常	检查输入电源电压正常后重新开机
cF2	内部记忆体 IC 资料读出异常	① 检查变频器内部电源板与控制板的连接器是否接合完整 ② 按下“RESET”键并将内部参数重置为出厂设定值
cF3	变频器内部电路异常	检查输入电源电压，正常后重新开机
GFF	接地保护或熔丝故障： ① 接地保护：变频器有异常输出现象。输出端接地（接地电流高于变频器额定电流的 50% 以上时），功率模块可能已经损坏。此保护系针对变频器而非人体 ② 熔丝故障：由主电路板的 LED 指示灯显示熔丝是否故障	接地保护： ① 确定 IGBT 功率模块是否损坏 ② 检查输出侧接线是否绝缘不良 熔丝故障： ① 更换熔丝 ② 确定 IGBT 功率模块是否损坏 ③ 检查输出侧接线是否绝缘不良
bb	① 外部 BB 产生 ② 变频器停止输出	当多功能输入端子 M1-M5-GND（当设定此功能）闭合时，变频器停止输出
cFA	自动加减速模式失败	变频器与电动机匹配是否恰当： ① 负载回升惯量过大 ② 负载变化过于急骤

附录 D　三菱 FR－E700 型变频器异常显示一览表

	操作面板显示		名称
错误信息	E- - -	E－－－	报警历史
错误信息	HOLd	HOLD	操作面板锁定
错误信息	Er1～Er4	Er1～4	参数写入错误
错误信息	Err.	Err.	变频器复位中
报警	OL	OL	失速防止（过电流）
报警	oL	oL	失速防止（过电压）
报警	rb	RB	再生制动预报警
报警	TH	TH	电子过电流保护预报警
报警	PS	PS	PU 停止
报警	MT	MT	维护信号输出
报警	Uv	UV	电压不足

	操作面板显示		名称
轻故障	Fn	FN	风扇故障
重故障	E.OC1	E. OC1	加速时过电流切断
重故障	E.OC2	E. OC2	恒速时过电流切断
重故障	E.OC3	E. OC3	减速、停止中过电流切断
重故障	E.Ov1	E. OV1	加速时再生过电压切断
重故障	E.Ov2	E. OV2	恒速时再生过电压切断
重故障	E.Ov3	E. OV3	减速、停止时再生过电压切断
重故障	E.THT	E. THT	变频器过载切断（电子过电流保护）
重故障	E.THM	E. THM	电机过载切断（电子过电流保护）
重故障	E.FIn	E. FIN	散热片过热

（续）

	操作面板显示		名称
重故障	E.ILF	E. ILF *	输入断相
	E.OLT	E. OLT	失速防止
	E. bE	E. BE	制动晶体管异常检测
	E. GF	E. GF	起动时输出侧接地过电流
	E. LF	E. LF	输出断相
	E.OHT	E. OHT	外部热敏继电器动作
	E.OP1	E. OP1	通信选件异常
	E.　1	E. 1	选件异常
	E. PE	E. PE	变频器参数存储器件异常
	E.PE2	E. PE2 *	内部基板异常
	E.PUE	E. PUE	PU 脱离
重故障	E.rET	E. RET	再试次数溢出
	E.　6/	E. 6/	CPU 错误
	E.　7/	E. 7/	
	E.CPU	E. CPU	
	E.1OH	E. 1OH *	浪涌电流抑制电路异常
	E.AIE	E. AIE *	模拟量输入异常
	E.USb	E. USB *	USB 通信异常
	E.Mb4 ~ E.Mb7	E. MB4 ~ E. MB7	制动器顺控错误
	E.　13	E. 13	内部电路异常

* 使用 FR－PU04－CH 时如果发生错误，会在 FR－PU04－CH 上显示“Error 14”。

附录 E　西门子 MM4 系列变频器故障显示符号含义及故障处置方法一览表

故障代码	故障成因分析	故障诊断及处理
F0001 过电流	电动机电缆过长 电动机绕组短路 输出接地 电动机堵转 变频器硬件故障 加速时间过短(P1120) 电动机参数不正确 起动提升电压过高(P1310) 矢量控制参数不正确	① 变频器上电报 F0001 故障且不能复位，请拆除电动机并将变频器参数恢复为出厂设定值，如果此故障依然出现，请联系西门子维修部门 ② 起动过程中出现 F0001，可以适当加大加速时间，减轻负载，同时检查电动机接线，检查机械制动是否打开 ③ 检查负载是否突然波动 ④ 用钳形电流表检查三相输出电流是否平衡 ⑤ 对于特殊电动机，需要确认电动机参数，并正确修改 *U/f* 曲线 ⑥ 变频器输出端安装了接触器时，检查是否在变频器运行中有通断动作 ⑦ 对于一台变频器拖动多台电动机的情况，确认电动机电缆总长度和总电流
F0002 过电压	输入电压过高或者不稳 再生能量回馈 PID 参数不合适	① 延长降速时间 P1121，使能最大电压控制器 P1240＝1 ② 测量直流母线电压，并且与 r0026 的显示值比较，如果相差太大，建议维修 ③ 负载是否平稳 ④ 测量三相输入电压 ⑤ 检查制动单元、制动电阻是否工作 ⑥ 如果使用 PID 功能，检查 PID 参数

（续）

故障代码	故障成因分析	故障诊断及处理
F0003 欠电压	输入电压低 冲击负载 输入断相	① 测量三相输入电压 ② 测量三相输入电流，是否平衡 ③ 测量变频器直流母线电压，并且与 r0026 显示值比较，如果相差太大，需维修 ④ 检查制动单元是否正确接入 ⑤ 输出是否有接地情况
F0004 变频器过热	冷却风量不足，机柜通风不好 环境温度过高	① 检查变频器本身的冷却风机 ② 可以适当降低调制脉冲的频率 ③ 降低环境温度
F0005 变频器 I^2T （过载）	电动机功率（P0307）大于变频器的负载能力（P0206），负载有冲击	检查变频器实际输出电流 r0027 是否超过变频器的最大电流 r0209
F0011 电动机过热	负载的工作/停止周期不符合要求 电动机超载运行 电动机参数不对	① 检查变频器输出电流 ② 重新进行电动机参数识别（P1910 = 1） ③ 检查温度传感器
F0022 功率组件故障	制动单元短路，制动电阻阻值过低 电动机接地 IGBT 短路 组件接触不良	① 如果 F0022 在变频器上电时就出现且不能复位，重新插拔 I/O板或者维修 ② 如果故障出现在变频器起动的瞬间，检查斜坡上升时间是否过短 ③ 检查制动单元制动电阻 ④ 检查电动机，电缆是否接地
F0041 电动机参数检测失败	电动机参数自动检测故障	检查电动机类型，接地，内部是否有短路 手动测量电动机阻抗写入数 P0350
F0042 速度控制优化失败	电动机动态优化故障	检查机械负载是否脱开 重新优化
F0080 模拟输入信号丢失	断线，信号超出范围	检查模拟量接线，测试信号输入
F0453 电动机堵转	电动机转子不旋转	检查机械制动，重新优化
A0501 过电流限幅	电动机电缆过长 电动机内部有短路 接地故障 电动机参数不正确 电动机堵转 补偿电压过高 起动时间过短	① 检查电动机电缆 ② 检查电动机绝缘 ③ 检查变频器的电动机参数、补偿电压、加减速时间设置是否正确

（续）

故障代码	故障成因分析	故障诊断及处理
A0502 过电压限幅	线电压过高或者不稳 再生能量回馈	① 测量三相输入电压 ② 加减速时间 P1121 ③ 安装制动电阻 ④ 检查负载是否平衡
A0503 欠电压报警	电网电压低 输入断相 冲击性负载	① 测量变频器输入电压 ② 如果变频器在轻载时能正常运行，但重载时报欠电压故障，测量三相输入电流。可能断相，可能变频器整流桥故障 ③ 检查负载
A0504 变频器过热	冷却风量不足，机柜通风不好 环境温度过高	① 检查变频器的冷却风机 ② 改善环境温度 ③ 适当降低调制脉冲的频率
A0505 变频器过载	变频器过载 工作/停止周期不符合要求，电动机功率（P0307）超过变频器的负载能力（P0206）	可以通过检查变频器实际输出电流 r0027 是否接近变频器的最大电流 r0209，如果接近，说明变频器过载，建议减小负载
A0511 电动机 I^2T 过载	电动机过载 负载的“工作—停止”周期中，工作时间太长	① 检查负载的工作/停机周期必须正确 ② 检查电动机的过热参数（P0626～P0628）必须正确 ③ 检查电动机的温度报警电平（P0604）必须匹配 ④ 检查所连接传感器是否是 KTY84 型
A0512 电动机温度 信号丢失	至电动机温度传感器的信号线断线	如果已检查出信号线断线，温度监控开关应切换到采用电动机的温度模型进行监控
A521 运行环境 过热	运行环境温度超出报警值	① 检查环境温度必须在允许限值以内 ② 检查变频器运行时，冷却风机必须正常转动 ③ 检查冷却风机的进风口不允许有任何阻塞
A0541 电动机数据 自动检测 已激活	已选择电动机数据的自动检测（P1910）功能，或检测正在进行检测	如果此时 P1910 = 1，则需要马上起动变频器激活自动检测
A0590 编码器反馈 信号丢失的 报警	从编码器来的反馈信号丢失	① 检查编码器的安装及参数设置 ② 检查变频器与编码器之间的接线 ③ 手动运行变频器，检查 r0061 是否有反馈信号 ④ 增加编码器信号丢失的门限值（P0492）
A0910 最大电压 控制器未 激活	电源电压一直太高 电动机由负载带动旋转，使电动机处于再生制动方式下运行 负载的惯量特别大	检查电源输入 安装制动单元、制动电阻
A0911 最大电压 控制器激活	直流母线电压超过 P2172 所设定的门限值	
A0922	变频器无负载	输出没接电动机，或者电动机功率过小

参 考 文 献

[1] 陈伯时. 交流调速系统[M]. 2 版. 北京：机械工业出版社，2005.
[2] 宋书中，常晓玲. 交流调速系统[M]. 2 版. 北京：机械工业出版社，2006.
[3] 钱平. 交直流调速控制系统[M]. 北京：高等教育出版社，2005.
[4] 史国生. 交直流调速系统[M]. 北京：化学工业出版社，2002.
[5] 天津电气传动设计研究所. 电气传动自动化技术手册[M]. 北京：机械工业出版社，1992.
[6] 韩安荣. 通用变频器及其应用[M]. 2 版. 北京：机械工业出版社，2004.
[7] 王廷才，王伟. 变频器原理及应用[M]. 北京：机械工业出版社，2005.
[8] 张燕宾. 变频器应用教程[M]. 北京：机械工业出版社，2007.
[9] 孙传森，钱平. 变频器技术[M]. 北京：高等教育出版社，2005.
[10] 石秋洁. 变频器应用基础[M]. 北京：机械工业出版社，2002.
[11] 李方圆. 变频器应用技术[M]. 北京：科学出版社，2008.
[12] 马宁，孔红. S7-300 PLC 和 MM440 变频器的原理与应用[M]. 北京：机械工业出版社，2006.
[13] 魏召刚. 工业变频器原理及应用[M]. 北京：电子工业出版社，2006.
[14] 王仁祥. 通用变频器选型与维修技术[M]. 北京：中国电力出版社，2004.
[15] 吴忠智，吴加林. 变频器应用手册[M]. 北京：机械工业出版社，2002.
[16] 廖常初. S7-300/400 PLC 应用技术[M]. 北京：机械工业出版社，2005.
[17] 岳庆来，吴启红，等. 变频器、可编程序控制器、触摸屏及组态软件综合应用技术[M]. 北京：机械工业出版社，2012.
[18] 于衍星，孟彦京. 1750/250 纸机电气控制系统的设计[J]. 中国造纸，2004(1).